LA

FAUNE MOMIFIÉE

DE

L'ANCIENNE ÉGYPTE

PAR

LE Dr LORTET
DOYEN DE LA FACULTÉ DE MÉDECINE DE LYON
CORRESPONDANT DE L'INSTITUT

M. C. GAILLARD
CHEF DES TRAVAUX AU MUSÉUM
DE LYON

Préface de M. V. LORET, Chargé du Cours d'Egyptologie à l'Université de Lyon

LYON
HENRI GEORG, ÉDITEUR
LIBRAIRE DE LA FACULTÉ DE MÉDECINE ET DE LA FACULTÉ DE DROIT
36-38, PASSAGE DE L'HÔTEL-DIEU, 36-38
MAISONS A GENÈVE ET A BALE
1905

LA FAUNE MOMIFIÉE

DE

L'ANCIENNE ÉGYPTE

Lyon. — Imprimerie A. REY, 4, rue Gentil. — 33465

LA

FAUNE MOMIFIÉE

DE

L'ANCIENNE ÉGYPTE

PAR

LE Dr LORTET
DOYEN DE LA FACULTÉ DE MÉDECINE DE LYON
CORRESPONDANT DE L'INSTITUT

M. C. GAILLARD
CHEF DES TRAVAUX AU MUSÉUM
DE LYON

Préface de M. V. LORET, Chargé du Cours d'Egyptologie à l'Université de Lyon

LYON
HENRI GEORG, ÉDITEUR
LIBRAIRE DE LA FACULTÉ DE MÉDECINE ET DE LA FACULTÉ DE DROIT
36-38, PASSAGE DE L'HÔTEL-DIEU, 36-38
MAISONS A GENÈVE ET A BALE

1905

A M. le Professeur SCHWEINFURTH

Les auteurs de ce modeste travail sont heureux de le dédier à l'intrépide voyageur dans les régions centrales de l'Afrique, au savant éminent qui consacre aujourd'hui, à l'exploration de l'Egypte, un zèle, une activité qui ne sont égalés que par un talent d'observation de premier ordre.

Nous avons la bonne fortune de pouvoir donner, dans ce fascicule, la carte inédite des montagnes thébaines, que M. le professeur Schweinfurth a dressée et dessinée, cet hiver, sur le terrain même. Qu'il veuille bien ici accepter l'expression de notre reconnaissance la plus vive et la plus affectueuse.

LORTET. GAILLARD.

PRÉFACE

Le bel ouvrage, en tête duquel MM. Lortet et Gaillard m'ont fait l'honneur de m'inviter à écrire quelques pages de préface, était, depuis bien longtemps, impatiemment attendu des égyptologues. En effet, tandis que, pour la flore pharaonique, de nombreux travaux avaient paru au cours de ces vingt dernières années, la plupart rédigés à Lyon[1], rien, ou presque rien, n'avait encore été fait dans le domaine si intéressant de la faune de l'Égypte antique.

Au commencement du XIXe siècle, après que les campagnes de Bonaparte eurent attiré l'attention du monde savant sur les antiquités égyptiennes, on recueillit quelques animaux momifiés et on les étudia curieusement.

C'est à cette époque que parurent les travaux de Cuvier et de Savigny sur l'ibis, l'un des oiseaux les plus célèbres de l'Égypte ancienne[2]. L'ibis blanc a, de nos jours, complètement disparu de l'Égypte, mais Savigny eut la chance d'en rencontrer encore dans le Delta quelques individus vivants, — probablement les derniers, — qui lui permirent, grâce à la comparaison avec plusieurs momies du même oiseau, de déterminer l'espèce à laquelle appartenait l'animal sacré du dieu Thot *(Ibis æthiopica)*.

Les membres de l'Expédition d'Égypte, particulièrement Savigny et E. Geoffroy Saint-Hilaire, réunirent une importante collection d'animaux momifiés, qui doit se trouver de nos jours au Muséum d'histoire naturelle de Paris. Jomard, dans sa *Description de Thèbes*[3], décrivit ces restes intéressants. Savigny et Geoffroy Saint-Hilaire étudièrent les espèces une à une[4] et les firent reproduire en quarante-cinq superbes figures qui couvrent cinq des grandes planches de la *Description de l'Égypte*[5]. On trouve là rassemblées des momies des espèces suivantes : chien, chacal, chat, bélier, bœuf, épervier, faucon, émerillon, autour, crocodile,

[1] M. Beauvisage, étudiant l'histologie des bois pharaoniques, a fait paraître deux mémoires très remarqués sur le bois d'Ébène et sur le bois d'If connus des anciens Égyptiens. M. Chifflot s'occupe en ce moment de recherches morphologiques sur le Lotus bleu de l'Égypte antique. Enfin, je tiens à rappeler que c'est grâce à l'affectueuse bienveillance de M. le Dr Saint-Lager que la première édition de ma *Flore pharaonique* a vu le jour, en 1887, dans le *Bulletin de la Société botanique de Lyon*.

[2] G. Cuvier, *Mémoire sur l'Ibis des anciens Égyptiens*, dans les *Annales du Muséum d'histoire naturelle de Paris*, t. IV (1804), pp. 116 et suiv. ; C. Savigny, *Histoire naturelle et mythologique de l'Ibis*, Paris, 1805.

[3] Dans la *Description de l'Égypte*, t. III (1821), pp. 87-95.

[4] *Ibid.*, t. X (1821), pp. 174-188.

[5] *Atlas de planches*, *Antiquités*, t. II, ppl. 51 à 55.

serpent, plus un oiseau présentant les formes de l'ibis, mais ayant le bec droit et assez court. Cet oiseau n'a pas été identifié et l'étude en reste encore à faire. Il serait d'ailleurs très important de revoir à nouveau tous ces matériaux, sur lesquels on est loin d'avoir dit le dernier mot. L'oiseau inconnu et le chacal (momie dorée provenant de Siout) seraient particulièrement utiles à déterminer exactement.

En 1826, un fouilleur italien, J. Passalacqua, exposa à Paris, pour la vendre, une très riche collection d'antiquités rapportées d'Égypte. Il obtint, pour le catalogue de cette collection, la collaboration de plusieurs spécialistes éminents, dont deux s'occupèrent des momies d'animaux. E. Geoffroy Saint-Hilaire y décrit : un monstre humain anencéphale dont la momie fut trouvée à Hermopolis au milieu de momies de singes, un chat, vingt-six musaraignes, sept *Falco subbuteo*, un *F. nisus*, un *F. gallinarius*, un *F. hypogeolis*, un *Bubo ascalaphus*, seize hirondelles, deux ibis blancs (au sujet desquels il fait remarquer que l'espèce ancienne a le bec plus grêle et plus long que l'espèce moderne d'Afrique, mais ressemble entièrement à l'ibis blanc de l'Inde[1]), six *Crocodilus suchus*, quatre batraciens voisins du crapaud, deux couleuvres; six *Cyprinus lepidotus*. M. Latreille détermine, dans le même catalogue, les momies de deux insectes, le *Copris sabæus* Fabr. et le *Buprestis gibbosa* Fabr. (variété entièrement verte[2]). Le gros de la collection Passalacqua fut acheté par le Musée égyptien de Berlin, mais j'ai tout lieu de croire qu'un certain nombre de ces momies d'animaux se trouvent de nos jours au Musée d'Avignon, où j'ai retrouvé la plupart des végétaux pharaoniques décrits par Kunth dans le catalogue Passalacqua.

Depuis 1826, plus rien, à ma connaissance, n'a paru sur les momies d'animaux égyptiens et le seul travail d'ensemble que l'on puisse signaler sur la faune pharaonique est une très intéressante étude de R. Hartmann publiée en 1864 et consacrée à l'examen et à l'identification d'un grand nombre d'animaux représentés sur les bas-reliefs et sur les peintures de tombeaux égyptiens[3]. Les artistes égyptiens, observateurs très fins et très minutieux, étaient d'excellents animaliers et les figures d'animaux qu'ils nous ont laissées sont souvent comparables aux plus belles planches coloriées de nos atlas de zoologie. Il est certain qu'en réunissant soigneusement et en comparant entre elles toutes les représentations d'animaux qui se trouvent sur les monuments pharaoniques, on arriverait facilement à reconstituer presque en totalité la liste des animaux connus des anciens Égyptiens. MM. Lortet et Gaillard se sont déjà laissé tenter par ces recherches séduisantes et ont su déterminer avec précision quatre espèces d'oies figurées sur le fameux panneau de Meidoum (IIIe dynastie). Or, sur ces quatre espèces, trois avaient été

[1] On sait que MM. Lortet et Gaillard ont remarqué que l'espèce égyptienne ancienne a le tarse bien plus long que l'ibis actuel d'Afrique.

[2] J. Passalacqua, *Catalogue raisonné et historique des antiquités découvertes en Égypte*, Paris, in-8, 1826, pp. 231-237.

[3] R. Hartmann, *Versuch einer systematischen Aufzählung der von den alten Ægyptern bildlich dargestellten Thiere, mit Rücksicht auf die heutige Fauna des Nilgebietes*, dans la *Zeitschrift für ägyptische Sprache und Altertumskunde*, Leipzig, t. II (1864), pp. 7-12 et 19-28.

omises dans l'ouvrage classique de Shelley sur les Oiseaux d'Égypte. On voit par là quels résultats importants fournirait l'étude détaillée des animaux figurés. Mais, pour pouvoir se livrer fructueusement à cette étude, il fallait un point de départ, une base solide, un recueil fondamental de matériaux, et c'est ce que nous offre enfin aujourd'hui la *Faune momifiée de l'ancienne Égypte*.

Plus heureux que Cuvier, Savigny et Geoffroy Saint-Hilaire, qui n'ont pu faire porter leurs recherches que sur des échantillons uniques le plus souvent, MM. Lortet et Gaillard ont eu entre les mains, par centaines, des momies qu'ils ont pu démailloter, désarticuler et étudier tout à loisir. C'est dire combien les résultats de leurs travaux dépassent, en certitude et en précision, tout ce qui a été fait jusqu'ici.

Je voudrais, en feuilletant ce livre attrayant, attirer l'attention sur quelques points plus spécialement intéressants et ajouter, aux observations zoologiques si complètes des auteurs, quelques modestes remarques d'ordre égyptologique.

Je dois, tout d'abord, dire quelques mots sur la nécropole thébaine des singes, dont on avait presque perdu le souvenir et oublié l'emplacement depuis qu'elle avait été signalée pour la première fois, en 1835, par Wilkinson[1].

Dans sa *Topography of Thebes*[2], Wilkinson consacre, à la nécropole des singes, les quelques lignes suivantes qui sont les seules que, dans toute la littérature égyptologique à moi connue, j'aie pu relever sur ce coin de l'ancienne Thèbes : « A huit mille pieds » — environ 2 kil. 1/2 — « au nord-nord-ouest de *Médinet-Habou*, se trouve la *Gabbânet-el-qéroud*, ou *Cimetière des singes*, ainsi appelée à cause des momies que l'on rencontre dans les ravins des torrents voisins. Entre autres figures insolites soigneusement enterrées en cet endroit, on remarque de petites idoles en forme de momies portant l'emblème de la génération. Leur longueur totale n'excède pas deux pieds. L'enveloppe extérieure qui forme le corps, faite en une matière grossière, est surmontée d'une tête humaine mitrée, modelée en cire. A l'intérieur, contenu singulier mais simple, se trouve de l'orge. Dans le spécimen que je possède, l'orge a germé en entier[3]. »

Quelle est la raison de l'existence, au sud-ouest de Thèbes, d'une nécropole de singes? On sait que le singe, plus particulièrement le cynocéphale, était consacré au dieu Thot, auquel était également consacré l'ibis. Or, non loin de la nécropole des singes, se trouve précisément un petit sanctuaire édifié en l'honneur de Thot. Ce sanctuaire, qui date de l'époque ptolémaïque, porte aujourd'hui le nom de *Qasr-el-agouz* et on le trouvera sous ce nom, dans la carte de

[1] Le cimetière des singes, encore porté sur le plan de Thèbes dans la dernière édition (1878) du *Guide-Isambert*, est définitivement supprimé, aujourd'hui, dans le *Guide-Joanne* et dans le *Guide-Bædeker*.

[2] G. Wilkinson, *Topography of Thebes, and general view of Egypt*, London, John Murray, in-8, 1835, p. 79.

[3] Ces dernières phrases nous fournissent quelque indice sur le contenu probable d'une statuette analogue qu'ont reproduite MM. Lortet et Gaillard (fig. 117) et qu'ils n'ont pas ouverte.

Schweinfurth jointe au présent ouvrage, à 300 mètres au sud du temple de Médinet-Habou, non loin des rives d'un petit étang. Il est à peu près certain que cet édifice fut bâti sur l'emplacement d'un plus ancien sanctuaire de Thot, qui tombait en ruine à l'époque des Lagides. En tout cas, les rares fragments avec inscriptions rapportés de Gabbânet-el-qéroud datent de la XXVIe et même de la XVIIIe dynastie. Comme toute nécropole d'animaux sacrés implique nécessairement l'existence, dans le voisinage, d'un sanctuaire où ces animaux étaient adorés de leur vivant, il est évident que le sanctuaire de Thot existait dès la XVIIIe dynastie, c'est-à-dire à l'époque de la plus haute splendeur de Thèbes.

Le dieu Thot porte, dans les inscriptions de ce sanctuaire, le titre particulier de [1], « Thot surnommé l'Ibis *(habou)*, dieu grand, résidant au milieu de la butte de Djaimi ». Cette butte de Djaimi, — à l'origine, la butte sur laquelle devait s'élever plus tard le temple de Médinet-Habou, — a donné son nom à toute la partie sud de la rive gauche de Thèbes et, bien des siècles après notre ère, les Coptes lui conservaient encore le nom de ϫⲏⲙⲓ *(Djêmi)*. Mais le souvenir nominal du sanctuaire de Thot a persisté bien plus longtemps, puisqu'il dure toujours, car il est certain que les noms de ***Médinet-Habou***, « la ville d'Habou », et de *Birket-Habou*, « l'étang d'Habou » (au sud du temple), nous conservent le nom d'*Habou*, « l'Ibis », c'est-à-dire du dieu auquel étaient consacrés les cynocéphales de Gabbânet-el-qéroud.

Ainsi se trouve expliquée la présence de momies de cynocéphales non loin de Médinet-Habou. Il serait plus long, et peut-être oiseux, de rechercher ici pourquoi, à côté de ces singes, on a trouvé des statuettes d'Osiris emplies de sable et d'orge, et des restes de Sarcelles enfermés dans un pot. Je dirai pourtant, sans insister davantage, que la Sarcelle portait en égyptien le nom de , , *gabou*, et qu'elle était consacrée au dieu , *Gabou*, qui était à l'origine le dieu Sarcelle, comme Horus était le dieu Faucon.

Chacun des nombreux genres mentionnés dans la *Faune momifiée* pourrait donner lieu à bien des observations mythologiques, archéologiques ou linguistiques. Mais je dois me restreindre, et je me bornerai, en limitant mon examen à deux ou trois genres, à indiquer brièvement tout l'intérêt que peuvent soulever certaines questions.

MM. Lortet et Gaillard ont étudié un animal dont la momie était contenue à l'intérieur d'une statue d'Anubis[2]. Tout égyptologue aurait annoncé d'avance : « Ce sera un chacal ». Il est, en effet, admis sans conteste par tout le monde égyptologique, depuis Champollion, qu'Anubis est un chacal. Les zoologistes, paraît-il (v. p. 249), auraient prédit : « Ce sera un renard ». Or,

[1] F. Champollion, *Notices descriptives*, t. I, p. 604.

[2] Les auteurs n'ont eu aucun renseignement sur le lieu de provenance de cette statue, ni sur sa date exacte, ni sur le contenu des inscriptions qui la décorent. La chose est regrettable, car tout dieu-chacal n'est pas nécessairement un Anubis, et une momie animale très ancienne a plus de chances qu'une momie récente d'appartenir à l'espèce sacrée authentique.

l'animal une fois extrait des bandelettes qui l'enveloppaient, on s'est trouvé en présence d'un chien, d'un vulgaire « chien errant d'Égypte » !...

Certes, ce n'est pas sur une seule observation de ce genre que l'on peut établir définitivement l'identité de l'animal sacré d'Anubis. Il faudrait, pour résoudre la question de manière indiscutable, pouvoir étudier dix, vingt momies présentant la même certitude d'origine, et c'est pourquoi j'ai signalé plus haut le chacal doré du Muséum de Paris. Mais je sais quelqu'un qui aurait deviné juste et qui, loin d'en être déçu, aurait au contraire été enchanté de voir sortir un chien de la statue d'Anubis. C'est notre collègue Eduard Meyer, de l'Université de Berlin, qui vient précisément de consacrer un très brillant article à la question des prétendus dieux-chacals[1]. Il rappelle que jamais les auteurs classiques n'ont rangé le chacal au nombre des animaux sacrés, mais qu'ils ont donné le nom de Cynopolis (la ville du chien) à la ville où l'on adorait Anubis, et celui de Lycopolis (la ville du loup), à la ville où l'on adorait Ap–ouaitou, dieu analogue à Anubis, mais bien plus ancien. Cynopolis est aujourd'hui Scheikh–el–fadl, Lycopolis est Siout et, dans ces deux localités, on trouve en quantité des momies appartenant au genre *Canis*.

L'animal d'Anubis est généralement représenté accroupi, ; celui d'Ap–ouaitou est ordinairement figuré debout, . Le premier, d'après M. E. Meyer, serait un chien, le second serait un loup. En fait, les Égyptiens semblent, au moins à l'époque classique, avoir donné la même forme et la même couleur aux deux animaux. Debout ou accroupi, dessiné ou sculpté, l'animal est toujours entièrement peint de couleur noire. Si l'on tient compte de ce fait qu'il n'existe en Égypte aucun loup noir, aucun chacal noir, aucun renard noir et que le chien n'y est complètement noir que dans de très rares exceptions, on conviendra que le problème est assez complexe. Mais on reconnaitra en même temps que la zoologie, en cette pénible conjoncture, pourra nous être d'un grand secours.

Une autre question qui ne manque pas d'intérêt, ni de complication, est celle des moutons et des chèvres. Lorsque les égyptologues ont à décrire quelque scène de la vie des champs ou quelque dieu à tête d'animal, c'est généralement au hasard, au petit bonheur, qu'ils emploient le mot *bélier* ou le mot *bouc*. Il semble, quand ils ont une raison de préférer un mot à l'autre, qu'ils déterminent ordinairement le genre de l'animal d'après ses cornes. Rien n'est plus hasardeux, car certaines chèvres et certains moutons peuvent avoir des cornes presque semblables. Je leur conseillerais bien, — quoique je sois assez mal qualifié pour le faire, ayant pris tout récemment le bélier d'Arsaphès pour un bouc, — d'observer seulement les dimensions de la queue et la présence ou l'absence d'une barbiche. Chez les moutons, en effet, la queue descend ordinairement jusqu'au jarret et parfois plus bas, tandis que la chèvre a la queue huit ou dix

[1] E. Meyer, *Die Entwickelung der Kulte von Abydos und die sogenannten Schakalsgötter*, dans la *Zeitschr. für ägypt. Sprache und Altertumskunde*, t. XLI (1904), pp. 97-107.

fois moins longue et même, le plus souvent, minuscule et relevée ; d'autre part, la chèvre a une barbiche et le mouton n'en a pas[1]. Mais les Égyptiens eux-mêmes semblent, dans certains cas, s'être assez peu préoccupés de ces détails et l'on trouve, à Beni-hassan (éd. Newberry, I, 30), des chèvres sans barbiche, tandis que le bélier du chapitre LXXXV du *Livre des morts* est presque toujours représenté, sur les vignettes des papyrus, pourvu d'une barbe imposante.

Il sera important de rechercher, d'après les textes, jusqu'à quel point les Égyptiens savaient distinguer l'une de l'autre leurs diverses espèces de chèvres et de moutons. Ce qu'il y a de certain, c'est que l'on ne saurait prendre trop de précautions, ni surtout réunir trop d'exemples, lorsque l'on veut utiliser sans danger les représentations d'animaux. Il semble, par exemple, tout naturel que l'*Ovis longipes* soit représenté sous la forme et l'*Ovis platyura* sous la forme . Et pourtant, si l'on compare certain crâne de l'*O. longipes* (v. p. 98, fig. 54) avec certain autre de l'*O. platyura* (v. p. 276, fig. 145), on admettra facilement que les Égyptiens, représentant ces cornes de face, aient pu donner à toutes deux la même forme .

MM. Dürst et Gaillard avaient pensé tout d'abord que l'*O. longipes* n'est pas indigène en Afrique, mais qu'il « a été importé probablement de l'Asie[2] ». MM. Lortet et Gaillard font maintenant des réserves sur ce point (v. p. 100) et admettent certaine raison qui « autorise à considérer ces moutons comme appartenant à la faune indigène de l'Afrique ». Je ne puis que partager entièrement leur opinion. L'*O. longipes* a été trouvé dans la station préhistorique de Toukh, c'est lui seul que connaissent les Égyptiens pendant toute la durée de l'ancien Empire. Enfin, un document historique extrêmement ancien, qui se rapporte à l'an VI du règne de Snéfrou, le dernier roi de la IIIe dynastie, nous apprend que ce roi alla opérer une razzia sur le haut Nil et que [3] « il saccagea le pays des Nègres et en ramena 7000 prisonniers, hommes et femmes, ainsi que 200.000 bœufs et moutons ». Si l'on pouvait, d'un pays aussi pauvre que le Soudan égyptien, ramener 200.000 têtes de bœufs et de moutons, il faut croire que bœufs et moutons s'y trouvaient chez eux et y vivaient plus ou moins à l'état sauvage.

Le mouton à cornes spiralées horizontalement (*O. longipes*), le seul connu jusqu'à la XIIe dynastie, porte du reste un nom qui n'offre en rien le caractère d'un mot emprunté à une langue étrangère (on verra qu'il n'en est pas de même pour le mouton à cornes d'Amon). Ce mouton primitif, dont le nom a donné au signe sa valeur syllabique *ba*, s'appelait , *bai*, onomatopée si naturelle qu'on la retrouve littéralement dans le βῆ de Cratinos et d'Aristophane, et dans le *bée* de la *Farce de Patelin*[4]. De ce mot dérivait le nom du berger,

[1] A. Ménégaux, *les Mammifères* (dans E. Perrier, *La vie des animaux illustrée*), t. II, 1904, pp. 345 et 365.

[2] D'après C. Gaillard, *Le bélier de Mendès ou le mouton domestique de l'ancienne Egypte* (extrait du *Bull. de la Soc. d'anthrop. de Lyon*, 1901), p. 22.

[3] Pierre de Palerme, recto, ligne 6.

[4] C'est par le même procédé d'onomatopée que le chien, en égyptien, s'appelle *doudou*, le chat *miaou*, le serpent *hfi* et la grenouille *qrour*.

baiti, que l'on peut lire, aux tombeaux de Ti et de Mera, auprès de gens conduisant des troupeaux d'*O. longipes*.

Quant à l'autre mouton, *Ovis platyura*, on le trouve représenté pour la première fois sous la XIIe dynastie, et ce seul fait me paraît suffire pour indiquer une importation de l'étranger. Cette nouvelle espèce porte le nom de [hiéroglyphes], *sau*, dans lequel on reconnaît immédiatement le nom asiatique du mouton, en assyrien *schouou*, en hébreu *schêh*, en arabe *schah*. MM. Lortet et Gaillard n'ont pas recherché la patrie primitive de l'*O. platyura*. C'est en Asie, ce me semble, puisque ce mouton portait en égyptien un nom emprunté aux langues asiatiques, qu'il en faut chercher l'origine. Le vieux nom sémitique du mouton est, du reste, encore employé en Asie; le nom *schah*, en effet (les zoologistes écrivent *cha)*, s'applique spécialement à une forme locale de l'*Ovis Vignei* Blyth[1], dont les cornes rappellent bien celles du bélier d'Amon. Mais le dieu Amon lui-même, si son animal sacré vient d'Asie, doit être également d'origine asiatique. Rien ne serait plus vraisemblable, car le nom אָמוֹן, *Amôn*, désigne en même temps, en hébreu, le grand dieu de Thèbes et un certain nombre de rois et de personnages asiatiques.

L'examen des viandes et des volailles déposées dans les tombes à titre de provisions alimentaires pour le défunt va nous permettre d'exposer de nouvelles observations qui présentent un très grand intérêt archéologique.

On sait que les Égyptiens avaient, dès le milieu de l'ancien Empire, arrêté définitivement le texte d'une liste de toutes les provisions qui devaient accompagner le défunt dans l'autre monde. Ce texte, que l'on rencontre à des centaines d'exemplaires, car il est reproduit dans presque toutes les tombes égyptiennes, ne subit aucun changement essentiel depuis le plus ancien spécimen qu'on en connaisse jusqu'au plus récent. D'abord viennent les boissons, puis les viandes, ensuite les volailles, les fruits, et enfin les pâtisseries. C'est à peu près, on le voit, la disposition de la carte de nos restaurants. En principe, cette liste devait être réalisée au complet sous forme de vivres emplissant une ou deux chambres de la tombe, et nous connaissons les formules ritualistiques que l'on devait, au jour de l'enterrement, prononcer sur chacun des numéros de la liste au fur et à mesure qu'on allait le déposer auprès du défunt. Mais, naturellement, les plus pauvres faisaient de larges coupures dans la liste et n'exécutaient qu'une minime partie du programme. D'autres se montraient moins parcimonieux. Seuls, les rois et les grands seigneurs pouvaient s'offrir le menu au complet. En fait, il n'est pas une tombe, si pauvre fût-elle, dans laquelle on n'ait trouvé quelque chose à boire ou à manger, ne fût-ce qu'un vase d'eau, un morceau de pain, et un ou deux fruits. J'ai trouvé, à Saqqarah, un pauvre petit enfant enterré avec un gobelet de terre cuite et une noix de palmier-doum.

Depuis longtemps les égyptologues se sont attachés à traduire cette liste et à étudier tan-

[1] A. Ménégaux, *op. cit.*, t. II, pp. 351-352.

tòt l'un, tantôt l'autre des termes employés pour désigner les aliments en honneur chez les Égyptiens. M. Maspero, en particulier, a consacré une longue et minutieuse étude à cette question, qu'il a d'ailleurs traitée surtout au point de vue liturgique[1]. Malheureusement, au point de vue culinaire, on n'est pas encore, bien loin de là, parvenu à un résultat définitif. Les fruits, sauf deux ou trois, ont été identifiés ; on commence à se reconnaître un peu dans les vins et bières ; les pâtisseries n'ont guère livré leurs secrets, sinon en ce qui concerne la forme extérieure qu'on leur donnait. Quant aux viandes et volailles, c'est là une étude qui reste complètement à faire.

MM. Lortet et Gaillard ayant décrit par le menu plus de deux cents spécimens de viandes et de volailles provenant de trois des tombeaux que j'ai découverts à Bibân-el-molouk, je ne puis résister au plaisir de montrer quel important service leurs observations viennent rendre au dictionnaire égyptien et à l'histoire de la boucherie pharaonique.

Je donne tout d'abord, d'après le tombeau de Ptah-hotep à Saqqarah, tombeau datant de la VIe dynastie, la partie du menu officiel qui concerne les viandes et les volailles, en m'excusant de cette exhibition hiéroglyphique, indispensable pour la documentation :

1	2	3	4	5	6	7	8	9	10	11	12	13	14	15

Sur les quinze numéros de cette liste, les dix premiers représentent les viandes, les cinq derniers les volailles.

Le n° 1 est un mot que tous les égyptologues rendent par « cuisse ». Il n'a certainement pas ce sens, comme on le verra. Dans la traduction de textes mythologiques, la chose n'est d'aucune importance, — ces textes en ont vu bien d'autres, — mais il n'en est pas de même dans des documents d'ordre moins suprasensible. Ce mot s'est conservé dans le copte ϣⲱⲛϣ, qui signifie « bras », ce qui serait bien étrange si le mot égyptien voulait dire « cuisse ». Or, dans toutes les représentations que j'ai observées, jusqu'à la fin du moyen Empire, le membre entier d'animal que l'on offre le premier, en grande cérémonie, est un membre *antérieur* et non un membre postérieur. On n'a, pour s'en assurer, qu'à examiner soigneusement n'importe quel bas-relief de cette époque, pris au hasard. On constatera que, toujours, la pointe du sabot est tournée du même côté que l'angle formé par la jambe ployée. Cet angle est donc le genou, et non le jarret, qui serait ployé dans un sens opposé à la direction du sabot. MM. Lortet et Gaillard ont trouvé huit membres entiers. Ce sont

[1] G. Maspero, *La table d'offrandes des tombeaux égyptiens*, dans la *Revue de l'histoire des religions*, t. XXV (1897), pp. 275-330 et t. XXVI (1897), pp. 1-19.

tous des membres antérieurs. La preuve est convaincante et il nous faut désormais traduire [hiéroglyphes] par « jambe de devant » et non par « cuisse ».

Le n° 2 représente un os long entouré de chair. Il ne peut appartenir qu'au membre postérieur, le membre antérieur étant déjà nommé en son entier. Nous avons le choix entre le fémur et le tibia. Il est certain qu'il s'agit du fémur, et cela pour deux raisons : 1° le fémur est plus important au point de vue de la boucherie, et il est tout naturel qu'il soit nommé avant le tibia, que nous retrouverons plus loin ; 2° on remarque, quand cette partie du corps est figurée sur les monuments, que chaque extrémité de l'os porte deux protubérances très marquées, et que l'os est toujours légèrement incurvé en S. Il n'en serait pas de même du tibia. Donc, le [hiéroglyphes] est l'os du fémur avec la viande qui l'entoure. Bibân-el-molouk a fourni 20 fémurs avec leurs muscles.

Le n° 4 (je passe pour l'instant le n° 3) représente l'autre os long du membre postérieur. D'après les représentations, cet os n'a de protubérances prononcées qu'à une extrémité, l'autre bout n'ayant pas de saillies ou n'en ayant qu'à peine. De plus, cet os est toujours parfaitement rectiligne. Le mot [hiéroglyphes] désigne donc le tibia, y compris la viande qui l'entoure. MM. Lortet et Gaillard ont reconnu 21 tibias avec leur viande.

Le n° 5 signifie littéralement, « côtes reliées entre elles ». Nul doute que nous n'ayons là ces portions de quatre à huit côtes réunies qu'ont fournies les tombes de Biban-el-molouk.

Le n° 6 signifie « viande à griller, à rôtir ». MM. Lortet et Gaillard signalent 50 pièces de chair, complètement dépourvues d'os, et mesurant de 10 à 15 centimètres de long. Ce sont là, bien certainement, les [hiéroglyphes] de notre liste, qui sont parfois représentés en masses oblongues empilées dans des paniers.

Les n°s 7 et 8 sont des noms de viscères, sur lesquels les égyptologues sont loin d'être d'accord. Il semble bien, néanmoins, que le n° 8, qui doit se lire *n-sch* (Pépi II, 435), soit le copte ⲛⲟⲉⲓϣ, ⲛⲱϣ, « rate ». En fait de viscères, MM. Lortet et Gaillard n'ont trouvé ni cœur, ni poumon, ni rein ; ils n'ont rencontré que la rate et le foie. Ce fait nous démontre indiscutablement deux choses : 1° que *n-sch* est bien le nom de la rate ; 2° que l'autre mot, *màs-it,* ne peut désigner que le foie. On avait traduit ce mot par « rognon », par « poumon », par d'autres termes encore ; il faut, on le voit, le traduire par « foie ». Ce mot s'écrivant [hiéroglyphes] dans les listes dès le moyen Empire (Lacau, *Sarc.*, I, 233), il est bien certain que c'est du foie de bœuf, [hiéroglyphes], que désira manger l'héroïne du *Conte des deux frères*.

Le n° 10 (je réserve le n° 9) signifie « chair du devant, chair de la poitrine ». MM. Lortet et Gaillard ont rencontré onze fois le sternum flanqué de ses cartilages costaux. C'est évidemment là la « chair du devant » de la liste.

Il nous reste deux mots (n°s 3 et 9) à interpréter. Si nous défalquons de la liste dressée par MM. Lortet et Gaillard tout ce que nous avons déjà retrouvé sur le menu égyptien, nous nous trouvons en présence de :

1° 14 omoplates (scapulums) avec leur viande ;

2° 9 quartiers comprenant de 5 à 8 vertèbres dorsales antérieures, avec leur viande;

3° 1 morceau comprenant 6 vertèbres lombaires en connexion, avec leur viande.

Comme, sur plus de 200 pièces, on n'en a trouvé qu'une seule comprenant des vertèbres lombaires, je crois bien qu'il en faut conclure que cette pièce est là sans raison et qu'elle ne fait pas partie du menu officiel. C'était un plat supplémentaire, un extra, ou bien une distraction ou un excès de zèle du boucher.

Le n° 3 signifie, au propre, « ce qui entoure, ce qui embrasse ». Ce sens peut parfaitement s'appliquer aux omoplates. Le n° 3 est rangé après la patte de devant et le fémur, avant le tibia et les côtes. C'est bien là, ce me semble, que les omoplates peuvent trouver leur place naturelle.

Le n° 9 désignerait donc la seule partie qui reste disponible, soit les vertèbres dorsales antérieures avec la viande qui les entoure.

D'après le nombre de pièces de chaque type que l'on a trouvées, treize bêtes, exactement, ont suffi à la fourniture de toute cette boucherie. Comme la tombe de Ma–hir–prà n'en a nécessité qu'une seule, il en résulte qu'Aménophis II et Touthmès III se sont partagé douze bêtes, c'est-à-dire en ont eu six chacun. Le nombre, on l'avouera, n'est pas exagéré pour des pharaons. Quant à nous, égyptologues, nous y gagnons, pour le dictionnaire hiéroglyphique, la connaissance du sens précis de dix mots sur lesquels on n'avait jusqu'ici que des notions très vagues.

Les cinq noms de volailles se lisent *rou, touroup, sat, sa* et *moun-it.* Ces oiseaux sont souvent représentés, coloriés, dans des scènes de basses–cours, chacun d'eux portant son nom inscrit à côté de lui. Parfois, les cinq volailles sont figurées, troussées et prêtes à être mises à la broche, sur des tables d'offrandes illustrées. On sait, par des papyrus, quel était le prix de chacune d'elles, et combien chaque espèce exigeait de frais journaliers de nourriture. Il résulte de ces diverses données que la liste nous présente les cinq volailles par ordre décroissant de taille, de valeur et d'appétit. Aucun des cinq noms, jusqu'ici, n'a été identifié de façon certaine. D'après les représentations, il semble bien que le n° 15 soit quelque espèce de pigeon. Le n° 14, qui a le cou bien plus court et la tête bien plus ronde que les trois numéros précédents, semble être un canard. Comme il porte le même nom, *sa*, que l'oiseau qui sert à écrire le mot « fils », et que ce dernier a ordinairement la queue terminée par deux plumes effilées et divergentes, on a pensé, avec quelque apparence de raison, que le *sa* est le *Dafila acuta* ou canard pilet. Enfin, les deux premiers oiseaux semblent être des oies; quant au troisième, il tient, pour la taille, le milieu entre l'oie et le canard.

Le tombeau de Ma–hir–prà renfermait cinq coffrets contenant chacun une volaille. Il est évident que nous avons là les cinq oiseaux de la liste. Les coffrets mesurent respectivement 42, 41, 32, 27 et 26 centimètres de long, ce qui concorde exactement avec les représentations signalées ci–dessus. Si MM. Lortet et Gaillard avaient identifié chacun de ces oiseaux, le dic–

tionnaire égyptien s'enrichissait d'un seul coup du sens exact de cinq mots nouveaux. Malheureusement, les oiseaux étaient si joliment troussés, si gentils à voir, qu'on n'a osé en étudier qu'un seul, le deuxième par ordre de taille, c'est-à-dire le *touroup*. Cet oiseau se trouve être l'*Anser albifrons*, l'oie que l'on rencontre le plus communément en Egypte. Le *rou*, puisqu'il est cité en premier dans la liste, doit être plus grand que l'*Anser albifrons* et ne peut-être, par conséquent, d'après le panneau de Meidoum, que l'oie cendrée ou l'oie sauvage. Mais ce n'est là qu'une hypothèse, car le *rou* peut ne pas appartenir au genre *Anser*.

On ne saurait donc trop insister pour que MM. Lortet et Gaillard reprennent l'étude de ces cinq oiseaux et réussissent à nous dicter, pour ainsi dire, le sens de cinq mots qui reviennent très souvent dans les textes et qu'on n'est jamais arrivé à traduire avec exactitude. M. Maspero, qui a si bien mis en relief l'intérêt des tables d'offrandes, ne refusera certainement pas de leur confier à nouveau ces oiseaux et même de les autoriser à les découper tant soit peu : des demi-volailles, dans les vitrines du musée, seront encore présentables et l'on se consolera des moitiés absentes en songeant qu'elles auront nourri l'égyptologie.

Enfin, il me reste, pour terminer, à dire quelques mots sur une question qui semble préoccuper beaucoup les zoologistes et à laquelle les plus récentes recherches dans le domaine de la civilisation égyptienne archaïque permettent de donner aujourd'hui une réponse claire et précise. Cette question est la suivante : pourquoi les Égyptiens adoraient-ils et momifiaient-ils leurs animaux?

Ils les momifiaient, plus souvent qu'on le pense, uniquement parce qu'ils les avaient aimés durant leur vie et qu'ils tenaient à les emmener avec eux dans l'autre monde. Si l'on a trouvé, auprès du sarcophage de la princesse Ast-em-kheb, un cercueil en forme d'animal renfermant une gazelle embaumée, c'est que cette gazelle, amenée du désert par quelque serviteur et offerte à la jeune princesse, s'était apprivoisée petit à petit et avait été pour elle un gracieux jouet vivant qu'on avait déposé dans sa sépulture au même titre que, dans les tombes d'enfants plus humbles, on plaçait des poupées tout habillées ou de petits crocodiles en bois, à mâchoires articulées. Le cynocéphale momifié, que j'ai découvert dans le tombeau du roi Touthmès III, était certainement, non pas un grave représentant du dieu Thot, mais bien un animal familier qui, du vivant du pharaon, s'ébattait librement et joyeusement dans les appartements royaux et qui, après sa mort, devait continuer à égayer le roi dans le royaume d'Osiris. Bien des Égyptiens ont dû, pour la même raison, faire enterrer avec eux leurs chiens et leurs chats. Je ne sais si l'on a trouvé jusqu'ici des momies de ces animaux dans les tombes de particuliers, mais il est certain que les rois des plus anciennes dynasties faisaient ensevelir leurs chiens auprès de leur propre tombeau. On a découvert, à Abydos, entourant les édifices funéraires royaux, au milieu de tombes de femmes de harem, d'archers de la garde, de nains favoris, des sépultures de chiens. Et, de même qu'hommes et femmes possédaient chacun une stèle funéraire, portant une épitaphe, de même les chiens étaient gratifiés chacun d'une pierre tombale rappelant son nom à la postérité. C'est ainsi que, entre autres, une stèle du Musée du Caire est la stèle du chien Nib, [hieroglyphs], qui aboya sous la Ire dynastie, il y a plus de six mille ans.

On embaumait encore les animaux afin d'emporter avec soi de la nourriture dans l'autre monde. Nous avons étudié spécialement cette question en passant en revue les noms des viandes et des volailles portés sur la liste d'aliments à l'usage des défunts. Mais si, en compagnie de momies d'oiseaux sacrés, comme le faucon et le vautour, MM. Lortet et Gaillard ont reconnu des petits oiseaux, — hirondelles, coucous, rolliers, — des insectivores et des rongeurs, c'est que ces petits animaux devaient, au pays des morts, servir de nourriture aux grandes espèces. De même, dans une tombe de rapaces sacrés, Passalacqua a trouvé des hirondelles[1], des musaraignes, des grenouilles, de petits reptiles, des insectes, qui n'avaient là d'autre rôle à jouer que d'être des aliments.

Une fois écartés les animaux familiers et les animaux nutritifs, il n'en reste pas moins un certain nombre d'espèces pour lesquelles on ne trouve de raison d'être momifiées que dans ce fait qu'elles étaient considérées comme sacrées. Pourquoi les Égyptiens les considéraient-ils comme sacrées ?

La métempsycose, il faut l'avouer sans détour, doit être résolument mise en dehors de la question. Jamais les Égyptiens n'ont cru à la métempsycose, au sens où nous l'entendons, et jamais on n'a trouvé trace de ce dogme dans les textes ni dans les représentations. La métempsycose égyptienne est une invention des Grecs, qui ont mal compris ce qu'on leur disait ou ce qu'on leur montrait, ou qui ont enregistré avec trop de confiance des récits fantaisistes que, pour les étonner, leur débitaient des guides ignorants. Il y a longtemps que les égyptologues ont rayé la métempsycose du nombre des doctrines religieuses égyptiennes et qu'ils n'en font mention que pour se demander comment on a pu attribuer une telle croyance aux Égyptiens, et pour rechercher les causes d'une si étrange méprise.

En fait, si les Égyptiens de l'époque classique ont adoré certaines espèces animales, c'est qu'ils considéraient ces espèces comme étant l'incarnation de certains dieux. C'était la divinité qu'ils adoraient dans la bête, c'était le contenu et non le contenant, — Horus dans le faucon, Anubis dans le chien, Thot dans l'ibis, — et c'est parce qu'elles avaient incarné des dieux durant leur vie qu'on momifiait ces bêtes après leur mort. Mais il n'y avait pas là plus de manifestation réelle de zoolâtrie qu'il n'y en avait dans les sentiments que témoignaient les premiers chrétiens à l'égard du poisson ou les chrétiens plus récents vis-à-vis de la colombe.

Mais, demandera-t-on enfin, pourquoi les Égyptiens incarnaient-ils certains de leurs dieux dans des animaux ? — C'est, on doit le reconnaître franchement, parce que, dans les temps les plus lointains de l'histoire égyptienne, ces animaux étaient, sinon des dieux, du moins quelque chose d'approchant.

[1] On a, plus récemment, dans une série analogue, retrouvé le *Cotyle obsoleta* (*Trans. soc. bibl. archæol.*, t. IX, p. 352).

Les premiers Égyptiens vivaient en groupements assez restreints, en clans plus ou moins nomades qui se trouvaient, vis-à-vis les uns des autres, souvent en état d'hostilité déclarée, toujours en état de méfiance ou de rivalité. Ces clans, très fermés à l'origine, portaient des noms distinctifs. Mais ces noms étaient, en même temps, des sortes d'insignes visibles qui permettaient de reconnaître de loin, sans crainte de confusion, les gens d'un même clan. Tel clan s'appelait le clan du faucon et arborait, comme marque distinctive, l'image d'un faucon. Cette marque était tatouée sur quelque partie du corps de chaque individu du clan, peinte sur les objets appartenant au clan, hissée en bois sculpté au sommet de poteaux flanquant l'entrée du campement et même, en temps de guerre, portée à la pointe de lances qui jouaient ainsi le rôle tactique d'étendards de ralliement. Souvent aussi il arrivait que les membres d'un clan, par divers artifices de costume ou de coiffure, par certains cris et par certaines attitudes, réussissaient à se donner l'apparence extérieure de l'animal qui leur servait d'insigne.

Les clans primitifs n'allaient pas chercher leurs noms uniquement dans le règne animal. Toute chose susceptible d'être représentée, d'être rendue visible, pouvait servir de nom à une collectivité. En plus de nombreux clans à noms d'animaux, il y avait le clan du laurier-rose, celui de la palme, les clans de l'arc, des flèches et du bouclier, du harpon, de la montagne, du nid d'oiseau, de la tresse de cheveux. Il y avait même le clan blanc et le clan rouge, et probablement le clan vert.

Petit à petit se produisit, entre les membres d'un clan et l'insigne de ce clan, une sorte d'intimité qui s'exagéra au point de devenir de l'identité. Les membres du clan du faucon, par exemple, à force de s'appeler « les faucons », finirent par croire qu'ils étaient des faucons à apparence humaine et que les faucons réels étaient des frères, des parents qui avaient conservé leur forme naturelle. Faucons et hommes du clan du faucon devinrent membre d'une même famille et se traitèrent comme tels. Un homme du clan du faucon ne devait pas tuer un autre membre du clan ; pour la même raison, il ne devait pas tuer non plus un faucon. Il devait respecter l'animal-insigne de son clan, l'aider, le protéger, et il avait droit de s'attendre à la réciprocité.

Cette identification de l'homme avec l'insigne de son clan ne put, naturellement, se produire que dans les clans à noms d'animaux. Un homme pouvait bien se croire apparenté à un faucon, à un cynocéphale ; il lui était difficile de se prendre pour une montagne, pour un nid d'oiseau. Dans ce cas, une légende plus ou moins ingénieuse rattachait l'homme au nom-insigne de son groupe et nouait entre les deux des liens indissolubles.

Il serait trop long de raconter ici comment ces sentiments vis-à-vis de l'objet-insigne du clan évoluèrent lentement et aboutirent petit à petit à une sorte de culte de plus en plus religieux, comment *hor*, nom commun désignant le faucon, devint *Hor*, nom propre désignant le dieu Horus. J'en ai dit assez, je crois, pour montrer comment animaux, plantes, objets naturels ou artificiels furent l'origine de dieux dont ils devaient plus tard être considérés comme les incarnations. Mais les animaux, comme on le voit, ne sont pas, aux yeux des Égyptiens, les seuls représentants terrestres de la divinité. Ils forment seulement la section la plus importante d'un ensemble plus vaste. Encore sous les empereurs romains, à côté du chien, de l'ibis, du cynocéphale en honneur dans les sanctuaires d'Anubis et de Thot, on vénérait le laurier-rose à Héracléopolis, le sistre à Tentyris et la tresse de cheveux à Létopolis.

Je semble m'être bien éloigné de la *Faune momifiée*. C'est qu'un tel livre renferme en lui le germe d'une quantité de recherches dont les remarques qu'on vient de lire ne donnent qu'un très faible aperçu. Pendant longtemps, soit en zoologie, soit en égyptologie, l'ouvrage de MM. Lortet et Gaillard, — avec les très intéressantes notes et observations dont l'ont enrichi MM. Beauvisage, Florence, Hugounenq, Lacassagne, Locard et Poncet, — servira de base à des travaux dont on ne peut prévoir encore ni le nombre ni l'importance, mais qui tireront en grande partie leur valeur de la science avec laquelle ont été présentés les riches matériaux qui viennent de nous être révélés.

Lyon, 22 août 1905.

VICTOR LORET.

PREMIÈRE SÉRIE

LA FAUNE MOMIFIÉE

DE

L'ANCIENNE ÉGYPTE

INTRODUCTION

De toutes les contrées formant le bassin de la Méditerranée, et qui constituent le centre privilégié où sont nées les civilisations antiques les plus importantes, l'Égypte seule se présente comme un monde à part, captivant, attachant, forçant le voyageur à revenir, confirmant cet ancien dicton que, lorsqu'une fois il a bu l'eau du Nil, l'étranger ne saurait en oublier la séduisante douceur. A peine est-il revenu dans les contrées brumeuses du Nord, il ne peut s'empêcher de rêver constamment à ce merveilleux pays. Il revoit par la pensée le spectacle magique qui se renouvelle tous les soirs, lorsque le soleil, le grand dieu Râ des Égyptiens, disparait à l'Occident, dans les déserts de la Libye, au milieu d'une splendeur pleine de gloire, que nulle plume ne saurait décrire, et dont les traînées lumineuses éclairent l'horizon jusqu'au milieu de la nuit.

Dans cette région bénie, le soleil est étincelant, le ciel toujours d'un bleu pâle, diaphane même pendant l'obscurité ; grâce à sa transparence, il se constelle alors de myriades d'étoiles qui brillent d'un éclat extraordinaire, spectacle admirable représenté sur tous les plafonds des anciens temples de la Haute-Égypte.

Le sol, d'une fertilité prodigieuse, est arrosé sans relâche par la plus laborieuse des races humaines qui semble même ignorer le repos de la nuit. Chaque année, il est recouvert d'un engrais apporté des régions équatoriales du continent africain, par le plus grand fleuve du monde, long de six à huit mille kilomètres, débordant chaque année, à l'époque voulue, avec une précision mathématique. Cette terre fortunée est entourée d'une large ceinture de déserts d'un jaune d'or, quelquefois violets ; cependant très bien irriguée, elle est verte comme la Hollande, et les récoltes abondantes : cannes à sucre, doura, coton, blé, orge, maïs, trèfles, etc., s'y succèdent sans interruption.

C'est dans cette vallée unique au monde, qu'à une époque très reculée naquit la race égyptienne, agricole avant tout, si bien douée, si intelligente ; elle sut trouver par son talent d'observation et son génie la solution des problèmes scientifiques de premier ordre qui préoccupaient alors le monde antique. Elle a édifié ces majestueux monuments, temples ou tombeaux, qui, après tant de siècles, s'élèvent fièrement à la surface du sol, ou ceux plus grandioses encore qui ont été creusés dans les rochers avec une patience sans nom, et qu'on ne peut admirer qu'en pénétrant profondément dans le flanc des montagnes.

Ce sont ces hommes, doués d'une conscience vraiment moderne, qui, les premiers sur cette terre, au milieu d'un monde barbare, ont enseigné les admirables préceptes de la morale élevée qui régit encore de nos jours la vie des peuples civilisés.

Ils ont été des savants et des artistes de premier ordre, des agriculteurs et des ingénieurs des plus habiles dans l'art des irrigations, des penseurs profonds. Tout ce qu'ils ont écrit ou enseigné, tout ce qu'ils ont fait, a donc pour nous le plus grand intérêt, puisqu'ils sont directement les pères créateurs des idées nobles et généreuses qui ont servi à développer nos intelligences, et qui nous ont façonnés tels que nous sommes.

Il était donc important de rechercher pourquoi, après avoir momifié les membres décédés de leur famille, dans un but de conservation indéfinie, en attendant une résurrection ou une transformation future, ils momifiaient, avec autant de soins, et par des procédés presque aussi parfaits, tous les animaux qui vivaient autour d'eux, et non pas seulement certaines espèces considérées comme sacrées. Ces sages, auprès desquels les Grecs et les Romains instruits venaient terminer leur éducation, ne devaient point se livrer à une pratique aussi extraordinaire sans de sérieuses raisons religieuses ou philosophiques.

Voilà pourquoi, l'étude des momies animales entassées par milliards dans les puits ou les hypogées, ou cachées dans les sables des nécropoles, peut contribuer à la solution d'un mystérieux problème d'ordre psychique auquel jusqu'à aujourd'hui on n'a su trouver aucune réponse entièrement satisfaisante.

Mais au point de vue de la doctrine du transformisme de certaines espèces animales, ces recherches peuvent aussi présenter un très grand intérêt. L'illustre Jomard, pendant l'expédition de Bonaparte, probablement sous l'influence de Geoffroy de Saint-Hilaire, avait déjà entrevu ce côté de la question. Dans la description de Thèbes[1], il dit en effet avec une clairvoyance bien digne d'être rappelée ici : « Ces diverses momies et ces débris d'animaux serviront aux naturalistes à reconnaître les espèces qui habitaient en Égypte à une époque reculée. Il n'existe aucun autre moyen pour constater sûrement la différence ou l'identité des individus actuels avec les anciens, et pour prononcer sur une grave question, savoir : l'invariabilité que conservent les formes spécifiques et essentielles des animaux à travers la durée des siècles. »

En effet, nous savons aujourd'hui, depuis les magnifiques recherches de Darwin, que les êtres vivants doivent tous se transformer dans leur morphologie et leur structure intime, lorsque les conditions climatériques, au milieu desquelles ils vivent, se modifient dans la suite des siècles; ou bien, si la lutte pour l'existence leur impose certaines conditions anatomiques ou physiologiques favorables pour la lutte ou la défense. Les éléphants de la Sibérie se sont couverts d'une laine protectrice contre le froid, longue de près de cinquante centimètres, tandis que leurs congénères qui vivent dans les régions tropicales ont revêtu une peau à peu près nue, parsemée de poils très espacés, ne pouvant être d'aucune utilité pour résister à l'abaissement de la température. Les Insectes, les Arachnides, les Crustacés habitant les grottes privées de lumière ainsi que les catacombes de Paris ont perdu leurs organes de la vision, devenus absolument inutiles, dans un milieu obscur. Les animaux qui vivent dans les régions désertiques ont tous

[1] Jomard, *Description de l'Egypte*, t. III, p. 95.

une coloration jaunâtre qui leur permet d'échapper aux regards de leurs ennemis, et aussi de surprendre plus facilement, et sans être vus, des espèces dont ils font leur nourriture. L'adaptation des êtres vivants aux milieux est une règle générale qui ne souffre point d'exception. L'animal, ainsi que la plante, dans certaines conditions, doit se transformer ou mourir.

Mais il n'en est pas moins intéressant de constater que la morphologie des vertébrés est restée la même depuis des milliers d'années, dans une région dont la climatologie paraît n'avoir subi aucun changement. L'Égypte, à ce point de vue, nous fournira les documents les plus positifs, puisque beaucoup d'entre eux peuvent être datés avec une très grande approximation, grâce aux inscriptions lapidaires si nombreuses sur tous les monuments.

A une époque très reculée, entre les périodes Jurassique et Crétacée, les eaux d'une grande partie de l'Afrique centrale, au lieu de s'écouler dans le vaste estuaire qui formait jadis le bassin inférieur du Congo, se sont dirigées vers la Méditerranée, drainées par l'énorme cassure de la couche terrestre, qui donna naissance aux vallées du Jourdain, du lac de Tibériade, de la mer Morte et du Nil.

Depuis cette grande convulsion du globe jusqu'à nos jours, les conditions climatériques du pays ne paraissent pas avoir changé, la vie intime du peuple égyptien, inscrite en images si précises sur les monuments et les tombes, depuis l'ancien Empire jusqu'à l'époque romaine, en est une preuve irréfutable.

Il était donc intéressant de rechercher si, pendant les sept mille ans que date avec plus ou moins de probabilité, pour ne pas dire certitude, l'histoire égyptienne, les animaux vertébrés, jadis momifiés par les anciens habitants présentaient des différences morphologiques avec leurs congénères qui se trouvent encore actuellement dans la contrée.

Depuis plus de vingt ans, à la suite de nombreux voyages ou séjours en Égypte, j'avais fait toutes les démarches possibles, officieuses ou officielles, auprès de tous les ministres compétents d'Égypte, de France et d'Angleterre, afin d'obtenir ces précieux éléments d'études dont j'avais compris la grande valeur. Mais toutes ces demandes ont été vaines ; je n'obtenais que de bonnes paroles, et rien de plus. On préférait laisser détruire ces momies, les laisser transformer en engrais par certains industriels, plutôt que de prendre la peine de les faire rechercher afin d'en permettre une étude sérieuse. Ce n'est que grâce à M. Maspero, depuis sa nomination si méritée au poste important de directeur général du service des antiquités en Égypte, que j'ai pu enfin obtenir ce que je désirais depuis tant d'années. Dans différentes localités, les galeries et les puits ont pu être rouverts aux frais du Muséum de Lyon ; le sable en a été retiré, et un nombre considérable de momies d'animaux nous ont été expédiées. Beaucoup des squelettes qui ont été extraits ont pu être aussi bien montés que s'ils provenaient d'espèces vivant actuellement. Ces belles pièces, uniques jusqu'à ce jour, seront prochainement renvoyées au Caire où M. Maspero désire leur donner asile dans une salle du nouveau Musée Égyptien. Là, elles seront mises sous les yeux du public et pourront être étudiées par les naturalistes et les égyptologues que ces recherches intéressent. C'est donc à notre éminent et savant compatriote que la science sera redevable de la conservation de ces documents si intéressants et si précieux à différents points de vue.

Les mammifères sont en petit nombre, la contrée n'en ayant jamais nourri beaucoup, ni dans l'antiquité ni dans les temps modernes.

Les chiens, comme ceux de l'Égypte actuelle et de la plupart des pays d'Europe, nous présentent des types absolument différents les uns des autres, depuis le chien fauve des bazars d'Orient, qu'on rencontre partout, jusqu'au singulier levrier dont la queue en trompette décrit une circonférence et demie sur elle-même, cet animal est fréquemment représenté en peinture et en sculpture; je l'ai retrouvé encore vivant dans les ruelles de Louxor, mais je n'ai malheureusement pas pu m'en emparer.

Les squelettes de bœufs, qui ont été exhumés en très grand nombre des nécropoles de Sakkara et d'Abousir, et dont j'ai pu aussi retrouver quelques restes dans certains hypogées de Gournah, appartiennent tous à une même espèce que nous réunissons au *Bos africanus* qui se trouve encore aujourd'hui par milliards dans l'Afrique centrale. C'est évidemment cette race qui fournissait aux prêtres les animaux vénérés dans les temples sous les noms d'*Apis* et de *Mnevis*.

La gazelle, le bubale, ainsi que le mouflon à manchettes présentent la similitude de formes la plus complète avec les mêmes espèces contemporaines. Des milliers de ces animaux, enduits de bitume ou trempés dans des solutions saturées de natron, ont été entourés de bandelettes pour être entassés dans certaines galeries annexées aux temples. L'examen de la dentition prouve, avec la dernière évidence, que la plupart de ces animaux, primitivement sauvages, vivaient apprivoisés dans les enclos sacrés. Quelques auteurs pensent que la gazelle était le symbole de l'impureté. Si cela était vrai, je ne vois pas pour quelle raison les Égyptiens en ont élevé une si grande quantité pour en remplir après leur mort les galeries souterraines de certains temples.

Les anciens Égyptiens élevaient deux chats, le chat domestique, tout à fait semblable au nôtre, mais surtout la grande espèce appelée *Felis maniculata* par les zoologistes, et qui vit encore à l'état sauvage dans les forêts de Fayoum, sur les rivages de la mer Rouge, ainsi qu'en Tunisie et en Tripolitaine. Cet animal, de forte taille, très haut sur jambes, présente un front bombé tout à fait caractéristique. Il était évidemment nourri par milliards dans les villes et les campagnes, non seulement pour faire la chasse aux rats, mais surtout en l'honneur de la déesse Bast dont il était la représentation vivante. Les momies, toujours soigneusement entourées de bandelettes élégamment entre-croisées, remplissent en quantités prodigieuses d'énormes galeries. Beaucoup de ces souterrains en contiennent des masses si considérables, à Sakkara, par exemple, que pendant plusieurs années elles furent exploitées pour en faire de l'engrais. Ces momies renferment des individus de tous les âges; des myriades de fœtus sont aussi attachés en paquets, emmaillotés de bandelettes et placés les uns à côté des autres. De petits nouveau-nés remplissent quelquefois la cavité abdominale de grandes chattes admirablement sculptées dans un morceau de bois, ou bien reposent dans de minuscules sarcophages, à couvercles cintrés, très grossièrement travaillés et qui semblent avoir été construits par des mains d'enfants. Ce beau *Felis maniculata* n'est actuellement domestiqué nulle part en Afrique.

Des musaraignes de différentes espèces et qu'on retrouve vivantes dans le pays sont quelquefois momifiées isolément, surtout à Thèbes. Elles sont alors, après avoir été trempées dans le bitume, entourées de fines bandelettes et dorées avec soin, enfermées dans de petits sarcophages creusés dans une pièce de bois de sycomore. La fermeture latérale est obtenue par une planchette qui glisse dans des rainures. La face supérieure de cette boite porte toujours une musaraigne de grandeur naturelle, admirablement sculptée, non rapportée, mais enlevée en plein bois et dorée avec soin. Quelquefois, ces sarcophages sont en bronze ainsi que la musaraigne dorée que supporte le petit monument de métal toujours construit avec beaucoup de goût. Dans certaines circonstances, ces insectivores ne sont pas momifiés isolément, mais conservés au milieu des masses bitumineuses qui renferment les oiseaux de proie.

Les oiseaux rapaces se trouvent momifiés en quantités innombrables, tantôt séparément, tantôt par masse de vingt à quarante individus de toutes espèces. Ils sont alors entassés les uns contre les autres, solidement collés par une sauce bitumineuse appliquée à chaud, et disposés en énormes fuseaux longs d'un mètre et demi environ. Les plumes, quoique tachées par le bitume, sont ordinairement très bien conservées. La plupart des squelettes de ces animaux, montés avec le plus grand soin, ont pu être comparés à ceux des espèces congénères de l'époque actuelle. Le résultat de cette confrontation a été absolument négatif au point de vue d'un changement morphologique dans le système osseux. Ces espèces ressemblent entièrement à celles qui sont encore vivantes et qui à certaines époques apparaissent en grand nombre dans les plaines et les rochers.

On peut se demander par quels procédés les Égyptiens pouvaient se procurer tant d'oiseaux rapaces diurnes et nocturnes, dont les différentes espèces, toujours extrêmement sauvages, se laissent si difficilement approcher. Quelques-uns devaient être tués avec de courts bâtons courbes, lancés avec force, sorte de *boomerang* presque semblable à celui des Australiens ; des blessures profondes ainsi que des fractures en font foi. D'autres étaient pris probablement avec des filets ou des pièges très ingénieux qui ont été souvent figurés dans les tombes.

Les Ibis, momifiés en nombre immense dans presque toute l'Égypte, sont entourés de fines bandelettes formant des losanges plus ou moins foncés, disposés avec une grande élégance. Dans d'autres localités, le corps de ces oiseaux, simplement trempé dans une solution concentrée de natron, entouré de toiles, a été enfermé dans de grandes jarres en terre rougeâtre, grossièrement tournées et fermées par une couche de plâtre très habilement appliquée sur l'ouverture. Dans certaines galeries, à Sakkara, par exemple, ces pots placés les uns sur les autres, et formant de nombreuses couches superposées, remplissent par milliers de longues galeries. Quelques-uns de ces vases renferment des œufs d'Ibis bien conservés.

L'examen attentif d'un très grand nombre de pièces nous a clairement fait voir que l'Ibis actuel, qui ne se trouve plus que sur le Nil Bleu du côté de l'Abyssinie, et sur le Nil Blanc dans la région de Fachoda, a les tarses bien moins longs que l'Ibis de l'antiquité. On peut croire que cette modification anatomique importante est due à des conditions d'existence différentes. Anciennement cet oiseau devait pêcher sa nourriture dans des marécages nombreux, étendus et profonds, au milieu des lotus et des papyrus. Depuis que la plupart de ces marais ont disparu, l'oiseau sacré doit se contenter de chercher, presque à sec, sa pâture dans les vases déposées sur les rivages du Nil. De cette circonstance provient peut-être le raccourcissement des tarses, de très longues jambes étant devenues absolument inutiles.

Les anciens Égyptiens semblent avoir eu la plus grande vénération pour un superbe poisson de la famille des Percoïdes, le *Lates niloticus* qui habite encore en quantités innombrables les eaux du Nil dans la Haute-Égypte. Certaines villes, entre autre Esné, vouaient un culte spécial à cette espèce; non seulement les habitants honoraient le poisson vivant, mais encore par d'ingénieux procédés de momification, ils s'efforçaient de le préserver de toute destruction. Et cependant, par une contradiction singulière, cet animal passait dans certaines localités pour un aliment impur dont l'usage était interdit aux prêtres, probablement parce que ces animaux étaient accusés d'avoir dévoré certaines parties du corps d'Osiris.

Ainsi réduits à l'état de momie, entourés soigneusement de bandelettes de lin, trempées dans une solution concentrée de natron, ils présentent toutes les grandeurs, depuis quelques centimètres jusqu'à 1m50 de longueur. On trouve aussi, enterrées dans le sable, à côté des poissons adultes, des sphères de la grosseur de deux poings, formées de tiges de papyrus entrelacées avec des bandelettes. Elles renferment chacune plusieurs centaines d'alevins de *Lates*, dont beaucoup, longs de quelques millimètres, viennent à peine de sortir de l'œuf.

Ces poissons, qui sont ainsi admirablement conservés et dont la chair renferme encore une certaine quantité de matière nutritive, ne présentent aucune différence avec les *Lates* actuellement pêchés dans le Nil, en très grandes quantités, surtout au milieu des rochers de la première et de la seconde cataracte.

Le Crocodile, d'après les égyptologues, était consacré au dieu Sebek. Les anciens Égyptiens le redoutaient beaucoup et le conjuraient à l'aide de formules magiques. Ce Saurien toujours affamé et qui devait dévorer un grand nombre de femmes et d'enfants, habitait par milliards les eaux du Nil jusqu'à l'extrémité nord du Delta. Sa férocité n'empêchait pas les Égyptiens de le momifier en très grande quantité, mais on ne sait encore dans quel but. Ses dépouilles remplissent d'immenses galeries, quelquefois des grottes naturelles comme à Màabdé, près de Monfalout, où une caverne qui s'enfonce profondément dans la montagne en renferme probablement des centaines de mille mêlées à des momies humaines. A côté de ces grands et gros animaux, on trouve des quantités de paquets, maintenus par des roseaux, renfermant vingt-cinq petits crocodiles collés ensemble par le bitume, souvent placés sur de petites corbeilles d'écorces avec des œufs du saurien dans l'intérieur desquels on trouve encore quelquefois les embryons bien conservés. Ces animaux, malgré leur haute antiquité, ne nous présentent aucune différence avec ceux qui vivent encore au milieu des rapides de la seconde cataracte ainsi que dans toutes les régions du haut Nil. Le régime et la température des eaux du fleuve n'ayant probablement jamais varié, le type du saurien est resté absolument le même.

Je ne voudrais pas tirer de ces recherches qui sont à peine ébauchées une conclusion trop hâtive, cependant je crois qu'il est permis d'affirmer qu'une période de soixante à soixante-dix siècles est tout à fait insuffisante pour modifier la morphologie des animaux vertébrés, surtout si, comme en Égypte, les conditions biologiques n'ont pas subi des changements assez considérables pour amener une perturbation dans la loi si puissante qui régit l'hérédité des formes et des caractères.

Les anciens Égyptiens momifiaient non seulement certaines espèces animales directement consacrées aux divinités, mais encore tous les animaux qui vivaient autour d'eux. J'ai la conviction que, lorsque les archéologues dirigeront leurs recherches dans ce sens, on retrouvera à l'état de momies toutes les espèces vivant encore actuellement en Égypte.

Ce qu'on a dépensé de linge de lin pour entourer les momies humaines ainsi que celles des animaux qui pendant tant de milliers d'années ont été cachées sous les sables du désert ou dans les galeries des nécropoles est quelque chose de vraiment prodigieux ! Pour habiller une seule momie humaine, il faut au moins, d'après mes mesures, 70 mètres d'une toile large de 40 centimètres. Pour les momies des bœufs, par exemple, dont nous parlerons plus loin, on employait au moins 200 mètres d'une toile de la même largeur ! Les tisserands devaient être évidemment très nombreux dans l'ancienne Égypte, et leurs métiers si simples et si ingénieusement construits ne devaient pas chômer souvent.

On doit se demander dans quel but ce peuple très intelligent s'est livré à une pratique si extraordinaire ; quelles sont les idées philosophiques ou religieuses qui lui ont fait trouver les moyens les plus ingénieux et les plus scientifiques pour empêcher la disparition des cadavres des hommes et des animaux due au travail des microbes de la putréfaction. Les inscriptions murales, comme les papyrus, sont muets sur ce point et ne peuvent en rien éclairer ce problème difficile à résoudre. Il nous est malheureusement très difficile, pour ne pas dire impossible, au xxe siècle, de pénétrer dans les idées ou la foi religieuse des hommes qui vivaient il y a sept ou huit mille ans, qui se trouvaient dans des conditions biologiques absolument différentes de celles qui nous impressionnent actuellement, et chez lesquels la vitalité des croyances premières devaient se transmettre avec une énergie toute spéciale. « Nous ne pouvons admettre, comme le fait remarquer M. Pierret[1], que ce peuple, dont les anciens sont unanimes à vanter la sagesse, ait adoré les animaux. » Aucun texte, aucune inscription ne peut nous faire croire à une pratique absurde pour des hommes si bien doués.

Quelques savants pensent que les Égyptiens, n'étant pas capables de différencier par l'expression du visage humain les membres de leur panthéon, ont placé sur les statues de leurs dieux des têtes d'animaux afin de mieux les distinguer les uns des autres. Ces animaux seraient ainsi devenus sacrés et auraient été l'objet d'un culte superstitieux, exploité plus tard par la classe des prêtres. Il n'est vraiment pas possible d'accepter cette explication. Les Égyptiens, de tout temps, ont été d'habiles sculpteurs, des artistes de premier ordre, la statuette du Scribe du Louvre, celle de Cheik el Beled du Caire, ainsi que les admirables bas-reliefs de la tombe de Ti et ceux du temple de Nefertari à Abou-Simbel ne permettent pas de croire que c'est par impuissance à différencier les traits des visages des dieux que les Égyptiens ont affublé ces derniers de têtes d'animaux. Je crois que c'est bien plutôt le privilège attribué aux dieux de pouvoir revêtir telle ou telle forme animale, qui les a fait représenter avec ces masques bizarres, à peu près toujours les mêmes, mais pouvant cependant changer suivant les localités ou les époques de la vie du peuple.

Les dieux comme les hommes pouvaient s'incarner dans certains êtres; cela résulte absolument du dogme de la métempsycose auquel on a paru attacher trop peu d'importance.

Les Égyptiens, en effet, croyaient à la transmigration de l'âme humaine dans le corps des animaux. Certains chapitres du *Livre des Morts* sont consacrés à la transformation de l'homme en Épervier, Vanneau, Hirondelle, Serpent, Crocodile, Lotus, etc. Les élus avaient la faculté de prendre toutes les formes qu'ils désiraient et de revenir sur la terre. Ce que rapporte Hérodote est très explicite à cet égard : « Les Égyptiens, dit-il, sont les premiers qui aient parlé de cette doctrine selon laquelle l'âme humaine est immortelle et, après la destruction du corps, entre toujours en un autre être naissant. Lorsque, elle a parcouru tous les animaux de la terre, de la mer et tous les oiseaux, elle rentre dans un corps humain ; le circuit complet dure trois mille ans[2]. »

[1] Pierret, *Dictionnaire d'archéologie égyptienne*, p. 43.
[2] Hérodote, II, § 123.

L'affirmation formelle d'Hérodote ne peut laisser aucun doute à l'égard de la croyance générale des Égyptiens à la métempsycose. Cet historien est trop exact pour ne pas rapporter fidèlement ce que les prêtres lui ont enseigné à Memphis ou à Thèbes.

Le corps du riche, après avoir été momifié suivant les indications du chacal Anubis, l'inventeur des pratiques de l'embaumement, était placé très profondément sous terre, dans une chambre funéraire admirablement cachée, à l'abri des atteintes de l'air et des tentatives sacrilèges des violateurs de sépultures. L'âme du mort n'était pas tourmentée par la crainte de voir le corps tomber en poussière sous l'influence des agents de destruction. Elle restait dans la tombe, tout près de la momie, que ne pouvait plus faire disparaître la putréfaction. Comme le dit M. Maspero : « L'âme vivait à côté d'elle comme dans une maison éternelle qu'elle possédait sur les confins du monde invisible et du monde réel. »

Mais, par contre, que devenaient les âmes des pauvres hères, dont les momies grossièrement protégées par des enveloppes bitumineuses étaient entassées les unes sur les autres, avec celles des crocodiles ou des bœufs, dans des grottes ou des galeries profondes? Il est bien probable que ces âmes, ainsi que celles des noyés, par exemple, privées de sépulture, passaient, comme le dit Hérodote, dans un animal quelconque, et successivement, pendant un cycle de trois mille ans, habitaient les corps de certaines espèces vivant sur la terre, dans les eaux ou dans les airs. Cette croyance explique aussi parfaitement l'embaumement des sphères creuses remplies de jeunes alevins du poisson *Lates*. Hérodote, en effet, dit : « L'âme entre dans un être naissant. » Ces petits poissons, dont beaucoup viennent à peine de sortir de l'œuf, devaient donc être hantés par des âmes humaines. De là cette momification tout à fait extraordinaire de ces êtres à peine nés. Les Égyptiens ne devaient donc pas laisser disparaître par la putréfaction les corps de ces animaux habités par les âmes de leurs parents, de leurs amis, de leurs concitoyens.

C'est la raison, croyons-nous, pour laquelle ils embaumaient, par différents procédés, tous les animaux qui vivaient autour d'eux, excepté ceux destinés à l'alimentation, les oies, les canards, la plupart des poissons du Nil, par exemple, ou ceux qui leur servaient de bêtes de somme comme les ânes, les chevaux et les chameaux.

Les découvertes futures pourront peut-être mieux nous faire comprendre les idées qui poussaient les Égyptiens à se livrer à cette singulière pratique de l'embaumement des animaux. Le travail que nous venons de faire n'est en quelque sorte que le début de recherches de longue haleine qui devront se poursuivre en Haute-Égypte, à Abydos, à Behnesa, l'antique Oxyrrhynchos, et à Thèbes surtout, où les catacombes doivent renfermer des richesses absolument inconnues et parmi lesquelles se trouveront certainement plusieurs espèces animales momifiées que nous n'avons pas rencontré dans les nécropoles de la Basse-Égypte, de Sakkara, d'Abousir et d'Esné.

Nous espérons pouvoir entreprendre prochainement de nouvelles fouilles, grâce à l'amicale bienveillance de M. Maspero qui a bien voulu depuis deux ans seconder nos efforts, nous aider de sa grande expérience, et aplanir, pour nous, tous les obstacles qui pouvaient entraver nos travaux.

LORTET.

MAMMIFÈRES

CHIENS ET CHACALS

Les momies de chiens sont en grande partie de Rôda (Haute-Égypte), deux seulement viennent de Thèbes et quelques-unes d'Abydos. Celles de cette dernière localité ne se composent que de restes mal conservés : crânes et os de membres, parmi lesquels il n'a pas été possible de trouver un seul squelette entier. Par contre, les animaux de Rôda et de Thèbes ont permis de reconstituer et de monter les squelettes de treize individus.

Les chacals ne sont représentés à Lyon que par deux momies : l'une, reçue d'Égypte il y a plus de trente ans, ne porte aucune indication d'origine précise ni d'ancienneté. L'autre est de Rôda ; elle avait le même aspect que les momies de chiens de cette région, et appartient sans doute à la même époque.

Les chiens de Thèbes ont été achetés à Louqsor. Ceux d'Abydos proviennent des fouilles de M. E. Chantre. On ne sait à quel âge ils se rapportent. Les momies de Rôda sont d'une époque incertaine ; quelques-unes datent de la période romaine, d'autres sont plus anciennes, mais nulle ne paraît, selon M. Maspero, antérieure à l'époque saïte.

A Rôda ainsi qu'à Abydos ces animaux ont été momifiés d'une façon très sommaire. Ils ont simplement subi une macération plus ou moins prolongée dans un bain de natron, après quoi les corps se sont desséchés lentement, entourés d'une toile grossière.

On ne trouve sur ces animaux aucune trace de bitume. Lorsqu'ils sont débarrassés de leur enveloppe, ils apparaissent les membres antérieurs étendus le long de la poitrine, les pattes de derrière repliées, la queue ramenée entre celles-ci (fig. 1). Le plus souvent, la tête est placée dans une direction perpendiculaire à la longueur du thorax.

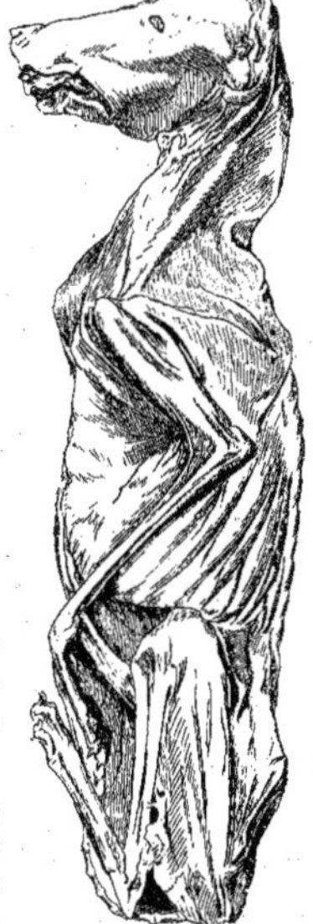

Fig. 1. — Chien momifié de Rôda. (1/4 Gr. nat.)

A Thèbes, quelques chiens, sinon tous, ont été momifiés avec de très grands soins, comme le montrent les deux spécimens examinés à Lyon. Le corps, disposé de la même façon qu'à Rôda, était d'abord entouré de plusieurs épaisseurs de toile, puis, par-dessus, on entrecroisait à angle droit d'étroites et nombreuses bandelettes faites d'étoffes de trois tons différents, brun, jaune clair et jaune foncé, formant sur toute la surface de la momie, jusqu'à la base du cou, des rectangles réguliers (fig. 2). On recouvrait la tête d'un stuc noirâtre sur lequel les yeux étaient dessinés. Enfin, les oreilles dressées, couvertes aussi de toile et de stuc, étaient figurées par deux pièces de bois appliquées à droite et à gauche de la tête.

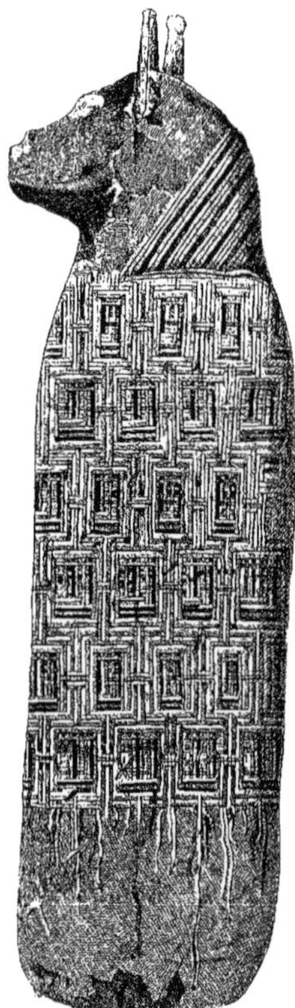

Fig. 2. — Momie de chien de Thèbes. (1/4 Gr. nat.)

Les chiens momifiés avec ce luxe d'ornementation étaient probablement ceux qui vivaient dans les familles ou servaient à la chasse, tandis que les chiens errants, nombreux autrefois en Égypte, devaient être préparés suivant le procédé très expéditif indiqué plus haut pour les spécimens de Rôda et d'Abydos.

Devant les étonnantes accumulations de chiens de certains hypogées, on se demande où et comment les habitants pouvaient se procurer tous ces animaux. Selon quelques égyptologues, d'après lesquels la momification était pratiquée surtout pour des raisons de salubrité, les momies de chiens auraient été faites d'individus trouvés morts dans les villes ou les environs. Cette explication ne paraît pas admissible, car les squelettes examinés ne sont pas ceux d'individus malades ou âgés, mais bien d'animaux robustes et adultes pour la plupart. Ces chiens ont donc probablement été tués, cependant ils ne portent aucune trace de blessures. On est obligé d'admettre, semble-t-il, que ces animaux ont été étranglés ou empoisonnés, à moins qu'on ne les eût introduits dans des sacs chargés de pierres et simplement noyés dans les réservoirs à natron.

Le chien jouissait d'une grande vénération en maint endroit de l'Égypte. Pendant le nouvel Empire, les honneurs divins lui étaient rendus dans certaines villes, en particulier à Cynopolis[1], actuellement El-Kaïs, près de Samaloud. Cet animal était consacré, avec le chacal et le loup, à Anubis, qui avait des temples dans diverses localités, entre autres à Lycopolis[2]. Anubis servait de guide aux âmes des morts. Il veillait sur les dieux, dit Plutarque, comme les chiens veillent sur les hommes. Anubis le chacal était aussi le maître de l'ensevelissement. « Il passait, d'après M. Maspero[3], pour avoir

[1] Wilkinson, *The ancient Egyptians*, vol. III, p. 273.
[2] Wilkinson, *loc. cit.*, vol III, p. 258.
[3] Maspero, *Histoire ancienne des peuples de l'Orient. Égypte et Chaldée*, p. 112, 1895.

découvert les procédés artificiels qui assurent à volonté l'incorruptibilité de la larve humaine, sans laquelle la persistance de l'âme n'est qu'une agonie prolongée inutilement. Cette divinité avait purgé le cadavre des viscères dont la corruption est la plus rapide, l'avait saturé de sels et d'aromates, protégé d'abord dans une peau de bête[1], puis par une couche épaisse d'étoffes, et son art transmis aux embaumeurs, changea en momies tout ce qui avait eu vie et qu'on désirait conserver. »

Le chacal comme le chien était l'emblême de la vigilance. Elzéar Blaze a expliqué la raison de la prédilection des Égyptiens pour le chien. Les habitants de la vallée du Nil voyant apparaitre une étoile à l'horizon, à l'époque précise où commençait le débordement du fleuve, lui donnèrent le nom de *Sirius*, qui signifie *l'aboyeur*, parce qu'elle paraissait se montrer avec l'intention d'avertir le cultivateur de l'inondation.

Les deux chacals momifiés se rapportent à *Canis aureus*, l'espèce commune du nord de l'Afrique. En ce qui concerne les chiens, nous avons reconnu trois formes assez distinctes entre elles ; elles appartiennent toutes trois cependant à la race des *chiens parias* de de M. Studer [2] qui comprend tous les chiens des régions méridionales : l'Afrique, l'Australie, les îles de la Sonde, le sud de l'Asie et la Turquie, c'est-à-dire le Dingo, le chien de Tengger, les chiens errants, les lévriers et les dogues du Thibet.

Les chiens parias typiques sont des animaux de grosseur moyenne, à poil court, d'une conformation assez dégagée, bien que très robuste. La tête est allongée, volumineuse relativement à la grandeur du corps. Les oreilles sont droites et pointues ou à demi tombantes. Parmi les chiens de l'Egypte ancienne nous avons distingué, d'après les caractères du squelette et du crâne, les trois formes suivantes.

1° L'une de taille moyenne, à grosse tête, est voisine du chien paria typique. C'est le *chien errant* proprement dit de l'Égypte. Son crâne est caractérisé par un angle orbitaire très faible qui rapproche cette forme des chacals et des loups.

2° La seconde diffère de la précédente par une taille un peu plus élevée et surtout par un angle orbitaire plus grand. L'ensemble de son squelette rappelle le chien errant de Constantinople. Nous la désignerons par le nom de *chien égyptien*.

3° La troisième forme est un lévrier de forte taille, haut sur pattes, à crâne allongé. Le squelette est remarquable par le grand développement des fémurs. Ce chien correspond au *lévrier de l'ancienne Égypte* dont l'image est reproduite sur plusieurs monuments. Il a encore des représentants dans l'Égypte actuelle. L'un de nous en a vu, pendant un de ses récents voyages, quelques spécimens traversant les rues de Louqsor.

Ces trois variétés ne sont pas pures. De nombreux mélanges ont dû se produire entre elles. On remarque en effet dans les deux premières, qui sont représentées chacune par plusieurs individus, quelques spécimens dont les caractères morphologiques semblent participer à ceux de l'une ou des deux autres.

Nous examinerons successivement ces trois formes. L'étude portera presque tout entière sur le crâne et le squelette que nous comparerons à divers crânes de Canidés et notam-

[1] Lefébure, Sur l'ensevelissement dans une peau de bête et les rites qui en dérivent (*Etudes sur Abydos*, Proceedings, p. 433-435, t. XV, 1892-1893).

[2] Studer, Die præhistorischen Hunde in ihrer Beziehung zu den gegenwärtig lebenden Rassen (*Abhandl. der Schweiz. paläont. Ges.*, p. 25, 1901).

ment à deux squelettes complets de la race actuelle de chiens parias de Constantinople. Pour ces recherches anatomiques, nous suivrons la méthode employée par M. Studer dans son étude sur « les chiens préhistoriques et leurs rapports avec les races de chiens actuelles », afin de pouvoir rapprocher les nombreux documents de ce naturaliste de ceux qui ont été rassemblés à Lyon par M. Lortet.

Les diverses mensurations indiquées dans l'étude ostéographique des chiens, des chacals et des chats, ont été relevées de la manière suivante :

Longueur basilaire de la tête osseuse. — Du bord inférieur du trou occipital au bord alvéolaire des incisives médianes.

Longueur basilaire du crâne. — Du trou occipital à la suture sphénoïde. (Suture entre le basi et le présphénoïde.)

Longueur basilaire de la face. — De la suture du sphénoïde au bord alvéolaire des incisives.

Longueur des os du nez. — Plus grande longueur.

Largeur des os du nez. — Plus grande largeur.

Longueur de la voûte palatine. — De l'échancrure postérieure au bord alvéolaire des incisives.

Largeur de la voûte palatine. — Entre la carnassière et la première tuberculeuse (entre P^4 et M^1).

Diamètre bi-temporal. — Diamètre maximum.

Diamètre bi-auriculaire. — Sur les orifices auriculaires.

Diamètre bi-orbitaire. — Sur les apophyses post-orbitaires.

Diamètre bi-zygomatique maximum.

Diamètre interorbitaire minimum.

Longueur du crâne. — Du bord supérieur du trou occipital à la suture fronto-nasale.

Longeur de la face. — De la suture fronto-nasale aux alvéoles des incisives.

Hauteur du crâne. — Du basisphénoïde à la partie supérieure du crâne, sur la crête sagittale.

Longueur totale des molaires supérieures. — De la première prémolaire au bord postérieur de la deuxième tuberculeuse.

Longueur des deux tuberculeuses. — Mesurée sur la muraille externe.

Longueur de la carnassière. — Longueur antéro-postérieure externe.

Largeur de la carnassière. — Largeur transverse.

Angle orbitaire. — C'est le supplément de l'angle formé par deux lignes situées dans un plan perpendiculaire à l'axe du crâne et tangentes, l'une à l'arcade zygomatique et à l'apophyse postorbitaire, l'autre aux deux bosses frontales.

Les longueurs des os des membres ont été prises d'une articulation à l'autre, du côté externe. Celle du fémur n'a pas été relevée obliquement, mais projetée suivant une ligne parallèle à l'axe de l'os.

La longueur du corps est mesurée de la première apophyse épineuse dorsale à l'extrémité postérieure des ischions. Toutes ces dimensions sont exprimées en millimètres.

CANIS FAMILIARIS, L. (Chien errant d'Égypte)

(Fig. 3 à 6)

Cette variété de chiens parias est la plus communément momifiée à Rôda. Sur douze squelettes qui ont pu être montés, sept se rapportent à cette forme ainsi que plusieurs crânes et os séparés provenant de la même localité.

Le chien errant d'Égypte est un type de taille plus faible que celui de Constantinople. Sa tête est longue, forte par rapport au corps qui est assez robuste. Les oreilles sont droites et pointues, plutôt courtes. Queue longue et touffue, pendante. Cinq doigts devant, quatre derrière. Son poil est le plus souvent court et roide, hérissé, roux plus ou moins foncé, tirant parfois sur le jaune clair. Quelques rares individus sont noirs.

Ces animaux qui devaient être très communs pendant les temps pharaoniques, si l'on en juge d'après les amoncellements qu'on trouve dans les hypogées, étaient encore assez répandus dans la vallée du Nil il y a quelques années. Actuellement, on ne les aperçoit plus qu'en petit nombre vivant comme toujours à demi sauvages aux environs des villages et des villes. La nuit venue, ils parcourent les rues, se nourrissant de petits animaux et des corps morts abandonnés sur le sol.

La plupart des villes de la Basse et de la Haute-Égypte sont entourées de ruines ou de grandes accumulations de décombres anciens et récents. C'est au milieu de ces amas de débris que les chiens errants se retirent. Brehm, qui les a longtemps observés en Égypte même, retrace ainsi leurs caractères et leurs mœurs[1]. « Ils vivent complètement indépendants dans les ruines, y dorment la plus grande partie du jour, et rôdent pendant la nuit. Chacun a ses trous, creusés avec beaucoup de soins, et chaque chien a deux de ces trous, l'un à l'est, l'autre à l'ouest. La montagne est-elle orientée de telle sorte que les deux trous soient exposés au vent du nord, le chien s'en creuse un troisième sur le versant opposé, mais il ne l'habite que lorsque le vent trop froid lui rend incommode le séjour dans l'un des deux autres. Le matin, jusqu'à dix heures, on le trouve dans le trou placé sur le versant oriental ; il attend là que les premiers rayons du soleil viennent le réchauffer ; mais bientôt la chaleur devenant trop grande, il se retire à l'ombre. On voit alors les chiens se lever l'un après l'autre, se traîner sur la colline chacun vers son trou situé sur le versant occidental, et y continuer son somme. Après midi, le soleil venant l'y visiter, il retourne dans son premier trou où il reste jusqu'au coucher du soleil.

« A ce moment la colline s'anime. On voit se former des groupes plus ou moins considérables et même de véritables meutes. On entend des aboiements, des cris, des hurlements. Les chiens se réunissent en masse autour d'une bête morte ; dans une nuit, ils dévorent complètement le cadavre d'un âne ou d'un mulet. Sont-ils très affamés, ils se repaissent de charognes, même le jour et quelque troublés qu'ils puissent être par les vautours. Ils sont très jaloux et ne peuvent souffrir que d'autres animaux viennent partager leur repas, mais les vautours leur résistent et ne se laissent pas chasser facilement.

« On peut voir encore les chiens guetter, comme des chats, les rats du désert à l'entrée de

[1] Brehm, *la Vie des animaux*, page 334.

leurs retraites, ou, comme les chacals et les renards, chercher à attraper les oiseaux. Ne trouvent-ils pas de nourriture, ils se mettent en route, pénètrent dans l'intérieur des villes et en parcourent les rues. Ils y sont supportés, car ils mangent tous les immondices. »

Dans l'intérieur de leurs quartiers les chiens errants se montrent défiants surtout à l'égard des étrangers. En maltraiter un, c'est exciter une véritable émeute. De chaque trou sort une tête, et, en quelques minutes, la colline est couverte de chiens qui font entendre sans interruption des aboiements furieux.

« Je leur ai plusieurs fois fait une véritable chasse, écrit Brehm, soit afin de les observer, soit afin de me procurer leur chair, qui me servait d'appât pour les vautours ou de nourriture pour les hyènes et les vautours que j'avais en captivité. J'ai eu l'occasion de me convaincre que ces chiens mènent une vie commune. Au bout de quelques jours, ils avaient appris à me connaître et à me craindre. A Khartoum, par exemple, il m'était devenu impossible d'en tirer un seul, ils ne me laissaient pas approcher à moins de quatre cents pas. »

Ces animaux se sont multipliés parfois en Égypte au point de devenir une véritable plaie pour le pays. On raconte que, pour diminuer leur nombre, Méhémet-Ali en fit une fois charger un navire, les fit transporter en pleine mer et jeter à l'eau. A notre époque, ils sont bien moins nombreux qu'en Turquie, c'est à peine si le voyageur en aperçoit, à de longs intervalles, quelques rares individus.

Le squelette du chien errant de l'ancienne Égypte est, dans son ensemble, bien moins robuste que celui du chien paria de Constantinople. Il mesure de 42 à 45 centimètres de hauteur sur les apophyses épineuses dorsales les plus élevées. Sa longueur, de l'extrémité postérieure des ischions à la première apophyse dorsale, est en moyenne de 45 centimètres; elle varie dans la série étudiée de 44 à 48 centimètres. La forme la plus fréquente est reproduite par la figure 3 dessinée d'après la photographie du squelette n° 38.

Le caractère le plus constant chez ces animaux de l'ancienne Égypte consiste dans la longueur du fémur qui se trouve toujours, ainsi que chez le loup et les chiens quaternaires[1], plus élevée que celle du tibia, alors que, dans la plupart des chiens domestiques actuels, c'est le contraire qu'on observe.

Aux membres antérieurs le radius est, en général, un peu plus long que l'humérus.

Les vertèbres thoraciques sont le plus souvent au nombre de 23 : 13 dorsales; 7 lombaires et 3 sacrées. Le squelette n° 38 fait seul exception, il en possède 24 : 13 dorsales, 7 lombaires et 4 sacrées. Dans le squelette n° 40, la partie dorsale paraît avoir cédé une vertèbre à la région lombaire; on compte, en effet, 12 dorsales, 8 lombaires et 3 sacrées. Une particularité à noter à propos des vertèbres, c'est la brièveté remarquable des apophyses épineuses lombaires; elles atteignent 20 millimètres de longueur chez les chiens errants de Constantinople et 10 millimètres à peine chez ceux de l'Égypte ancienne.

Le tableau suivant indique les dimensions principales des sept squelettes de cette série :

[1] Studer, *Die præhistorischen Hunden*, p. 28, 1901.

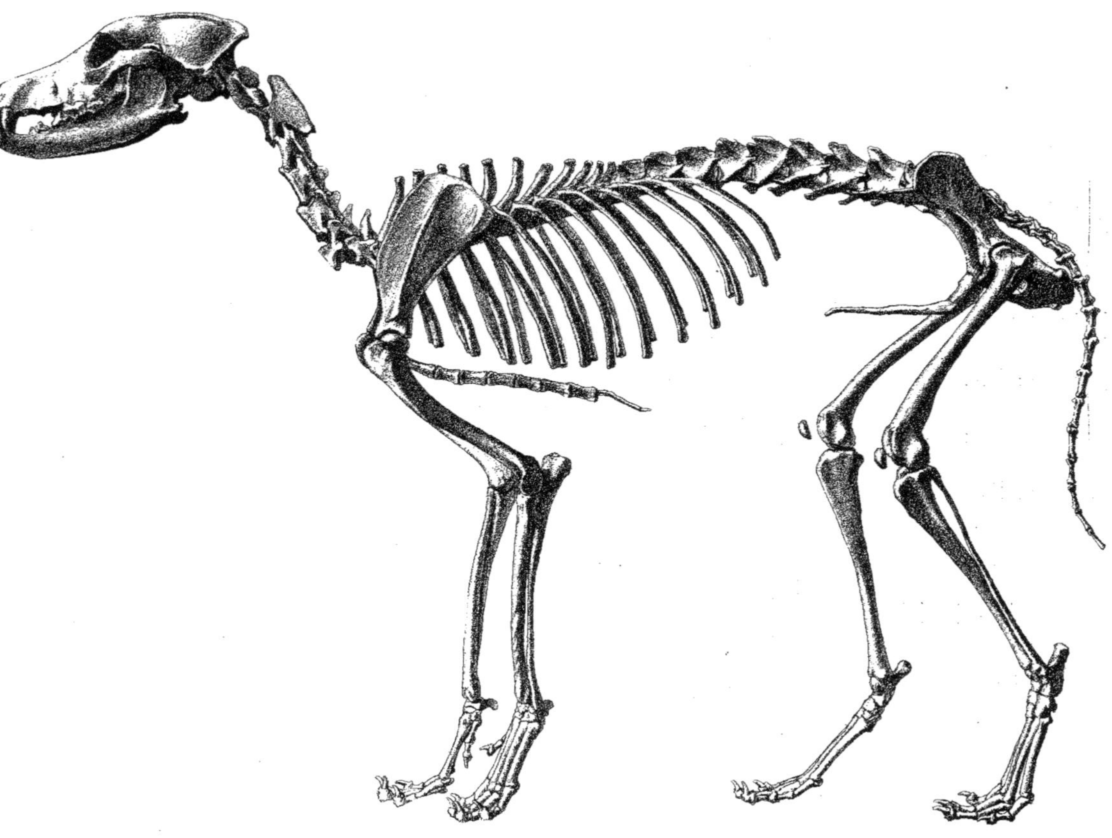

Fig. 3. — Chien errant de Rôda (Haute-Egypte).

	Chiens errants d'Egypte (momifiés).						
	Rôda 34 Mâle	Rôda 38 Mâle	Rôda 40 Mâle	Rôda 41 ?	Rôda 47 Mâle	Rôda 53 Mâle	Rôda 54 Mâle
Longueur du corps	450	470	440	460	480	440	440
— de l'omoplate	107	116	110	109	110	104	106
— de l'humérus	137	145	137	144	156	144	132
— du radius	141	147	139	147	153	140	135
— du 3ᵉ métacarpien	54	58	51	56	60	58	54
— du fémur	157	168	159	167	177	162	155
— du tibia	155	162	153	159	164	154	149
— du 3ᵉ métatarsien	62	64	58	62	66	64	62

La tête osseuse du chien errant de la vallée du Nil offre des variations de longueur assez importantes. Les limites en sont indiquées par le crâne allongé du squelette n° 40 (fig. 4) et par le crâne court du spécimen n° 41 (fig. 5). Le type le plus fréquent parmi les animaux de cette race est représenté par le crâne n° 34 (fig. 6).

Fig. 4. — Crane de chien errant de Rôda. (3/4 Gr. nat.)

Chez les chiens momifiés, la tête est, en général, moins volumineuse que chez le chien paria de Turquie. Le front n'est pas aussi bombé, les arcades zygomatiques sont plus élevées. Ces différences entrainent un abaissement sensible de l'angle orbitaire qui varie de 45 à 48 degrés, alors que, dans la forme de Constantinople, nous trouvons un angle de 52 et 55 degrés.

La tête du chien errant d'Égypte se distingue surtout par sa face courte et son crâne assez développé. Par ce caractère la race égyptienne se rapproche des chacals *Canis aureus* ou *Canis anthus*, tandis que le chien de Constantinople, dont la face est au contraire plus grande que le crâne, est plutôt voisin des loups.

La dentition n'offre rien de particulier, elle accuse un régime à peu près semblable à celui des chiens domestiques. Les tuberculeuses supérieures faiblement développées, à peine plus grandes que la carnassière, indiquent une race un peu plus carnivore que les chacals.

Le crâne du squelette n° 40, remarquable par son allongement, présente une silhouette qui rappellle beaucoup celle du crâne de slughi figuré par Studer[1]. Mais, chez le lévrier d'Arabie, le rapport de la face et du crâne est, ainsi que chez le chien de Constantinople, tout à fait différent. La longueur de la face l'emporte le plus souvent sur celle du crâne, alors que dans la tête osseuse du numéro 40, c'est le crâne qui se trouve sensiblement plus allongé que la face, comme nous l'avons dit plus haut pour les autres individus de cette même série.

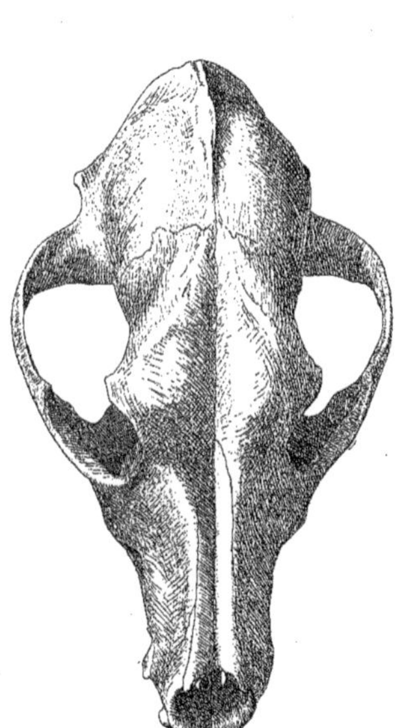

Fig. 5. — CRANE DE CHIEN ERRANT DE RÔDA. (3/4 gr. nat.)

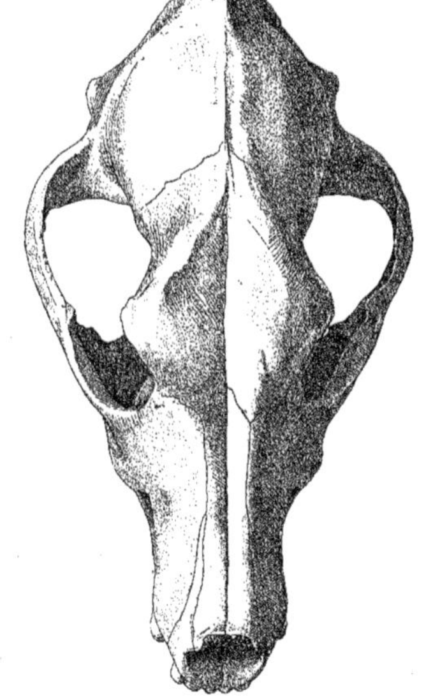

Fig. 6. — CRANE DE CHIEN ERRANT DE RÔDA. (3/4 gr. nat.)

Les diverses mensurations relatives au crâne du chien errant d'Égypte sont indiquées dans le tableau ci-après :

	Chiens errants d'Egypte (momifiés).						
	Rôda 34 Mâle	Rôda 38 Mâle	Rôda 40 Mâle	Rôda 41 ?	Rôda 47 Mâle	Rôda 53 Mâle	Rôda 54 Mâle
Longueur basilaire de la tête osseuse	146	155	167	139	160	148	146
— basilaire du crâne	41	40	48	39	46	40	42
— basilaire de la face	105	115	119	100	114	108	104
— max. des os du nez	67	75	70	60	66	60	61
Largeur max. des os du nez	16	16	17	15	15	15	14
Longueur de la voûte palatine	81	85	85	76	86	80	79

[1] Studer, *Die prœhistorischen Hunden*, pl. VIII, fig. 7, 1901.

	Chiens errants d'Égypte (momifiés).						
	Rôda 34 Mâle	Rôda 38 Mâle	Rôda 40 Mâle	Rôda 41 Mâle	Rôda 47 Mâle	Rôda 53 Mâle	Rôda 54 Mâle
Largeur de la voûte palatine	42	46	46	44	44	43	44
Diamètre bi-temporal	57	58	58	54	58	55	55
— bi-auriculaire	55	54	58	52	58	51	53
— bi-orbitaire	50	45	49	51	51	43	53
— bi-zigomatique max.	94	101	107	92	98	90	96
— interorbitaire minim.	36	35	38	34	38	32	36
Longueur du crâne	92	94	101	85	96	90	90
— de la face	84	93	90	79	89	82	79
Hauteur du crâne	52	53	58	51	55	52	50
Longueur totale des molaires supér.	60	63	67	57	60	61	57
— des deux tuberculeuses	18	19	20	17	18	18	18
— de la carnassière	17	18	19	16	18	17	17
Largeur de la carnassière	9	10	8	8	8	9	8
Angle orbitaire	48°	47°	46°	47°	47°	45°	47°

CANIS FAMILIARIS, L. (Chien égyptien)

(Fig. 7 et 8)

Ce chien de l'ancienne Égypte est connu d'après quelques crânes, divers os de membres et cinq squelettes complets provenant, l'un de Thèbes, les quatre autres de Rôda.

Cette race, un peu plus grande que la précédente, a environ la taille du chien paria de Constantinople.

Les spécimens n° 64, de Thèbes, et n° 39 (fig. 7), de Rôda entre autres, ont les mêmes dimensions que deux chiens errants de Turquie, conservés au Muséum de Lyon, dont nous donnons plus loin les mensurations.

La tête de ce chien est pourtant moins volumineuse relativement que dans la petite race errante de l'Égypte ou dans celle de l'Europe méridionale. Le chien égyptien diffère de la variété décrite précédemment surtout par la tête osseuse dont l'angle orbitaire ainsi que le développement de la face et du crâne offrent plus de ressemblance avec les chiens domestiques actuels.

Il vivait probablement domestiqué, servant, selon les aptitudes des individus et leur éducation, à la garde, soit des maisons, soit des troupeaux.

Le squelette du chien égyptien mesure de 45 à 49 centimètres sur les apophyses épineuses dorsales. La longueur du thorax, de l'extrémité des ischions à la première apophyse, est en moyenne de 47 centimètres. En ce qui concerne les proportions des rayons osseux des membres, nous les trouvons les mêmes que chez le chien errant. Les fémurs sont également plus allongés que les tibias, alors que l'humérus est au contraire un peu plus court que le radius.

Parmi les spécimens étudiés on ne trouve aucune variation numérique des vertèbres thoraciques, il y a toujours 13 dorsales, 7 lombaires et 3 sacrées. Les apophyses épineuses lombaires sont très courtes, comme dans le chien errant d'Égypte.

Le tableau qui suit donne les longueurs principales des membres pour les cinq squelettes de cette race :

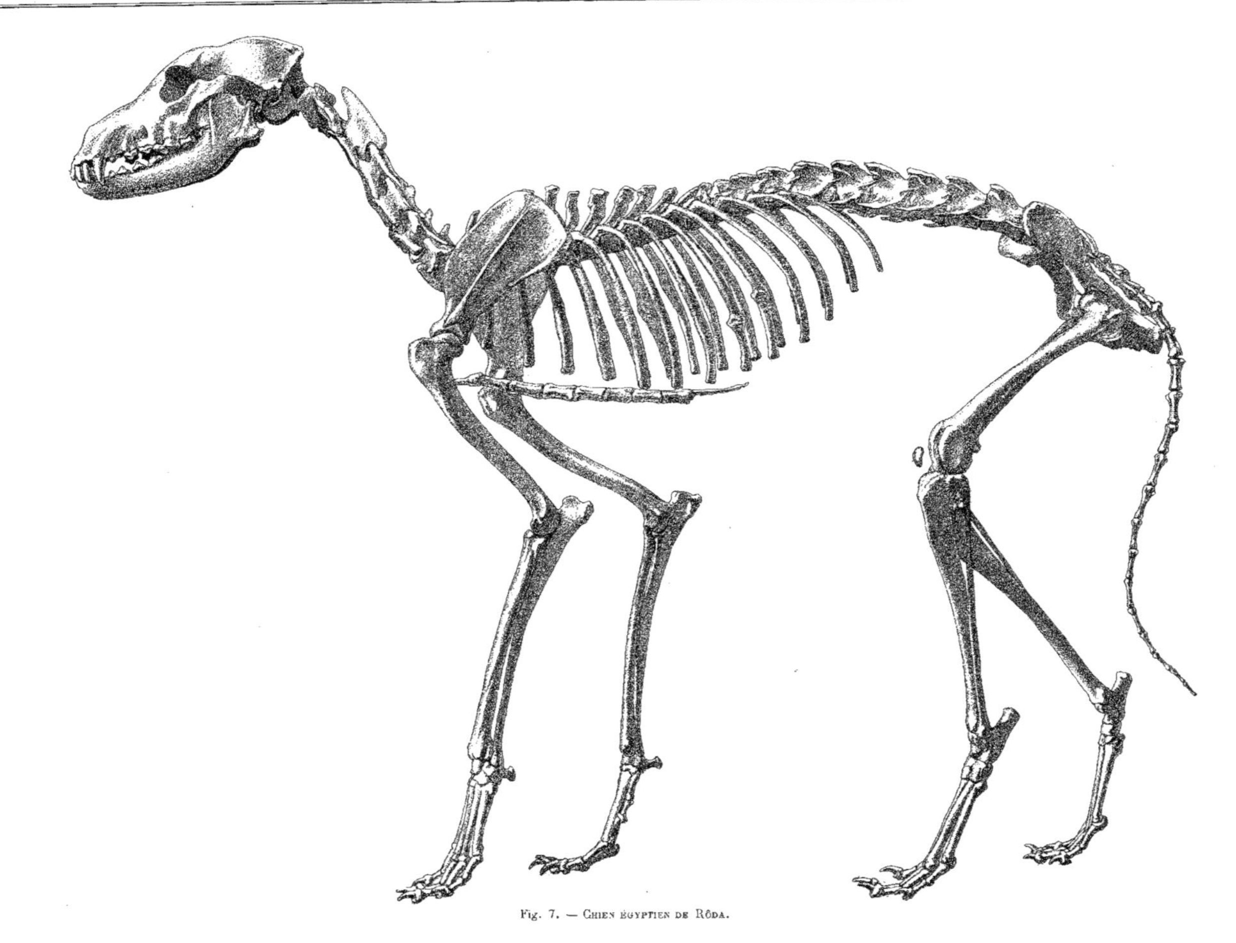

Fig. 7. — Chien égyptien de Rôda.

	Chiens égyptiens (momifiés)				
	Rôda 35 Mâle	Rôda 36 Mâle	Rôda 39 Femelle	Rôda 51 Femelle	Thèbes 64 »
Longueur du corps	490	445	490	450	480
— de l'omoplate	116	122	112	106	120
— de l'humérus	145	144	155	140	161
— du radius	152	148	162	140	164
— du 3ᵉ métacarpien	60	53	59	58	61
— du fémur	173	171	178	165	185
— du tibia	168	167	177	153	180
— du 3ᵉ métatarsien	68	62	68	63	69

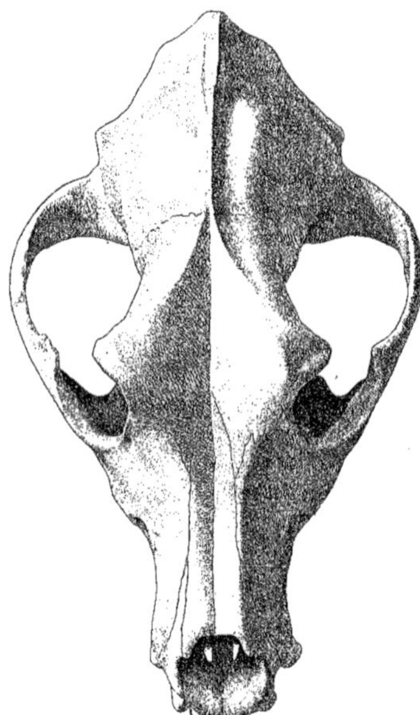

Fig. 8. — Crane de chien égyptien. (3/4 gr. nat.)

Chez les individus de cette série la tête présente une structure assez constante, plus rapprochée du chien paria d'Europe que ne le sont les spécimens de la race errante égyptienne. Dans le spécimen n° 51, la longueur de la face un peu plus grande que celle du crâne, rappelle surtout le loup et les chiens à demi sauvages, tandis que les autres crânes offrent des proportions de longueur intermédiaires entre celles qui caractérisent les chiens parias de Turquie et les proportions indiquées pour la petite race errante de l'Égypte.

L'écartement des arcades zygomatiques est plus ou moins grand, mais le front est toujours large et bombé (fig. 8). L'angle orbitaire varie de 51 à 59 degrés, environ comme dans les races domestiquées.

Par le volume légèrement plus grand des tuberculeuses, la dentition accuse un régime un peu plus omnivore que dans la petite race errante et rapproche aussi la grande forme du chien égyptien des variétés domestiques actuelles.

Les dimensions du crâne chez les cinq individus momifiés de cette race, sont les suivantes :

	Chiens égyptiens (momifiés)				
	Rôda 35 Mâle	Rôda 36 Mâle	Rôda 39 Femelle	Rôda 51 Femelle	Thèbes 64 »
	—	—	—	—	—
Longueur basilaire de la tête osseuse. . .	156	154	152	140	161
— basilaire du crâne	48	43	41	41	46
— basilaire de la face	108	111	111	105	115
— max. des os du nez	65	69	65	68	71
Largeur max. des os du nez.	17	17	13	15	19
Longueur de la voûte palatine	87	84	87	81	90
Largeur de la voûte palatine	44	43	46	43	45
Diamètre bi-temporal	58	57	58	54	56
— bi-auriculaire	58	57	57	55	56
— bi-orbitaire	57	57	50	49	56
— bi-zygomatique maxim. . . .	102	106	91	92	92
— interorbitaire minimum. . . .	30	40	33	34	37
Longueur du crâne	98	92	94	87	95
— de la face	87	91	89	90	93
Hauteur du crâne	57	55	50	51	53
Longueur totale des molaires supérieures .	65	61	62	62	62
— des deux tuberculeuses	19	20	18	18	19
— de la carnassière.	17	18	17	17	17
Largeur de la carnassière	8	8	8	8	8
Angle orbitaire	57°	53°	52°	51°	59°

CANIS FAMILIARIS, L. (Lévrier de l'ancienne Égypte)

(Fig. 9 et 10)

Cette race est signalée, au nombre des animaux momifiés, d'après un spécimen provenant des hypogées de Rôda (Haute-Égypte). Les diverses proportions du corps, de la tête et des membres se rapportent parfaitement à celles du lévrier à queue enroulée, qui était commun autrefois dans la vallée du Nil, si l'on en juge d'après plusieurs monuments de l'ancien Empire sur lesquels il est figuré[1]. Aussi, le désignerons-nous, pour cette raison, par le nom de *lévrier de l'ancienne Égypte*, bien que la race y ait encore de nos jours quelques rares représentants. Deux ou trois individus de cette forme ont été, en effet, remarqués l'année dernière dans les rues de Louqsor, par l'un de nous, dont les notes prises au passage permettent de compléter ainsi qu'il suit les observations faites sur l'individu momifié.

Lévrier haut sur jambes. Corps allongé, pas de ventre, poitrine étroite, colonne vertébrale assez recourbée. Tête longue, front large et bombé. Oreilles de longueur moyenne, droites et pointues. Queue longue, enroulée un tour et demi. Membres secs, quoique assez robustes. Pouce court aux membres antérieurs, manquant aux pattes de derrière. Le poil est court, gris jaunâtre clair.

Ce lévrier habite l'Égypte depuis une haute antiquité ; il a probablement été utilisé de tout temps avec les autres lévriers du Kordofan et de l'Arabie notamment, à la chasse de la gazelle et des antilopes.

Son squelette, un peu moins grêle que celui des lévriers actuels (fig. 9), mesure 57 centimètres de longueur, de la première apophyse dorsale à l'extrémité postérieure des ischions, et

[1] Rosellini, *I Monumenti dell'Egitto e della Nubia*, t. II, pl. XVI, fig. 3, 4 et 5. — Lenormant, *Histoire de l'Orient*, t. II, p. 49 et 165.

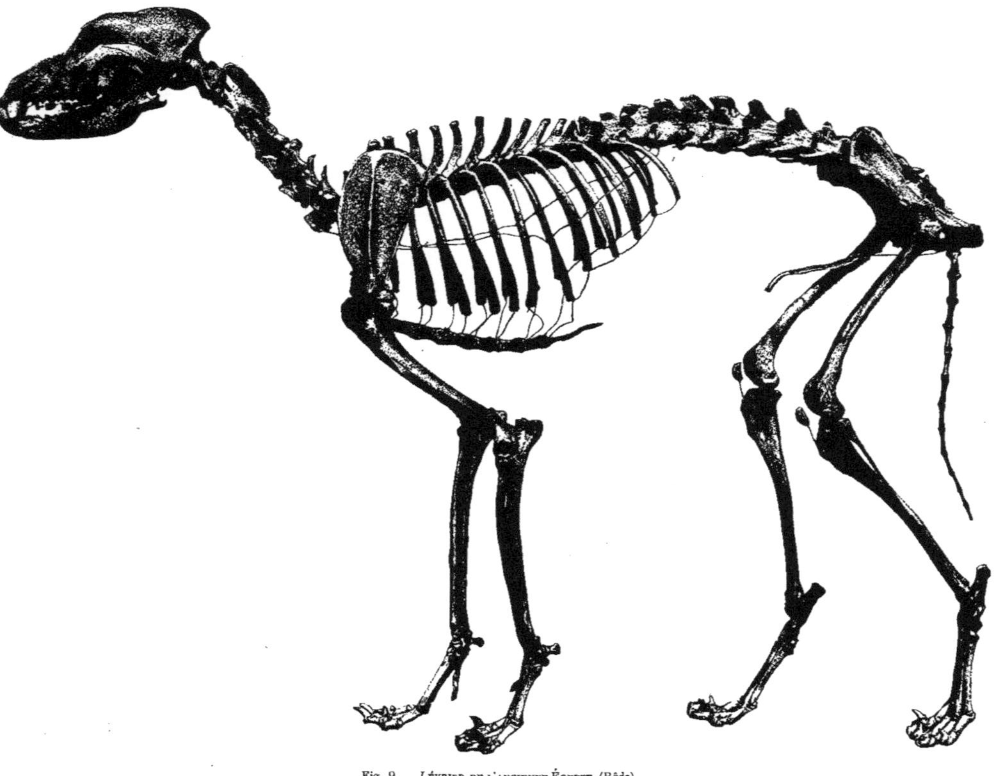

Fig. 9. Lévrier de l'ancienne Égypte (Rôda).

56 centimètres de hauteur sur les apophyses épineuses les plus élevées. Comparé à un lévrier moderne, à peu près de même taille, le chien de l'ancienne Égypte présente des proportions bien différentes. Chez celui-ci, les membres antérieurs sont notablement plus courts, alors que, dans les deux formes ancienne et moderne, les membres de derrière ont à peu près les mêmes longueurs. Ainsi, tandis que le fémur mesure 207 millimètres chez le lévrier égyptien et 212 dans l'animal dont le squelette est pris pour terme de comparaison, on trouve pour l'humérus de ce dernier 190 millimètres et 176 seulement pour celui de l'individu d'Égypte. En outre, le rapport du tibia au fémur est tout à fait opposé dans les deux formes. Chez le lévrier ancien, le tibia (198 millim.) est plus court que le fémur (207 millim.), alors que chez le lévrier moderne, sur lequel nous regrettons de n'avoir aucune indication de race, le tibia (220 millim.) est au contraire plus long que le fémur (212 millim.).

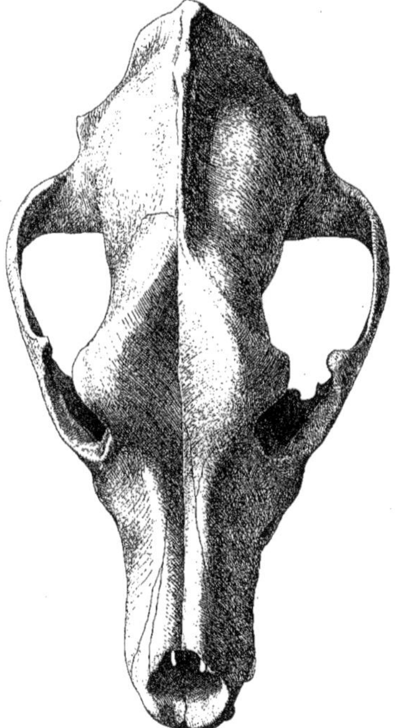

Fig. 10. — Crane de lévrier de l'ancienne Égypte. (3/4 gr. nat.)

Dans ces deux variétés on compte 24 vertèbres thoraciques, 13 dorsales et 11 sacro-lombaires. Mais chez le lévrier de l'ancienne Égypte, nous trouvons 8 vertèbres lombaires et 3 sacrées, tandis que dans celui de notre époque il y a 7 lombaires et 4 sacrées.

Les dimensions principales du lévrier momifié sont indiquées dans le tableau suivant, comparativement avec celles relevées sur les squelettes de deux chiens errants de Constantinople, un lévrier moderne et un loup.

	Lévrier d'Egypte momifié	Chiens errants actuels de Constantinople		Loup de France	Lévrier moderne
	48 Mâle	67 ?	74 Mâle	69 ?	68 Mâle
Longueur du corps	570	560	»	620	610
— de l'omoplate	136	134	137	147	156
— de l'humérus	176	160	168	184	190
— du radius	179	168	169	185	199
— du 3e métacarpien	69	66	66	75	78
— du fémur	207	180	186	209	212
— du tibia	198	184	183	203	220
— du 3e métatarsien	79	72	74	86	89

La tête osseuse du lévrier de l'ancienne Égypte est allongée, étroite au niveau des arcades zygomatiques : le front, large et convexe (fig. 10), indique un angle orbitaire de 55 degrés.

Si nous comparons la tête du chien errant de Constantinople à celle du lévrier égyptien, on constate que dans celle-ci le crâne proprement dit est bien plus développé par rapport à la face. Dans ces deux races, la tête a environ le même volume, alors que les rayons osseux des membres sont beaucoup plus courts chez le chien paria de Turquie.

En ce qui concerne la dentition, elle est aussi sensiblement plus faible que chez les autres chiens ; à égalité de longueur du crâne, les tuberculeuses et les carnassières mesurent, en effet, 2 à 3 millimètres de moins. Les prémolaires sont également plus réduites et plus espacées.

Le tableau qui suit donne les dimensions de la tête du lévrier d'Égypte ainsi que celles de trois autres crânes : un de loup et deux de chiens parias de Constantinople. Nous avons ajouté, à titre de documents, celles d'un crâne de chien, probablement quaternaire, trouvé dans une argile brune de la rive gauche de la Saône, en creusant les fondations du pont de Collonges.

	Lévrier d'Egypte momifié	Chiens errants actuels de Constantinople		Loup de France	Chien quaternaire France
	48 Mâle	67 ♀	74 Mâle	69 ?	66 ?
Longueur basilaire de la tête osseuse	172	172	175	210	168
— basilaire du crâne	48	47	48	55	44
— basilaire de la face	124	125	127	155	124
— max. des os du nez	72	82	80	89	65
Largeur max. des os du nez	18	18	18	23	16
Longueur de la voûte palatine	92	96	96	109	91
Largeur de la voûte palatine	52	53	53	63	52
Diamètre bi-temporal	65	61	66	68	61
— bi-auriculaire	65	60	66	68	58
— bi-orbitaire	58	53	70	71	42
— bi-zygomatique maximum	106	107	115	139	101
— interorbitaire minimum	39	36	48	52	35
Longueur du crâne	105	103	103	121	100
— de la face	100	105	110	127	92
Hauteur du crâne	65	61	63	72	57
Longueur totale des molaires supérieures	66	68	71	83	66
— des deux tuberculeuses	17	20	22	23	19
— de la carnassière	17	20	21	24	18
Largeur de la carnassière	10	11	11	11	10
Angle orbitaire	55°	52°	55°	45°	46°

CANIS AUREUS, Linné

Canis aureus, L., *Syst. nat.*, I, p. 59 (1766). — F. Cuvier, *Mammif.*, pl. CLXXII. — Trouessart, *Cat. mamm. tam viventium*, p. 305 (1899).

L'un des deux chacals égyptiens provient de Rôda, ainsi que nous l'avons dit plus haut. L'autre, au Muséum de Lyon depuis de longues années, est arrivé d'Égypte sans renseignement précis.

Ils étaient tous deux momifiés très simplement, comme les chiens de Rôda, c'est-à-dire entourés d'une toile, sans bitume. Ce sont de jeunes individus dont le squelette, incomplètement ossifié, n'a pu être monté. Le chacal de Rôda portait, sur diverses parties du corps, des touffes du poil jaune doré qui domine souvent dans cette espèce. Ces caractères, ajoutés à ceux fournis par le crâne, ont permis de le distinguer d'un autre chacal, *Canis anthus*, qu'on rencontre aussi dans le sud de l'Égypte.

Canis aureus est un animal de la taille du renard commun, mais un peu moins allongé, haut sur jambes. Museau pointu ; queue touffue pendant jusque sur les pieds ; oreilles courtes ; pupilles rondes. Poil fauve ou gris jaunâtre. Ventre roux fauve ou jaune clair, gorge blanche, tête d'un roux mêlé de gris. Les jambes sont comme le ventre, roux jaunâtre ou fauve.

Cette espèce habite toute l'Afrique septentrionale : l'Algérie, la Tunisie, l'Égypte, ainsi que l'Inde et l'Asie Mineure. Elle se rencontre aussi dans quelques parties de l'Europe méridionale, en Crimée, en Grèce et en Dalmatie.

Comparé au chacal moderne de l'Algérie, le chacal de l'ancienne Égypte ne présente aucune différence notable. La tête osseuse est la même chez les individus de ces deux pays. Nous n'avons remarqué dans le chacal égyptien que le faible écartement des arcades zygomatiques, mais il est dû, en partie sans doute, au jeune âge de nos spécimens. La longueur relative de la capsule cranienne est, chez les chacals et les renards, bien plus forte que chez les chiens. Ceux-ci se trouvent par les proportions de la face et de crâne intermédiaires entre les chacals et les loups.

Les chacals se distinguent des renards, non seulement par une convexité un peu plus forte de leurs bosses frontales, mais aussi par une plus grande largeur de la voûte palatine. A égalité de longueur du palais, nous trouvons une largeur de 39 millimètres chez un chacal de l'ancienne Égypte, et de 33 millimètres chez un renard commun de nos pays.

L'angle orbitaire fournit aussi d'excellentes données pour la distinction de ces animaux. Il varie de 43 à 45 degrés chez les chacals, tandis qu'il va de 34 à 38 degrés chez *Vulpes vulgaris*, par suite de la diminution des sinus frontaux, du faible développement des apophyses post-orbitaires et de la surélévation des arcades zygomatiques. Par l'angle orbitaire le chacal est voisin, à la fois, du loup et du chien errant d'Égypte.

En ce qui concerne la dentition, *Canis aureus* accuse un régime sensiblement plus omnivore que le renard. Ses tuberculeuses sont, en effet, un peu plus développées que chez *Vulpes vulgaris* dont la carnassière est plus forte, plus tranchante, avec un tubercule interne plus rejeté en avant.

Par l'ensemble des caractères craniens, le chacal parait intermédiaire entre les chiens et les renards.

Les proportions principales du crâne des deux chacals momifiés sont indiquées dans le tableau suivant avec celles relevées sur un crâne de *Canis aureus* actuel de l'Algérie, et sur un crâne de renard commun des environs de Lyon.

	Canis aureus Momifiés		*Canis aureus*	*Vulpes vulgaris*
	Egypte 65 Jeune	Rôda 72 Jeune	Algérie 73 Femelle	France 75 Mâle
Longueur basilaire de la tête osseuse	133	123	134	130
— basilaire du crâne	38	36	41	38
— basilaire de la face	95	88	93	93
— max. des os du nez	52	52	47	53
Largeur max. des os du nez	14	13	11	10
Longueur de la voûte palatine	71	69	71	69
Largeur de la voûte palatine	38	39	38	33
Diamètre bi-temporal	52	52	53	48
— bi-auriculaire	50	49	50	50
— bi-orbitaire (sur les apophyses post-orb.)	36	34	44	33
— bi-zygomatique maximum	73	73	84	77
— interorbitaire minimum	25	25	30	24
Longueur du crâne	85	79	87	83
— de la face	69	69	67	67
Hauteur du crâne	46	48	46	43
Longueur totale des molaires supérieures	59	56	53	52
— des deux tuberculeuses	20	19	17	15
— de la carnassière	17	17	15	14
Largeur de la carnassière	9	9	8	6
Angle orbitaire	43°	44°	45°	34°

Les dimensions précédentes, relatives aux squelettes des chiens et chacals de l'Égypte ancienne, ont été relevées avec un soin scrupuleux ; elles fourniront, ainsi que les figures et les descriptions sommaires qui les accompagnent, une base positive pour la comparaison de ces animaux avec ceux de l'Égypte actuelle et aideront, croyons-nous, à noter les modifications anatomiques, même légères, qui ont pu se produire chez ces animaux depuis les temps pharaoniques jusqu'à nos jours.

CHATS

Les chats momifiés de l'ancienne Égypte se trouvent en nombre excessivement grand, soit dans certains hypogées, soit dans des fosses creusées à même le sable, sur une grande étendue.

Plusieurs centaines de ces momies, envoyées de diverses localités par M. Maspero, ont été étudiées au Muséum de Lyon. Quelques-unes sont de Sakkara, Rôda et Thèbes ; la plus grande partie provient de Stabl-Antar, près de Béni-Hassan, sur la rive droite du Nil, à la limite de la Moyenne et de la Haute-Égypte. Celles-ci sont de l'époque persane et ptolémaïque ; elles ont été trouvées dans la plaine, au sud-ouest du ravin. La nécropole semble avoir *près d'un kilomètre de longueur* et renferme probablement des momies plus anciennes. On ne possède pas de renseignements sur l'ancienneté des chats de Thèbes, Rôda et Sakkara.

Ces animaux étaient consacrés par les anciens Égyptiens à la déesse Sekhet ou Best, qui avait plusieurs temples dans la vallée, un notamment dans la Basse-Égypte à Tell el-Bastah, Pa-Best des Égyptiens, Bubastis des Grecs.

La déesse Sekhet était figurée avec une tête de chatte surmontée du serpent et du disque du soleil. On l'appelait la fille de Râ ; sur la couronne de son père, elle représentait, avec les traits du serpent uræus, l'ardeur dévorante de l'astre du jour. Dans la vie humaine, elle symbolisait les voluptés, l'amour indomptable.

Peu de temps avant l'ère chrétienne, le chat était encore sacré chez les Égyptiens. Diodore de Sicile rapporte que celui qui tue un chat en Égypte est voué à la mort, qu'il l'ait tué volontairement ou non. « Un malheureux Romain, qui avait involontairement tué un chat, ne put être sauvé ni par le roi d'Égypte, ni par la crainte qu'aurait pu inspirer Rome, alors toute-puissante. »

Le chat est représenté sur divers monuments anciens, notamment dans un bas-relief situé, près de la porte d'un hypogée voisin de Gournah[1].

Les momies de chats examinées à Lyon renferment des individus de tous les âges, depuis les adultes jusqu'aux animaux qui viennent de naître. Pour ceux-ci, la momification a été, en général, des plus sommaires. On les a simplement plongés dans un bain de natron, puis enveloppés de toile. Leurs momies, longues environ de 15 à 20 centimètres, ont une forme aplatie, plus ou moins quadrangulaire. A l'intérieur, on ne trouve plus qu'un faible amas de poussière, au milieu duquel on a de la peine à distinguer quelques menus fragments d'os.

[1] *Description de l'Égypte*, vol. II, Antiquités, pl. XLV, fig. 14.

Parfois, ces très jeunes chats ont été conservés dans de petits sarcophages rectangulaires à dessus convexe, faits de planchettes assemblées avec des chevilles de bois; ou bien encore ils ont été placés à l'intérieur d'une statuette, également en bois et ornée de lignes décoratives, qu'on a protégée ensuite de bandelettes, comme on l'eût fait pour une chatte véritable (fig. 11).

Les animaux un peu plus grands, ainsi que les adultes, ont été préparés d'une manière différente. Ils sont momifiés comme les gazelles de Kom-Méréh, c'est-à-dire enveloppés de nombreuses et larges bandes de toile complètement jaunies par la substance résineuse et le

Fig. 11. — Statuette en bois creux, de Sakkara. (1/3 gr. nat.)

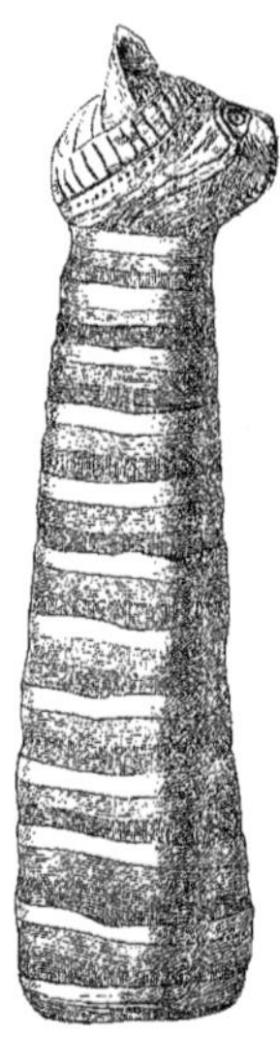

Fig. 12. — Momie de chat de Stabl-Antar. (1/3 gr. nat.)

Fig. 13. — Momie de chat de Stabl-Antar. (1/3 gr. nat.)

natron dont elles ont été imbibées. Par-dessus ces premières épaisseurs, des bandelettes étroites d'étoffes à plusieurs tons, brun, jaune clair et foncé, ont été enroulées, tantôt dans un sens transversal (fig. 12), tantôt obliquement. Ces bandelettes dessinent des losanges ou d'autres figures géométriques sur toute la surface (fig. 13). La tête des momies est décorée de lignes représentant les yeux du chat ou les zébrures de son pelage; ses oreilles sont figurées artificiellement par des cornets de toile enduits d'une peinture gommée qui les maintient rigides.

Lorsque les momies sont débarrassées de leurs nombreuses enveloppes de toile, tous ces animaux apparaissent les pattes de derrière repliées, les membres antérieurs étendus le long des flancs, la queue ramenée contre le ventre. En ce qui concerne la tête, elle a été redressée comme on le remarque pour les chiens, perpendiculairement à la longueur du corps (fig. 14).

Les chats contenus dans les petites momies (fig. 12 et 13) ne se rapportent pas à une forme différente de celle à laquelle appartient l'individu représenté par la figure 14. Ils sont tous de la même espèce, mais les petits sont de jeunes animaux très éloignés de la taille des adultes. Nous avons reconnu qu'ils sont encore pourvus de la dentition de lait.

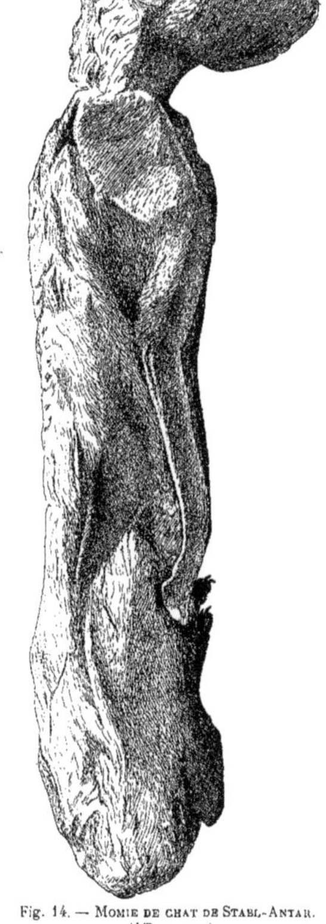

Fig. 14. — Momie de chat de Stabl-Antar. (1/3 gr. nat.)

Toutes les momies présentaient, avec de légères variantes dans la décoration extérieure, l'aspect indiqué par les figures qui précèdent. Une seule faisait exception. C'est celle qui est dessinée figure 15. Dans cette dernière, l'animal a été enveloppé, non plus les membres ramenés contre le corps, mais réunis deux par deux, de manière à présenter la silhouette d'un chat dressé sur ses pattes. Il était entièrement entouré de bandes de toile d'une faible largeur, imprégnées aussi de natron et de substance goudronnée.

Si l'on en juge d'après les amoncellements extraordinaires de momies qui se rencontrent encore de nos jours dans les nécropoles égyptiennes, ces chats étaient sans doute domestiqués. Mais, d'après les relations des anciens, ils vivaient dans une domestication moins étroite que nos chats d'Europe ; ils pourvoyaient eux-mêmes à leur nourriture et se multipliaient dans les villages, autour des maisons, grâce au respect dont la population les entourait. Nous avons cependant remarqué sur quelques crânes des traces de coups, notamment des fractures des os du nez ; mais, sauf les animaux morts de maladie ou de vieillesse, la plupart ont été, ainsi que les chiens probablement, étranglés ou noyés, peut-être à des moments où leur nombre devenait un danger pour les habitants.

Plusieurs spécimens de chats momifiés ont été déjà étudiés. Les zoologistes ont constaté que ces animaux se rapportent en général à *Felis maniculata*, Cretsz. Quelques-uns appartiennent pourtant, d'après P. Gervais[1] à *Felis caligata*, Temm. (le *Bubastes* d'Hasselquist).

Blainville[2], de son côté, a reconnu *Felis chaus* dans une tête momifiée. Enfin,

[1] P. Gervais, *Histoire des mammifères*, 1885, p. 89.

[2] Blainville, *Ostéographie*, pl. XIX.

A. Nehring[1] a signalé en 1889 à la Société d'anthropologie de Berlin, outre *Felis maniculata*, deux espèces, *Felis serval* et *F. chaus*, d'après des crânes de momies de Béni-Hassan. Nous citons ces félins seulement pour mémoire, car nous n'avons pas examiné les pièces d'après lesquelles ils ont été reconnus.

Notre étude a porté sur plus de cinquante crânes et squelettes de chats momifiés de diffé-

Fig. 15. — MOMIE DE CHAT DE STABL-ANTAR. (1/3. gr. nat.)

rents âges, provenant en grande partie de Stabl-Antar. A part un fragment de mâchoire supérieure pourvue de la dentition de lait paraissant appartenir à *Felix serval*, mais que la mauvaise conservation et l'insuffisance du document ne permettent pas de déterminer avec certitude, nous n'avons rencontré parmi ces nombreux matériaux que des animaux de l'espèce *Felis maniculata*, Cretz. Dans cette espèce, toutefois, les variations individuelles sont assez étendues. Les plus petits exemplaires se rapportent, avec une taille un peu plus élevée pourtant, au type de *Felis maniculata* de Cretzschmar, les grands sont tout à fait semblables à un *Felis maniculata* mâle et sauvage de Tunisie, dont les dimensions sont les mêmes que celles indiquées par

[1] Nehring, *Verhandlungen der Berl. anthrop. Gesellschaft*, p. 558, 20 juillet 1869.

Temminck pour *Felis caligata*, « le chat botté » de Bruce. Avec une taille variable, les proportions des membres, du corps et de la queue correspondent très bien, chez tous ces animaux, à celles de *Felis maniculata*. Des recherches ultérieures établiront très probablement que le « chat botté » (*Felis caligata*, Temminck, 1827) appartient à la même espèce que le « chat ganté » de Cretzschmar (*Felis maniculata*, Cretz., 1826), dont le type a été décrit d'après une femelle adulte exceptionnellement petite.

Nous avons divisé ces nombreux chats momifiés en deux séries, comprenant : 1° Les grands individus tout à fait semblables au *Felis maniculata* sauvage de Tunisie ; 2° les individus plus petits, voisins par leur taille des chats domestiques de l'Égypte actuelle ou de l'Europe et qui se distinguent en outre des premiers, par de légères différences dans les proportions de la face et du crâne. Bien que tous ces animaux, grands et petits, aient dû vivre autrefois de la même manière à demi sauvage, autour des habitations, nous considérons les individus de la seconde série comme les chats domestiques proprement dits des anciens Égyptiens. Ils seront décrits sous le nom de *Felis maniculata*, var. *domestica*, Fitz.

Ces deux variétés, qui dérivent sans doute l'une de l'autre, n'étaient pas aussi distinctes dans l'antiquité qu'elles le sont de nos jours. On trouve, en effet, des individus momifiés offrant des caractères nettement intermédiaires à l'une et à l'autre. Les différences se sont accentuées peu à peu entre la forme sauvage et la variété domestique, vraisemblablement par suite de l'adaptation de celle-ci à de nouvelles conditions d'existence et, aussi d'abord, grâce à la préférence que les anciens devaient donner aux plus petits individus, lorsqu'ils les destinaient à l'intérieur de leurs maisons.

Dans nos observations craniométriques sur les chats, nous avons suivi la même méthode que pour les chiens et les chacals.

FELIS MANICULATA, Cretzschmar.

(Pl. I et fig. 16 à 18)

Felis maniculata, Rüppell, *Atlas zu der Reise im nordlichen Afrika*, p. 1, pl. I, 1826. — Temminck, *Monogr. de mammalogie*, p. 129, 1827.

Parmi les chats momifiés, les animaux de cette forme sont le plus nombreux. Nous avons examiné les restes osseux de plus de trente individus adultes de divers hypogées : Sakkara, Rôda et surtout Stabl-Antar. Ils sont absolument identiques au crâne et au squelette d'un *Felis maniculata* sauvage, capturé il y a quelques années en Tunisie et offert au parc de la Tête-d'Or par M. Ferrouillat. La morphologie générale de cette espèce est la suivante :

Environ la taille de notre chat sauvage, un peu plus forte même chez quelques individus mâles ; queue grêle et longue de 28 à 34 centimètres. Oreilles blanches en dedans, gris jaunâtre à l'extérieur, sans pinceau. Faces postérieures des métacarpes et métatarses complètement noires ainsi que la plante des pieds.

Dans l'ensemble, la couleur du pelage est gris cendré jaunâtre, mêlé de fauve et de noir sur le dos, le cou et la tête. Les poils de la région dorsale de tout le corps, y compris la queue, sont annelés de jaune et de noir. La queue se termine par une tache noire, précédée de deux anneaux également noirs. Longs poils des lèvres et des sourcils blancs, quelques-uns noirs à la base, blancs à la pointe. Sur les yeux deux taches blanches séparées par une bande médiane brune. Face externe des membres avec trois ou quatre bandes transversales plus ou moins brunes ou noires selon l'âge et le sexe. Partie inférieure du corps et de la queue, face interne des membres postérieurs de teinte très claire, blanc nuancé de fauve.

Chez les spécimens des régions désertiques, la teinte dominante de tout le corps est gris fauve ainsi que chez la plupart des êtres de ces régions.

Dans l'antiquité, *Felis maniculata* habitait probablement l'Égypte entière, puisqu'il est commun dans les hypogées qui avoisinent le delta aussi bien que dans ceux de la Haute-Égypte. Actuellement, on l'a signalé en Tunisie et d'abord en Nubie, sur la rive gauche du Nil, où Rüppell l'a observé dans une contrée alternativement rocheuse et couverte de buissons.

Suivant Hamilton[1], ce chat vit aussi en Abyssinie, à l'état sauvage et domestique à la fois. Il a été décrit presque en même temps par Cretzschmar et Temminck, qui l'ont tous deux désigné comme la souche de notre chat domestique. Cette opinion a été partagée depuis par Is. Geoffroy Saint-Hilaire et le plus grand nombre des naturalistes.

Cependant Blainville[2] a cru pouvoir contester la justesse de cette supposition, en se basant sur une mâchoire de jeune chat momifié dont la dentition de lait était différente en même temps de celle de notre chat sauvage et de la dentition de lait de notre chat domestique. « Je dois faire observer, dit-il, que dans *Felis maniculata*, la première molaire inférieure de lait est pourvue, sans doute à cause de son épaisseur, d'une troisième racine intermédiaire qui n'existe pas dans la dent correspondante du chat d'Europe, sauvage et domestique, ce qui confirme la distinction de ces deux espèces et, par conséquent, démontre que notre chat domestique n'a pas pour souche sauvage le chat d'Égypte, comme l'a pensé Temminck. »

Nous avons fait des recherches sur plusieurs individus momifiés jeunes, sans rencontrer le cas signalé par de Blainville. Toutes les molaires inférieures de lait examinées possédaient seulement deux racines. L'observation de Blainville a sans doute porté sur une anomalie comme on en rencontre souvent aussi soit dans la forme, soit dans le nombre des molaires.

On peut donc, croyons-nous, continuer à penser que le chat sauvage d'Égypte a participé, avec une autre espèce sauvage peut-être, à la formation de la race de nos chats domestiques, qui compte plusieurs variétés, mais dont la plus commune, à poil court et à longue queue, ressemble beaucoup plus à *Felis maniculata* qu'au chat sauvage d'Europe.

Brehm[3] suppose que le chat égyptien a dû pénétrer dans nos pays par l'Arabie, la Syrie et l'Asie Mineure. On doit admettre plutôt qu'il nous est arrivé par l'Espagne, puisque tous les voyageurs ont remarqué dans la péninsule un chat domestique de taille relativement grande, haut sur pattes, à longue queue, plus voisin par conséquent de *Felis maniculata* que ne l'est notre chat domestique commun. Le chat actuel du sud de l'Espagne serait donc un descendant direct de *Felis maniculata ;* il représenterait la faune africaine presqu'au même titre que les singes de Gibraltar.

Le squelette de *Felis maniculata* momifié est représenté par la figure 16 qui a été dessinée d'après une photographie du spécimen n° 7, de Stabl-Antar. La hauteur du corps, la gracilité des membres, sont, naturellement, encore plus accusées sur le squelette que sur l'animal vivant ; le thorax surtout est très faible comparativement à l'ensemble du corps. La longueur de celui-ci,

[1] Hamilton, *the wild Cat of Europe*, p. 70, London, 1896.
[2] De Blainville, *Ostéographie*, p. 65, vol. IV.
[3] Brehm, *la Vie des animaux*, p. 283.

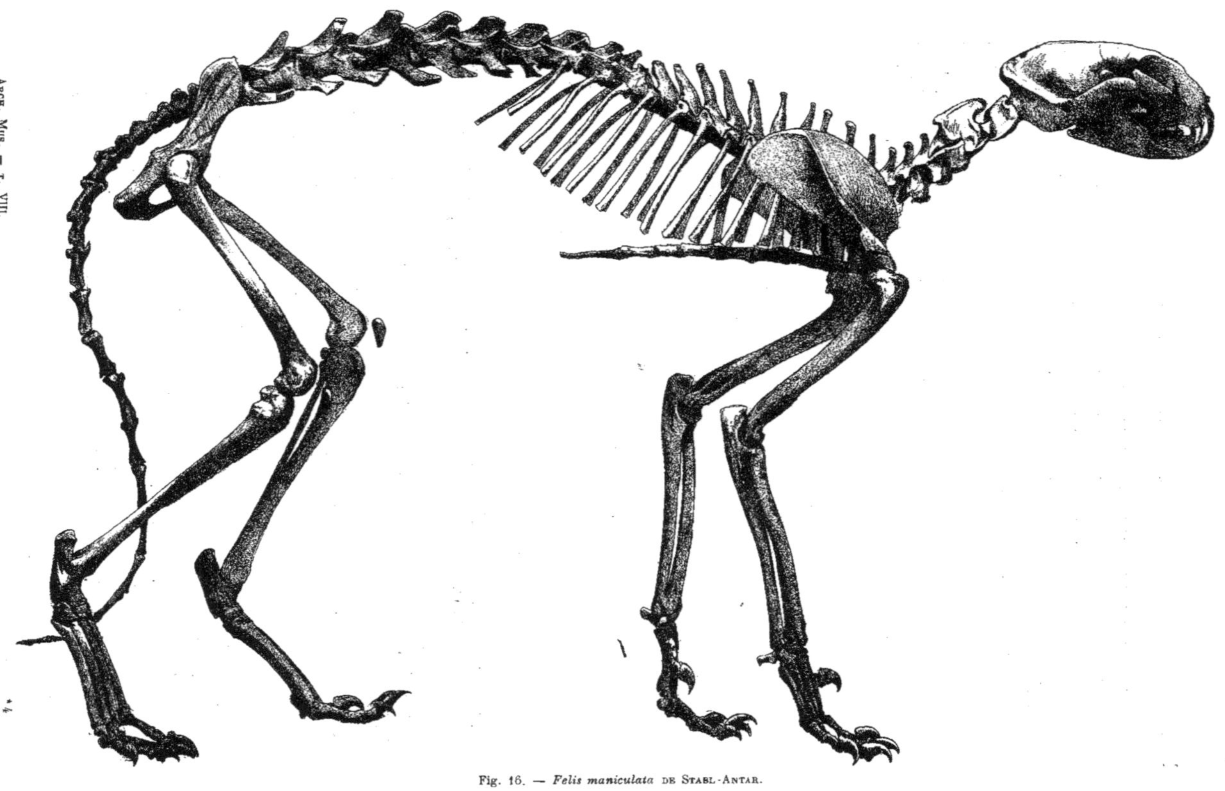

Fig. 16. — *Felis maniculata* de Stahl-Antar.

mesurée de l'extrémité postérieure des ischions à la première apophyse dorsale, varie de 34 à 38 centimètres. Les membres antérieurs et postérieurs ont environ les mêmes proportions de longueur, chez les divers individus examinés, seul le diamètre varie un peu.

La longueur de l'omoplate, prise de la cavité glénoïde à l'extrémité supérieure, sur l'axe de l'épine acromienne, est plus forte chez les spécimens anciens. On doit signaler encore pour ceux-ci l'existence fréquente de deux clavicules de 20 millimètres de longueur environ et de 2 ou 3 millimètres de diamètre, qu'on ne rencontre que rarement chez les chats de notre époque.

Tous ces animaux, modernes ou momifiés, ont 23 vertèbres thoraciques : 13 dorsales, 7 lombaires et 3 sacrées. L'ensemble des vertèbres caudales offre toujours les mêmes proportions relatives.

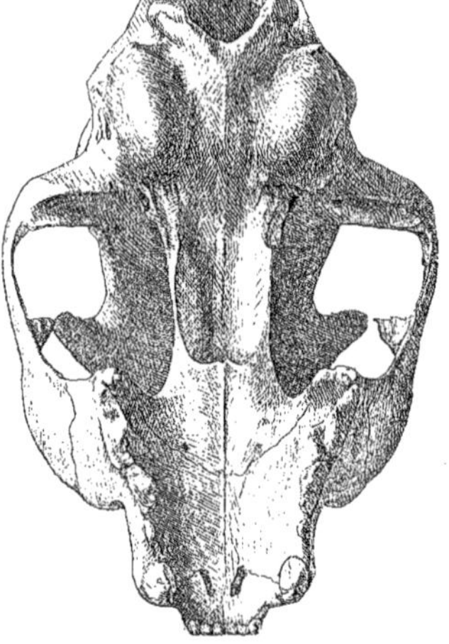

Fig. 17. — *Felis maniculata* de Stahl-Antar. (Gr. nat.)

Fig. 18. — *Felis maniculata* de Stahl-Antar. (Gr. nat.)

Le tableau suivant donne les dimensions relevées sur les squelettes de trois individus anciens et d'un spécimen actuel de *Felis maniculata*.

	Felis maniculata (momifiés) Stahl-Antar.			*F. maniculata* (moderne) Tunisie.
	n° 7	n° 49	n° 56	n° 76 ♂
Longueur du corps	360	380	380	370
— de l'omoplate	79	77	79	75
— de l'humérus	110	115	112	114
— du radius	105	109	105	113
— du troisième métacarpien	38	38	39	38
— du fémur	127	129	126	128
— du tibia	130	128	126	131
— du troisième métatarsien	57	61	59	60

Le crâne est assez variable, soit comme forme, soit comme dimension. La plus grande longueur qu'il puisse atteindre est indiquée par la planche I, sur laquelle sont représentés le crâne et quelques os de membres d'un chat de Rôda (n° 49), exceptionnellement grand et très âgé, ainsi qu'on en peut juger par sa crête sagittale. Ce crâne est plus grand, de quelques millimètres, que la plupart des autres spécimens, mais sa dentition, la structure des os du nez et du front correspondent tout à fait à *F. maniculata;* il ne peut être confondu avec le crâne de *Felis serval* qui offre des proportions et des caractères biens différents.

Les diverses régions du crâne : voûte palatine, sphénoïdes, bulle tympanique, occipital et pariétal (fig. 17 et 18) ont la même structure que dans notre chat d'Europe, sauvage ou domestique. Toutefois le diamètre bizygomatique paraît plus fort chez *Felis maniculata* (pl. I et fig. 17). L'aspect externe du frontal varie un peu, convexe le plus souvent dans sa partie supérieure, il est parfois plat et même légèrement déprimé suivant la ligne médiane antéro-postérieure.

En ce qui concerne la dentition, nous la trouvons la même chez tous ces animaux, seule la carnassière est en moyenne un peu plus faible chez les individus momifiés.

Les principales dimensions du crâne de *F. maniculata* sont indiquées ci-après :

	Felis maniculata (momifiés)				*F. maniculata* moderne
	Stabl-Antar			Rôda	Tunisie
	n° 7	n° 43	n° 44	n° 49	n° 76 ♂
Longueur basilaire de la tête osseuse	87	84	86	90	87
— basilaire du crâne	31	30	30	35	33
— basilaire de la face	56	52	56	57	54
— max. des os du nez	31	30	27	32	30
Largeur max. des os du nez	13	13	14	14	12
Longueur de la voûte palatine	39	36	39	39	36
Largeur de la voûte palatine	35	33	34	36	34
Diamètre bi-temporal	46	43	46	45	46
— bi-auriculaire	38	37	39	40	40
— bi-zygomatique maximum	70	68	69	74	73
— interorbitaire minimum	19	18	19	20	19
Longueur du crâne	77	74	78	82	79
— de la face	42	39	40	42	41
Hauteur du crâne	37	35	36	39	36
Longueur de la canine et des molaires supérieures	32	28	34	32	32
— de la carnassière	11	11	12	11	12
Largeur de la carnassière	5	5	7	6	6

FELIS MANICULATA, Cretz, var DOMESTICA, Fitz.

(Fig. 19 à 20)

Les individus de cette variété sont moins nombreux que ceux de la forme précédente. Néanmoins nous en avons rencontré plus de dix spécimens parmi les momies provenant de Rôda, Thèbes et Stabl-Antar.

Les caractères généraux sont les mêmes que dans l'espèce sauvage, mais la taille de la plupart des individus est sensiblement plus faible; en outre, les proportions de la face et du crâne sont un peu différentes.

La longueur du corps, mesurée comme précédemment, atteint de 32 à 34 centimètres;

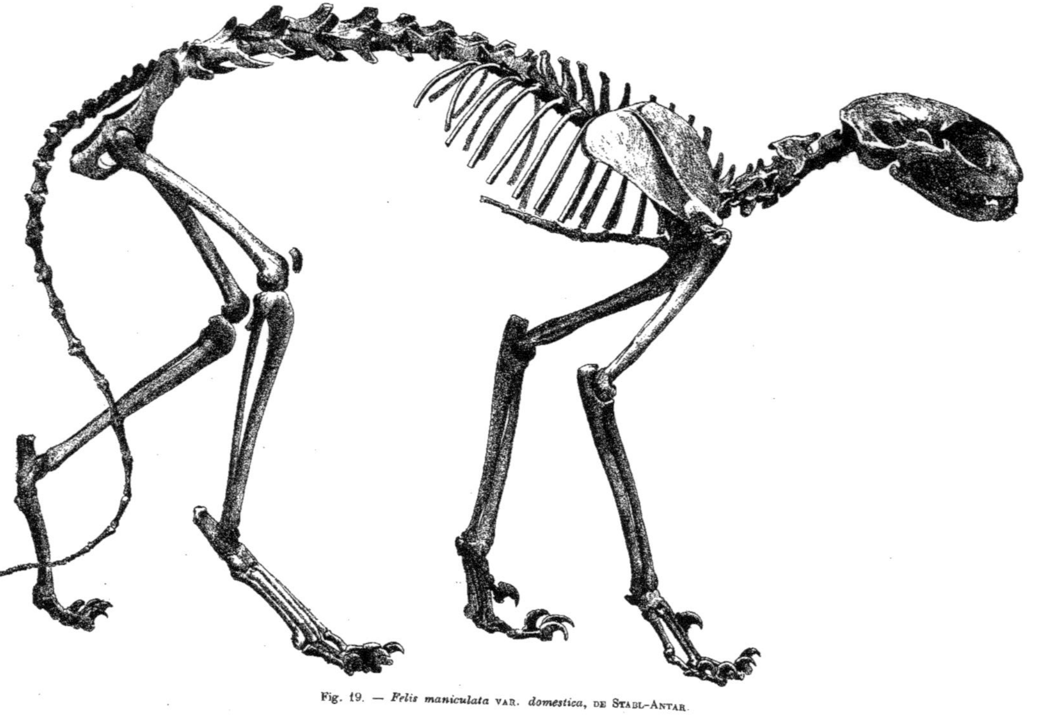

Fig. 19. — *Felis maniculata* VAR. *domestica*, DE STABL-ANTAR.

celle de la queue varie de 25 à 28 centimètres. La figure 19 reproduit le squelette de la momie n° 8, de Stabl-Antar, c'est un des plus grands spécimens de la variété domestique. Ainsi qu'on le voit, la gracilité des membres, le volume relatif de la tête osseuse et du thorax ne diffèrent pas du tout de ce qu'ils sont dans la forme sauvage. Nous sommes en présence de deux variétés, encore très voisines, d'une même et unique espèce. La plus petite se différenciera peu à peu, au cours des siècles, par suite de l'adaptation à ses nouvelles conditions d'existence, pour aboutir à la forme qu'on trouve domestiquée actuellement dans la vallée du Nil, et dont un exemplaire a été, très obligeamment offert au Muséum de Lyon, par M. le professeur Walter Innès du Caire

Dans le chat domestique de l'Égypte actuelle (n° 79), les dimensions sont bien plus faibles que chez les plus petits individus de la variété domestique ancienne, mais elles sont toutes réduites environ suivant le même rapport. La taille diminue bien que la forme du corps reste la même.

On peut juger de la similitude très approximative des rayons osseux des membres, chez les chats domestiques modernes et anciens, par le tableau ci-après dans lequel sont données les dimensions de trois squelettes momifiés de Stabl-Antar et Thèbes, et de deux squelettes actuels d'Égypte et de France.

	F. maniculata, var. *domestica* (momifiés)			*F. domestica* (modernes)	
	Stabl-Antar		Thèbes	France	Égypte
	n° 8	n° 16	n° 77	n° 80	n° 79
Longueur du corps	340	330	320	330	300
— de l'omoplate	69	68	68	64	62
— de l'humérus	108	104	101	94	91
— du radius	105	96	94	90	88
— du troisième métacarpien	36	38	34	35	29
— du fémur	121	118	113	109	103
— du tibia	122	116	114	110	106
— du troisième métatarsien	57	56	52	53	46

A propos de la tête osseuse de *Felis maniculata* var. *domestica* (fig. 20 et 21), nous avons dit qu'elle se distingue de celle du chat ganté sauvage par une légère différence dans les proportions relatives du crâne et de la face. On remarque, en effet, que chez les individus sauvages de *F. maniculata,* la longueur de la face (n° 7 = 42 millimètres), est toujours supérieure à la moitié de la longueur du crâne (n° 7 = 77 millimètres), alors que dans les spécimens anciens de la variété domestique, cette longueur de la face (n° 46 = 35 millimètres) est, au contraire, constamment inférieure ou égale à la moitié de la longueur du crâne (n° 46 = 74 millimètres).

Cette même réduction de la face s'observe chez les chats domestiques actuels de nos pays et de l'Égypte.

Sur la tête osseuse des félins de grande taille, la différence entre le crâne et la face est beaucoup moins accentuée. Une panthère de Cochinchine, de la collection du Muséum de Lyon, mesure pour la face 78 millimètres, et pour le crâne 123 millimètres seulement.

Ces caractères différentiels sont de la même nature que ceux indiqués précédemment pour la distinction des races de chiens domestiques et sauvages. Ceux que nous signalons entre les crânes des chats sauvages et domestiques ne portent que sur quelques millimètres, en raison de la faible taille de ces animaux, mais ils sont néanmoins très importants à noter, parce qu'ils démontrent que la domestication produit le même phénomène de réduction de la face au profit du crâne proprement dit, aussi bien chez les Félidés que chez les Canidés. Il n'en est pas de même chez les animaux domestiqués pour leur chair ou leur toison.

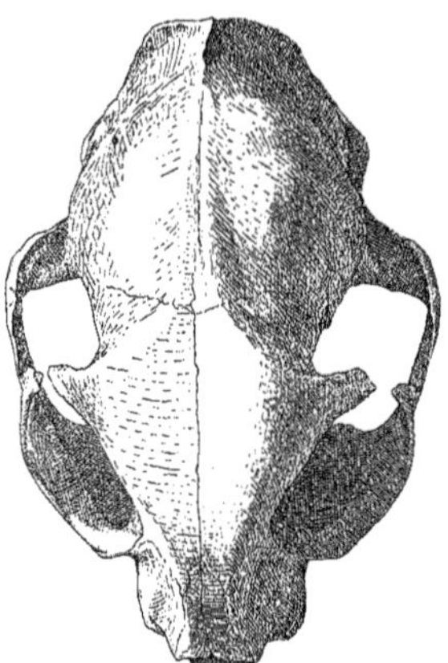

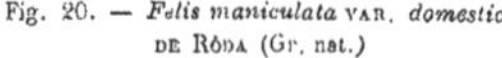

Fig. 20. — *Felis maniculata* VAR. *domestica* DE RÔDA (Gr. nat.)

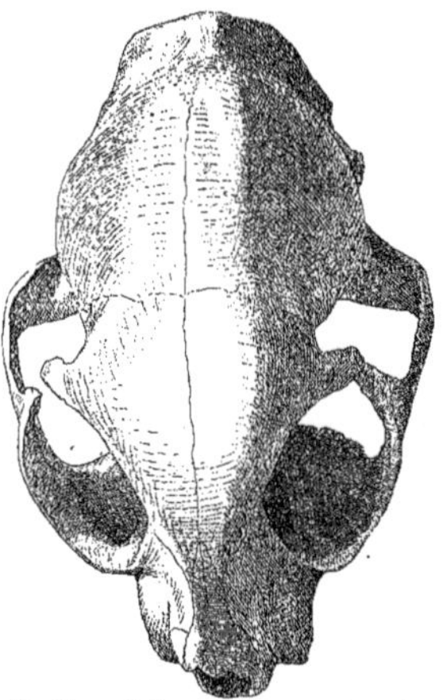

Fig. 21. — *Felis maniculata* VAR. *domestica* DE STABL-ANTAR (Gr. nat.)

Ces observations permettent ainsi de distinguer deux variétés de la même espèce, à un stade où la différenciation, bien que peu sensible, est évidente cependant.

Les dimensions relatives aux crânes des chats domestiques anciens et modernes sont réunies dans le tableau qui suit.

	F. maniculata, var. *domestica* (momifiés)				*F. domestica* (modernes)		
	Rôda	Thèbes	Stabl-Antar		France		Égypte
	n° 46	n° 77	n° 8	n° 45	n° 78	n° 80	n° 79
Longueur basilaire de la tête osseuse	78	79	84	79	77	74	73
— basilaire du crâne	28	28	31	29	27	27	26
— basilaire de la face	50	51	54	50	50	47	47
— maximum des os du nez	23	26	27	26	26	24	25
Largeur maximum des os du nez	12	12	13	12	11	10	11
Longueur de la voûte palatine	34	34	34	37	33	33	32
Largeur de la voûte palatine	31	31	33	31	32	31	32
Diamètre bi-temporal	43	47	44	45	42	40	41
— bi-auriculaire	37	37	38	39	37	35	35
— bi-zygomatique maximum	62	68	68	63	66	63	64
— interorbitaire minimum	17	17	20	17	18	15	17
Longueur du crâne	74	75	80	73	70	68	69
— de la face	35	36	40	36	35	33	34
Hauteur du crâne	35	36	35	36	35	33	33
Longueur de la canine et des molaires supér.	30	30	30	31	27	26	27
— de la carnassière	11	10	10	11	10	9	9
Largeur de la carnassière	5	5	5	5	5	5	5

Lorsqu'on étudie une nombreuse série de chats momifiés, on remarque très bien que la forme sauvage n'est pas nettement séparée de la variété domestique. Elles paraissent, en effet, rattachées l'une à l'autre par certains types dont les proportions de la tête osseuse et des membres sont intermédiaires à celles qui les caractérisent toutes deux. Dans les tableaux précédents le squelette n° 8 représente l'un de ces types ; les particularités de ce spécimen sont environ intermédiaires aux deux formes domestiques et sauvages des *Felis maniculata* anciens. De même, le crâne moderne n° 78 semble faire transition entre la forme commune du chat domestique de l'Europe actuelle et le chat domestique de l'Égypte ancienne.

INSECTIVORES

MUSARAIGNES

Les musaraignes appartenant aux genres *Sorex* et *Crocidura* sont tous de très petits mammifères ayant l'apparence de rats ou de souris. Cependant, ce qui les distingue immédiatement de ces Rongeurs, c'est leur queue plus courte, et surtout leur tête plus effilée, à museau très allongé et pointu. Les oreilles sont plus courtes et plus arrondies; leur système dentaire est absolument différent de celui des rats.

Les musaraignes sont répandues dans presque toutes les régions du monde. Quelques espèces ont des dimensions relativement assez considérables; d'autres, au contraire, représentent les plus petits des mammifères connus.

Ces animaux vivent surtout d'insectes, nourriture absolument en rapport avec la structure de leur système dentaire qui consiste, en avant, en une paire de fortes incisives supérieures et inférieures; les supérieures sont arquées et renforcées à leur base postérieure par un talon comprimé, simulant une forte dentelure. Les inférieures ont leur couronne plus longue que la racine et disposée en lame de couteau, quelquefois dentelée sur son tranchant. En arrière de la paire d'incisives supérieures, se trouvent de trois à cinq petites dents gemmiformes qui, étant placées entre l'incisive et la véritable molaire, sont désignées sous le nom de dents intermédiaires. Derrière elles, à la mâchoire supérieure, se placent quatre paires de molaires vraies, dont la dernière est étroite transversalement. L'incisive inférieure est suivie de deux petites dents intermédiaires et, après celles-ci, se voient trois molaires de grandeur décroissante, dont la première est la plus développée. D'après le nombre variable des dents intermédiaires supérieures, les musaraignes ont donc 28, 30 ou 32 dents. Le crâne de ces mammifères est dépourvu d'arcade zygomatique.

Depuis longtemps on sait par Hérodote et Diodore de Sicile, que les musaraignes étaient considérées comme des animaux sacrés par les anciens Égyptiens, qui les momifiaient en grand nombre, et qui, au dire d'Hérodote, les inhumaient à Buto [1].

[1] Hérodote, Livre II, n° LXVII et CLV. Buto, ville sainte, placée sur l'embouchure Sébennitique du Nil.

1° CROCIDURA GIGANTEA, Geoffroy.

Annales du Muséum de Paris, 1827, p. 117, fig. 3.
(Fig. 22)

Pelage d'un gris cendré légèrement roussâtre en dessus, d'un cendré pur en dessous. Oreilles grandes non cachées au milieu des poils; queue arrondie formant plus du tiers de la longueur totale. Longueur de la tête et du corps de 10 à 11 centimètres. Incisives inférieures blanches, non dentelées. La longueur de la mâchoire inférieure, du condyle au bord de l'incisive est de 19 millimètres. La formule dentaire est : $\frac{1-0-4-3}{1-0-2-3} = \frac{16}{12} = 28$, elle est identique à celle de la musette d'Europe.

Fig. 22. — Sarcophage de musaraigne. (Gr. nat.)

D'après Gervais[1], la musaraigne géante, a le pelage d'un brun gris argenté et porte une queue épaisse à son origine. Elle dépasse notablement en grandeur celles de nos pays et se rencontre dans plusieurs localités de l'Égypte. Olivier[2] s'était déjà procuré des momies de Musaraignes provenant des puits de Sakkara. Cette espèce, relativement très grande, nous a été aussi envoyée momifiée de la même localité ; elle est toujours entourée avec soin de bandelettes enduites de bitume.

Geoffroy-Saint-Hilaire en a observé un certain nombre dans les collections rapportées par Passalacqua; nous transcrivons ici la description qu'il en donne dans son mémoire sur les musaraignes[3].

[1] Gervais, *Mammifères*, I, p. 242.
[2] Olivier, *Voyage dans l'Empire Ottoman*, vol. II, p. 94, et atlas.
[3] Geoffroy-Saint-Hilaire, Mémoire sur quelques espèces du genre Musaraigne *(Annales du Muséum de Paris*, 1827, p. 117, et fig. 3).

« La musaraigne géante, dit le savant professeur, n'a encore été trouvée que dans l'Inde, ou plutôt l'Inde est la seule contrée où on l'ait trouvée vivante, car il est probable que l'on doit rapporter à cette espèce une grande musaraigne découverte à l'état de momie en divers lieux de l'Égypte, par Olivier et Passalacqua.

« Ce dernier a rapporté deux sujets provenant d'un tombeau de la nécropole de Thèbes, où on les avait placés avec des Oiseaux, des Reptiles et même des Insectes, et particulièrement avec plus de vingt individus de cette petite espèce de *Sorex*, que j'ai fait connaître sous le nom de *S. religiosus*. Tous ces animaux se trouvaient mêlés ensemble, sans qu'aucun d'eux eût un bandage à part.

« Olivier nous apprend que les musaraignes qu'il a trouvées dans un des puits d'oiseaux sacrés d'Aquisia, près de Memphis, étaient mêlées à des coquilles d'œufs brisés, appartenant probablement à des Ibis.

« C'est par un examen attentif des figures d'Olivier et des individus rapportés par Passalacqua, que nous avons reconnu que la grande musaraigne des anciens Égyptiens n'est autre chose que notre *Sorex giganteus*. Or, si l'on se rappelle que les naturalistes de l'expédition d'Égypte n'ont trouvé dans cette contrée aucune musaraigne, et si l'on songe que la taille considérable du *Sorex giganteus* ne lui permettait guère de se dérober à des recherches continuées pendant plusieurs années, il semble difficile de se refuser à admettre cette conclusion, que l'espèce n'existe plus de nos jours à l'état vivant[1]. »

Nous ne pouvons admettre qu'avec réserve les conclusions de Geoffroy Saint-Hilaire. Il n'est guère probable, par raison géographique, que le *Sorex giganteus*, espèce asiatique, se trouve en Egypte dans une région absolument africaine.[2]

Nous ne pouvons croire non plus qu'elle ait pu disparaître comme l'ibis qui a dû être chassé sans merci pendant des milliers d'années. Les habitants, au contraire, n'avaient aucune raison de détruire les musaraignes.

Pendant nos longs voyages en Égypte, nous n'avons pu nous procurer ni dans le Delta, ni en Haute-Égypte, ni en Nubie vers Wady Halfa, le *Sorex giganteus*. Il est probable que ce petit mammifère n'est pas très commun, et que, comme les musaraignes d'Europe, il ne sort que la nuit, ce qui rend sa capture très difficile.

D'après certains auteurs, cette espèce se rencontrerait aussi en Palestine, en Arabie et sur le littoral de la mer Rouge.

Mais nous croyons que ces affirmations sont loin d'être sérieusement démontrées par des échantillons de provenance certaine; à Thèbes, nous avons trouvé cette espèce admirablement momifiée, et renfermée dans de jolis petits sarcophages en bois doré, tels que celui qui est représenté à la figure 22. Sur la face supérieure, se trouve, sculpté en plein bois et dorée également, le *Crocidura gigantea* très correctement caractérisé par sa queue épaisse et relativement courte.

[1] Nous sommes persuadé que cette affirmation n'est pas exacte et qu'on retrouvera en Égypte le *Crocidura gigantea* dès qu'on se donnera la peine de le chercher. Il n'y a aucune raison pour que ce petit mammifère ait été détruit ou ait disparu pour une cause quelconque.

[2] Dans ce cas, il faudrait donner à l'espèce égyptienne un autre nom pour la distinguer de celle des Indes.

2° CROCIDURA RELIGIOSA, Geoffroy.

Annales du Muséum de Paris, 1827, p. 127, fig. 1.

(Fig. 23 et 23)

Cette espèce est très bien représentée à l'état de momie dans le mémoire de Geoffroy-Saint-Hilaire sur les Musaraignes. Les oreilles sont très développées ; la queue de la longueur du corps est à section carrée ; les faces sont séparées par des angles très saillants. Elle se distingue de ses congénères par sa très petite taille, qui est à peu près la même que celle du *Pachyura etrusca*, mais dont la formule dentaire est différente. Elle est aussi caractérisée par sa queue, qui est longue et dont l'extrémité pourrait dépasser l'occiput ; par ses grandes oreilles et par son pouce court. Lorsqu'on fait dissoudre dans l'alcool le bitume qui entoure la momie de ce petit animal, on peut constater que les poils ont une coloration gris souris[2].

Fig. 23[1]. — Momie de musaraigne. (Gr. nat.)

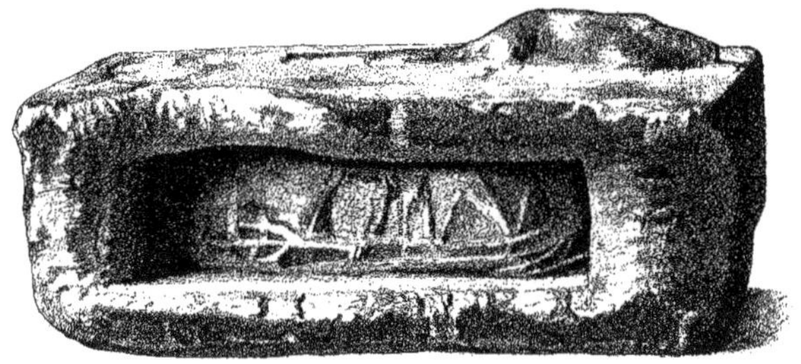

Fig. 24. — Sarcophage de Musaraigne. (Gr. nat.)

Les spécimens de la petite musaraigne momifiée ressemblent surtout à la *Crocidura aranea* dont l'aire de dispersion parait très étendue en Afrique, Palestine, Arabie, Asie et Europe. La formule dentaire est la même pour ces deux espèces. La disposition et la structure des prémolaires supérieures chez le *Crocidura religiosa* le rapprochent de la variété algérienne figurée par Dobson[3] ainsi que de la forme de Syrie, trouvée par l'un de nous, à Tibériade, dans l'estomac d'une grande couleuvre noire, *Zamenis carbonarius*.

[1] Momie de *Crocidura religiosa*, extraite d'un fuseau d'oiseaux momifiés dans le bitume et provenant de Sakkara.

[2] Geoffroy-Saint-Hilaire, *Annales du Muséum de Paris*, 1827.

[3] Dobson, *Monograph of the Insectivora*, London, 1882 (pl. XXVI, fig. 5).

Mais la taille de la petite musaraigne égyptienne est bien plus faible que celle de ces dernières. Elle n'est que légèrement supérieure comme dimensions, à *Pachyura etrusca*, de laquelle elle diffère surtout par le nombre de ses dents. La musaraigne égyptienne à vingt-huit dents, celle d'Étrurie trente.

L'exemplaire le mieux conservé, qui a été trouvé momifié avec les oiseaux de proie de Gizé, mesure 85 millimètres seulement de longueur totale, y compris la queue, ou 50 millimètres pour la tête et le corps, et 35 millimètres pour la queue. La longueur totale de la mâchoire supérieure est de 6 millimètres, alors que nous trouvons 8 millimètres dans l'exemplaire de Syrie, c'est-à-dire une dimension supérieure d'un quart à celle de la musaraigne d'Égypte. Chez le *Crocidura religiosa*, la quatrième prémolaire supérieure est très triangulaire, tandis qu'elle est quadrangulaire chez le *Crocidura aranea* d'Europe. Le *Crocidura aranea* de Syrie a la même taille que la même espèce d'Europe, mais sa dentition se rapproche beaucoup de celle d'Égypte, c'est-à-dire du *Crocidura religiosa*. La formule dentaire de cette dernière espèce est : $\frac{1-0-4-3}{1-0-2-3}=\frac{16}{12}=28.$

On a trouvé fréquemment, à Thèbes, de grandes quantités de cette musaraigne momifiée avec des hirondelles, des grenouilles, des oiseaux de proie, et même des insectes. Nous l'avons rencontrée plusieurs fois dans les gros fuseaux renfermant des oiseaux rapaces englués dans le bitume, provenant de la nécropole de Sakkara.

Dans cette même localité, on a trouvé des crânes de *Crocidura religiosa* enfermés dans une momie conique, élégamment enveloppée de bandelettes, et imitant une momie d'ibis, mais ne contenant, avec les ossements brisés de ce petit mammifère, que des plumes blanches de l'oiseau sacré.

Enfin, à Thèbes, les momies du *Crocidura religiosa* ont été aussi fréquemment abritées dans de minuscules sarcophages, creusés dans un morceau de bois de sycomore (fig. 24). Cette boîte, d'une seule pièce est fermée sur le côté par une planchette qui glisse dans des rainures. La momie, parfaitement entourée de bandelettes enduites de bitume, fortement dorée, repose dans le fond du sarcophage qui porte sur la face supérieure, sculptée en plein bois, une musaraigne de grandeur naturelle, représentant très fidèlement le *Crocidura religiosa*, et dorée elle-même comme la momie. Souvent ces mammifères momifiés sont protégés par des sarcophages de bronze imitant parfaitement ceux de bois, et portant aussi une musaraigne dorée sur la face supérieure.

En terminant cette courte notice sur les musaraignes momifiées de l'ancienne Égypte, nous tenons à faire observer que l'étude sérieuse et complète de ces petits mammifères ne pourra être faite que lorsque nous aurons pu nous procurer les différentes espèces qui vivent actuellement dans cette région de l'Afrique.

Il est vraiment bien difficile d'expliquer la raison pour laquelle les Égyptiens ont momifié une si grande quantité de cet Insectivore, absolument insignifiant par lui-même. Il n'est pas possible de dire que cette espèce ait été l'attribut d'une divinité quelconque, du moins rien ne peut le faire croire.

Ce petit animal, probablement à cause de son odeur pénétrante et de sa vie essentiellement nocturne, n'est que très rarement capturé et tué par les chats. Peut-être est-ce la raison qui l'a fait considérer comme animal sacré, tandis, au contraire, que les vrais rats chassés et dévorés par les chats domestiques devaient être regardés comme des animaux immondes et laissés sans sépulture.

Pour notre part, nous pensons que les musaraignes épargnées par les chats étaient respectées, parce qu'on les croyait hantées par des âmes humaines. De cette croyance vient probablement le soin avec lequel on protégeait contre la destruction le corps de ce minuscule mammifère.

RONGEURS

Les Rongeurs occupent une place des plus modestes parmi les mammifères anciens momifiés. Sauf un jeune *Acomys cahirinus* agglutiné, avec deux ou trois musaraignes et une dent de crocodile, dans le bitume d'une masse d'oiseaux de proie de Touné, nous n'avons à signaler que quelques rats recueillis à demi digérés à l'intérieur du jabot de certains rapaces momifiés de Kôm Ombo et de Gîzé.

Aucun rongeur n'a été rencontré isolément, soit entouré de bandelettes de toile, soit placé dans un petit sarcophage, ainsi que les musaraignes décrites plus haut. On peut admettre, semble-t-il, que le rat momifié à Touné dans un groupe de rapaces, a probablement été confondu avec une musaraigne, par suite de sa faible taille. Quoi qu'il en soit, il appartient aux égyptologues d'expliquer ce que signifiait, dans l'esprit des anciens Égyptiens, l'association de ces divers animaux et des dents de crocodile.

G. Wilkinson [1] cite le rat embaumé à Thèbes, mais il ajoute que ce n'était pas un animal sacré. Un rat figure, d'après cet auteur, dans les peintures anciennes de Béni-Hassan, en regard de son ennemi naturel, le chat.

Nous nous bornerons pour le moment à résumer les caractères zoologiques des deux espèces reconnues : *Acomys cahirinus*, E. Geoff., et *Mus rattus* var. *Alexandrinus*, Is. Geoff.

ACOMYS CAHIRINUS, E. Geoffroy

Acomys cahirinus, Rüppell, *Atlas zu der Reise im nordlich. Afrika*, p. 38, pl. XIII, fig. *b*.

Ce rongeur est signalé ici d'après trois spécimens trouvés, l'un momifié avec des oiseaux de proie de Touné, les autres à l'intérieur du tube digestif de deux rapaces de Gîzé.

Acomys cahirinus a la taille à peine plus forte que celle d'une souris, mais la queue est moins longue. Sur le dos et les flancs le poil est épineux, couleur gris cendré légèrement jaunâtre. La face inférieure du corps et les parties internes des membres sont blanchâtres.

Il est pourvu de six molaires aux mâchoires supérieure et inférieure, trois de chaque côté, qui diminuent rapidement de volume de l'avant à l'arrière. Le crâne ressemble à celui des *Mus* ainsi que la dentition. Les molaires supérieures sont composées de trois séries longitudinales de tubercules ; celles de la mâchoire inférieure sont faites seulement de deux séries de tubercules disposés par paires transversales. La dentition des *Acomys* se distingue de celles

[1] G. Wilkinson, *the ancient Egyptians*, vol III, p. 259 et 294, 1878.

des *Mus* surtout par la troisième molaire supérieure. Chez *Mus rattus* par exemple, cette dent est formée, après effacement des tubercules par l'usure, de deux lobes transversaux avec, en plus, un tubercule bien isolé à l'angle antéro-interne. Chez les *Acomys*, ce tubercule antéro-interne fait complètement défaut, la troisième molaire supérieure n'est constituée que des deux lobes transverses très réduits et rapprochés l'un de l'autre du côté interne.

Les rongeurs du genre *Acomys* sont tout à fait particuliers à la faune africaine. Toutes les espèces qu'on en connaît ont été rencontrées, en effet, dans diverses parties de ce continent, depuis le nord jusqu'à l'extrême sud, comme *Acomys subspinosus*, Waterhouse, et *Acomys Selousi*, de Winton [1]. On ne signale qu'une forme fossile, *Acomys Gaudryi*, Dames, trouvée en Europe dans les formations du miocène supérieur, de Pikermi et de Samos. *Acomys Gaudryi* témoigne sans doute, avec les nombreuses antilopes et l'*Helladotherium* de Pikermi, des relations qui ont dû exister vers la fin de l'époque miocène, entre les deux continents.

Acomys cahirinus habite actuellement l'Égypte, le nord-est de l'Afrique et la Palestine. Dans le sud, on l'a rencontré jusqu'au Sennaar, à Khartoum.

MUS RATTUS, L., var. ALEXANDRINUS, Is. Geoffroy.

Mus Alexandrinus, Is. Geoffroy, *Description de l'Egypte*, t. XXIII, p. 183, atlas, pl. V, fig. 1. — De Selys-Longchamps, *Etudes de micromammalogie*, p. 54 — P. Gervais, *Histoire naturelle des mammifères*, p. 408, 1854.

Ce rongeur a été trouvé exclusivement dans les viscères des oiseaux de proie momifiés : des restes de membres et deux crânes à l'intérieur des oiseaux provenant de Gîzé ; diverses parties de la tête, du corps et de la queue dans les rapaces de Kôm Ombo.

Mus alexandrinus mesure 16 centimètres environ de longueur, de l'extrémité du museau à la base de la queue ; celle-ci, très longue (22 cm. environ), est couverte de poils courts et formée de plus de deux cents anneaux écailleux qui diminuent de longueur de la base à l'extrémité.

Son pelage est gris ardoisé légèrement roussâtre sur le dos et les flancs, un peu plus clair sous le ventre et du côté interne des membres. Le museau, plus court que chez le rat ordinaire *(Mus rattus)*, est garni de moustaches noires longues et raides. Les oreilles sont grandes, couvertes de poils bruns très courts.

Mus alexandrinus est voisin du rat noir par les proportions du corps, des tarses, de la queue, ainsi que par ses caractères dentaires et craniens ; d'autre part, la couleur de son pelage le fait ressembler au surmulot *Mus decumanus*.

Ce rat vit de nos jours non seulement en Égypte, mais encore dans la plus grande partie de l'Europe méridionale ou quelques naturalistes l'ont signalé depuis le commencement du siècle dernier. En 1824, Paolo Savi le trouva en Italie et le décrivit sous le nom de *Mus tectorum*. Depuis, *Mus tectorum* a été identifié à *Mus alexandrinus* par son auteur et plusieurs zoologistes qui l'ont rencontré dans divers autres pays, Provence, Espagne, Algérie et Arabie.

Si cette espèce de rat n'est pas originaire de l'Afrique, la présence fréquente de ses restes

[1] W. L. Sclater, *the Mammals of South Africa*, p. 58 et 59, London, 1901.

osseux parmi les oiseaux anciens de l'Égypte, indique en tout cas qu'elle était déjà très commune dans la vallée du Nil à l'époque ptolémaïque.

De nombreuses légendes sont citées par les anciens concernant les méfaits des rats et les idées superstitieuses qui étaient répandues sur ces animaux. Brehm[1] relate, d'après Hérodote, qu'il faut attribuer à l'action des rats la victoire remportée par un Pharaon sur Sennachérib, roi des Assyriens. Celui-ci, s'étant avancé jusqu'à Péluse, était sur le point d'en venir aux mains avec l'armée égyptienne, trop faible pour s'opposer à ses progrès, lorsqu'une multitude effroyable de rats se répandit dans son camp et y rongea les cordes des arcs et toutes les courroies des boucliers. Ainsi désarmés et hors d'état de se défendre, les Assyriens furent obligés de se retirer avec de grandes pertes d'hommes.

Ces récits, dans lesquels il n'est pas toujours facile de distinguer le légendaire et le vrai, prouvent, du moins, qu'on ne peut appliquer à l'Asie et à l'Afrique antérieures ce qui a été dit de l'Europe, concernant l'importation des rats. On sait que les naturalistes s'accordent pour indiquer que le surmulot, indigène de l'Inde et de la Perse, a fait son apparition en Angleterre et en France vers 1730, alors qu'il se montrait dans la Russie méridionale en 1727[2]. Le rat noir, probablement originaire de Syrie, serait connu en Europe depuis le moyen âge.

Nous attendrons de posséder plusieurs squelettes modernes de *Mus alexandrinus* et d'*Acomys cahirinus* pour les comparer aux restes anciens de ces deux espèces et chercher à connaître les rapports ou les différences que ces animaux peuvent présenter.

[1] Brehm, *la Vie des animaux*, p. 106.
[2] De Selys-Longchamps, *Etudes de micromammalogie*, p. 52.

BOVIDÉS

Quatre momies complètes de Bovidés nous ont été envoyées de Sakkara et d'Abousir par M. Maspero, ainsi que plusieurs crânes séparés, offrant les caractères les plus importants. Les squelettes ont pu être admirablement remontés par notre très habile chef de Laboratoire; tous appartiennent évidemment à des mâles. Ces taureaux, ainsi que le raconte Hérodote, ont dû être enterrés; puis les ossements ont été exhumés lorsque les chairs étaient tombées en putréfaction ; alors seulement, ainsi que l'indiquent les animaux que nous avons sous les yeux, les différentes pièces du corps et des membres ont été barbouillées de bitume par des coups de pinceaux irrégulièrement distribués.

Je reproduis ici, textuellement, la très intéressante observation de l'historien grec[1] toujours si exact : « Ils font aux bœufs morts des funérailles de la manière suivante : ils jettent dans le fleuve les femelles, et ils inhument les mâles dans leurs faubourgs, laissant passer de terre une corne ou deux comme monument. Quand la putréfaction est complète, et que le temps prescrit est écoulé, un bateau arrive pour prendre les squelettes que l'on enterre tous au même endroit. »

Les lieux de sépulture où l'on ensevelissait les restes des bœufs mâles étaient nombreux, car on rencontre, un peu partout, des cimetières de ces animaux renfermant une immense quantité de débris. Les principales de ces nécropoles sont très certainement celles de Sakkara et d'Abousir, où les premiers voyageurs qui ont exploré ces régions ont vu d'innombrables momies qui, malheureusement, ont été souvent recueillies pour le service des raffineries de sucre dans la haute et la basse Égypte[2].

A côté de ces cimetières de bœufs vulgaires, se trouvaient les *serapeum* de Sakkara et d'Abousir, où étaient ensevelis les restes des *Apis* sacrés, honorés surtout à Memphis. Les bœufs *Apis*, comme on le sait, étaient de couleur noire avec des taches blanches disposées régulièrement. Ils avaient sur le front un triangle blanc et, du côté droit, une autre tache en forme de croissant de lune. Les momies des vrais *Apis* portent toujours sur le front, cousu sur les bandelettes qui enveloppent la tête, un triangle équilatéral en toile blanche (fig. 35).

Les taureaux sacrés, de couleur claire, appelés *Mnévis*, étaient consacrés à l'*Atoum*, le soleil couchant, dieu d'Héliopolis, près du Caire. Les nécropoles humaines et bovines de cette ancienne ville n'ont pas encore pu être découvertes. On ignore donc, jusqu'à ce jour, à quelle

[1] Herodote, *Euterpe*, paragr. XLI.
[2] Cailliaud, *Voyage à Meroé et au Nil blanc*, Paris. 1826.

race pouvait appartenir le taureau *Mnévis* adoré dans cette localité comme étant l'incarnation du dieu Râ.

La vénération des Égyptiens pour certains animaux est vraiment chose extraordinaire. Diodore, de Sicile, rapporte[1] que, lorsqu'ils voyagent en pays étrangers, « ils ont pitié des chats, des éperviers, et les ramènent avec eux en Égypte, même en se privant des choses les plus nécessaires. Pour ce qui concerne l'Apis dans la ville de Memphis, le Mnévis dans Héliopolis, le Bouc de Mendès, le Crocodile du lac Moeris, le Lion nourri à Léontopolis, tout cela est facile à raconter, mais difficile à faire croire à ceux qui ne l'ont pas vu. Ces animaux sont nourris dans des enceintes sacrées et confiés aux soins des personnages les plus remarquables, qui leur donnent des aliments choisis. Ils leur font cuire de la fleur de farine ou du gruau dans du lait, et leur fournissent constamment des gâteaux de miel et de la chair d'oie bouillie ou rôtie. Quant aux animaux carnassiers, on leur jette beaucoup d'oiseaux pris à la chasse. En un mot, ils font la plus grande dépense pour l'entretien de ces animaux auxquels ils préparent, en outre, des bains tièdes; ils les oignent des huiles les plus précieuses et brûlent sans cesse, devant eux, les parfums les plus suaves. De plus, ils les couvrent de tapis et d'ornements les plus riches. A la mort d'un de ces animaux, ils le pleurent comme un de leurs enfants chéris et l'ensevelissent avec une magnificence qui dépasse souvent leurs moyens. Après les funérailles magnifiques du taureau sacré, les prêtres vont à la recherche d'un veau qui ait sur le corps les mêmes signes que son prédécesseur. Dès que cet animal a été trouvé, le peuple quitte le deuil, et les prêtres préposés à sa garde le conduisent à Nicopolis[2], où ils le nourrissent pendant quarante jours; ensuite, ils le font monter sur le vaisseau *Thalamège* qui renferme pour lui une chambre dorée. Ils le conduisent ainsi à Memphis et le font entrer comme une divinité dans le temple. Pendant les quarante jours indiqués, le taureau n'est visible qu'aux femmes. Quelques-uns expliquent le culte d'Apis par la tradition que l'âme d'Osiris passa dans un taureau et que, depuis ce moment jusqu'à ce jour, elle n'apparait aux hommes que sous cette forme. »

Quoi qu'il en soit de ce culte d'Apis, les quatre squelettes de bœufs, très complets, que nous avons pu étudier et monter au Muséum de Lyon, grâce à la bienveillance de M. Maspero, doivent appartenir à des animaux mâles, si l'on en croit Hérodote. Il était important de s'assurer si l'affirmation de l'historien grec était exacte, en ce qui concerne les animaux trouvés à Sakkara ou dans les hypogées d'Abousir.

Pour vérifier ce fait intéressant, M. Arloing, directeur de l'École vétérinaire de Lyon, a bien voulu les étudier minutieusement. Pour lui, il n'y a aucun doute possible, les quatre squelettes de Sakkara et d'Abousir appartiennent bien à des mâles. Chez les femelles, en effet, vaches d'Afrique ou vaches zébus, le diamètre bi-ischiatique du bassin, pris à partir des tubérosités supérieures, est plus grand que le diamètre bisiliaque du bassin, pris en partant de la crête pectinéale du col de l'iléon; la différence est généralement égale à l'épaisseur du col de l'iléon. Il n'y a point d'exceptions à cette règle. Chez les mâles, au contraire, le diamètre biischiatique est inférieur de plusieurs centimètres au diamètre bisiliaque.

Nos quatre squelettes appartiennent donc bien à des taureaux traités au moyen des procédés indiqués par Hérodote.

[1] Diodore de Sicile, traduction Hœfer, t. I, liv. I, p. 98.
[2] Nicopolis, faubourg d'Alexandrie.

BŒUFS DE SAKKARA

BOS AFRICANUS, Brehm, N° 1.

(Non figuré.)

La hauteur au garrot est de 142 centimètres ; la longueur depuis l'extrémité de l'ischion jusqu'au bord antérieur de la première apophyse épineuse dorsale est de 146 centimètres. Dans son ensemble, l'animal svelte, haut sur jambes, présente un aspect *cervoïde* très caractéristique et devait être, avant tout, un excellent coureur[1].

Les os des membres, notamment le fémur et l'humérus, montrent une gracilité qui les différencie très nettement de ceux des bœufs domestiques de nos pays.

Le thorax est aplati, par suite d'une flexion particulière des côtes.

La courbe, formée par le détroit inférieur du bassin, est très manifestement angulaire au lieu d'être arrondie et largement évasée comme chez les femelles. Le sacrum est composée de 5 vertèbres. Les dernières apophyses épineuses des vertèbres dorsales sont légèrement bifides à leur sommet, ce qui tendrait à rapprocher ce bovidé vrai de la forme zébu. Je crois cependant qu'on ne doit attacher qu'une très petite importance à ce caractère qui semble être peu constant.

La tête est peu volumineuse. Sa longueur totale est de 46 centimètres, et ce qui frappe tout d'abord en la regardant en face, c'est l'aplatissement du front, ainsi que la ligne parfaitement horizontale que décrit l'os frontal, entre les deux axes des cornes, pour former ce que les vétérinaires appellent le *chignon*. Cette crête a une longueur de 11 centimètres entre les premières perles des axes cornés.

Voici les dimensions de la tête :

Du chignon à l'extrémité supérieure des os nasaux		215mm
De l'extrémité supérieure des os nasaux à l'extrémité des prémaxillaires		245 »
Rapport	0 87	
Du chignon à la ligne transversale sus-orbitaire		190mm
De la ligne sus-orbitaire à l'extrémité antérieure des prémaxilaires		270 »
Rapport	0 70	

BOS AFRICANUS, Brehm, N° 2.

(Fig. 25, 26, 27.)

Le squelette n° 2 a une hauteur de 147 centimètres au garrot, et sa longueur est de 159 centimètres, depuis l'extrémité de l'ischion jusqu'au bord antérieur de la première apophyse épineuse dorsale.

[1] Cet aspect *cervoïde* nous a été aussi indiqué par M. le professeur Schweinfurth comme caractérisant le bétail de la région du Bahr-el-Gazal et d'autres contrées de l'Afrique centrale.

[2] Brehm, *la Vie des animaux*, trad., française, vol. II, p. 691.

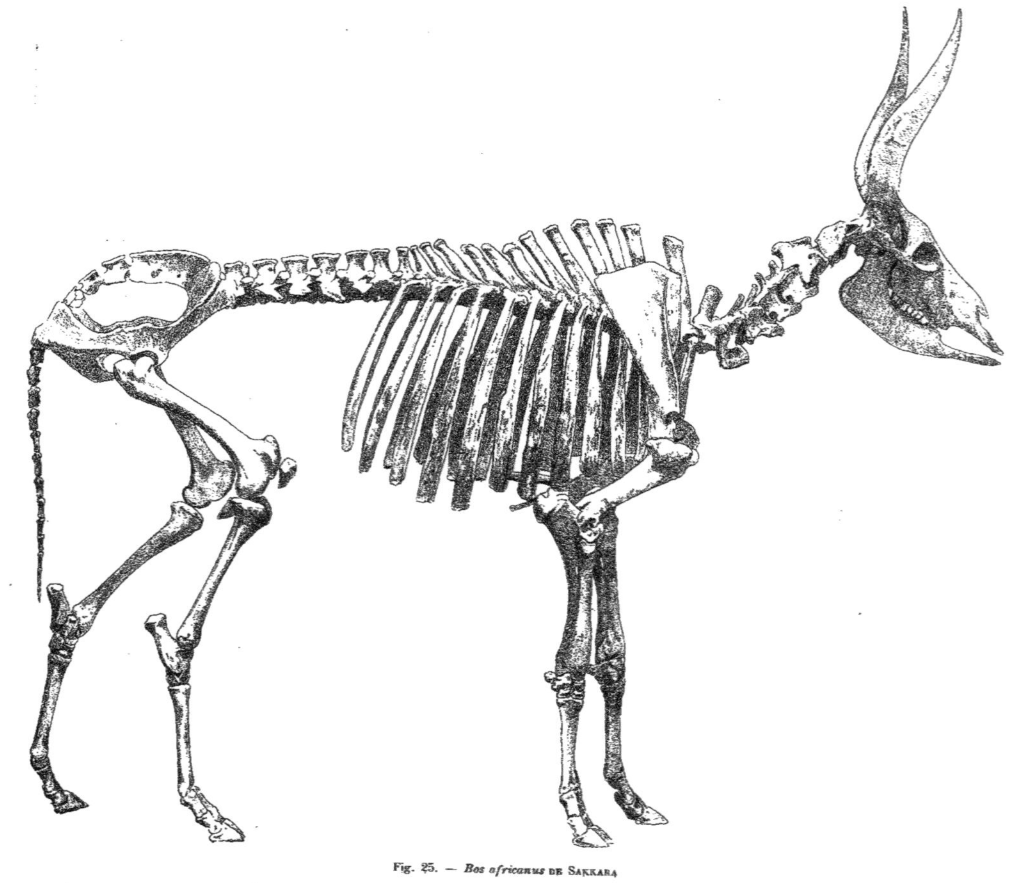

Fig. 25. — *Bos africanus* de Saķķara

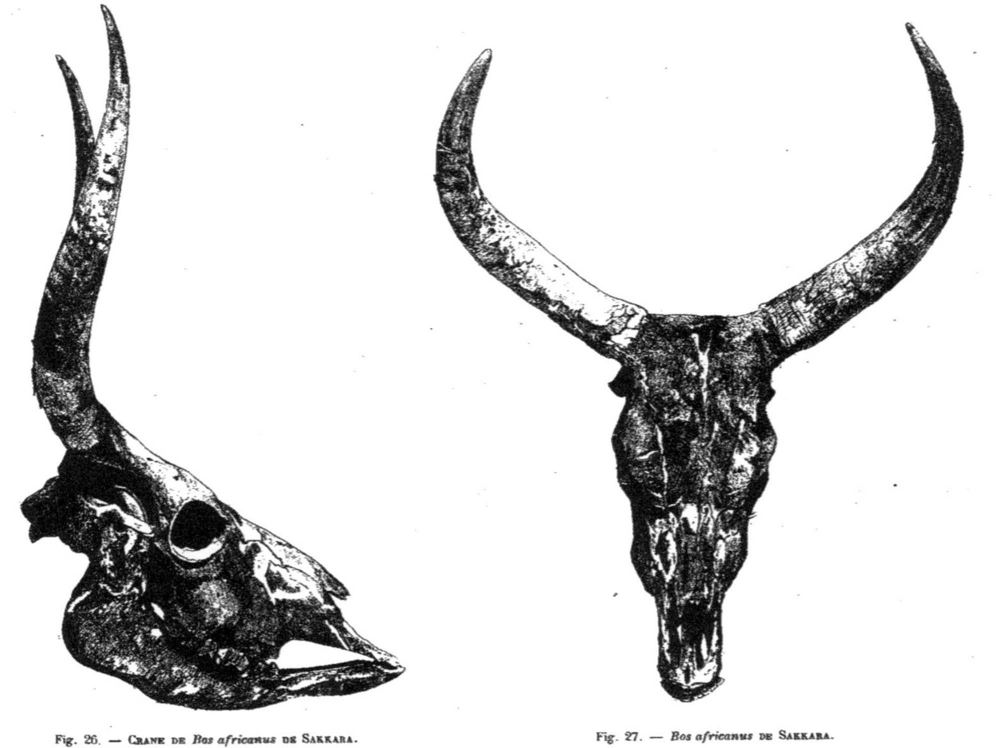

Fig. 26. — Crane de *Bos africanus* de Sakkara.

Fig. 27. — *Bos africanus* de Sakkara.

De même que le n° 1, cet animal, haut sur jambes, était très svelte et élancé. Les os des membres sont longs et minces. Il devait être coureur et n'était certainement point attelé à un char ou à une charrue.

La courbe anguleuse, formée par le détroit inférieur du bassin, montre que ce squelette appartenait sans aucun doute à un mâle. Le sacrum est composé de 5 vertèbres comme chez les vrais bœufs.

La tête est petite, aplatie antérieurement et présente les dimensions suivantes :

Du chignon à l'extrémité antérieure des os nasaux		285mm
De l'extrémité antérieure des os nasaux aux prémaxillaires		256 »
Rapport	0 91	
Du chignon à la ligne transverse sus-orbitaire [1]		205mm
De la ligne sus-orbitaire à l'extrémité antérieure des prémaxillaires		282 »
Rapport	0 72	

Sur les quatre squelettes que nous avons sous les yeux, la suture pubienne est très épaisse, ce qui indique encore avec certitude que nous avons affaire à des restes de taureaux.

BOS AFRICANUS, Brehm, N° 3.

(Fig. 28.)

Le squelette de ce bœuf ressemble beaucoup aux deux autres précédemment décrits. La hauteur au garrot est de 157 centimètres ; la longueur, depuis l'extrémité de l'ischion jusqu'au bord antérieur de la première apophyse épineuse dorsale, est de 149 centimètres. C'est encore un animal svelte, haut sur jambes, présentant un aspect *cervoïde* tout à fait caractéristique. Il devait vivre probablement, à moitié sauvage, dans les pâturages et les marais des bords du Nil. Les os des membres sont grêles. Le thorax est aplati latéralement. Le détroit inférieur du bassin est manifestement angulaire, caractère qui, joint à la grande épaisseur de la symphyse pubienne, prouve que nous avons encore affaire ici à un squelette de mâle.

Le sacrum est formé de 4 vertèbres seulement, anomalie qui se présente, du reste, fréquemment chez le bœuf domestique. Ce caractère nous avait d'abord fait croire que cet exemplaire devait être rangé dans le genre *Zébu*. Mais un examen attentif des squelettes de bœufs domestiques conservés dans le Musée de l'École vétérinaire de Lyon nous a prouvé que, malgré l'opinion de Cuvier, on ne devait chez les Bovidés, attacher que peu d'importance au nombre souvent variable des pièces du sacrum. Ceci est amplement démontré par les observations suivantes :

1° Squelette de vache bretonne de 5 ans. — 4 vertèbres sacrées. Le sacrum est long d'avant en arrière, très peu incurvé dans le sens longitudinal. Apophyses épineuses, sacrées, courtes, presque toutes de même hauteur. Trous sous-sacrés, grands et allongés dans le sens antéro-postérieur. Angle interne de l'iléon peu recourbé.

[1] Nous appelons ligne sus-orbitaire, la ligne horizontale qui rejoint les deux échancrures sus-orbitaires des orbites.

2° BASSIN DE VACHE (race indéterminée). — 5 vertèbres sacrées. Sacrum allongé portant de faibles apophyses épineuses. Angle interne de l'iléon peu relevé.

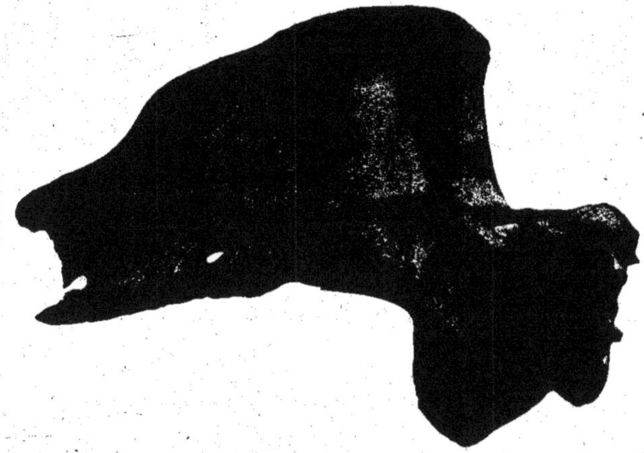

FIG. 28. — SACRUM DE ZÉBU DE CEYLAN.

FIG. 29. — SACRUM DE *Bos Africanus* DE SAKKARA.

3° SQUELETTE DE VACHE DE 3 ANS (race indéterminée). — 4 vertèbres sacrées. Face inférieure du sacrum peu incurvée d'avant en arrière. Apophyses épineuses courtes et presque égales.

4° SQUELETTE DE VIEILLE VACHE (race indéterminée). — 5 vertèbres sacrées. Courbure longitudinale du sacrum presque nulle. Trous sous-sacrés allongés d'avant en arrière.

5° 2 Bassins de vaches (race indéterminée). — 5 vertèbres à chaque sacrum. Ces os sont allongés antéro-postérieurement. Ils ont une faible courbure d'avant en arrière.

6° Squelette de vache (race indéterminée). — 5 vertèbres sacrées. Sacrum allongé, peu recourbé. Apophyses épineuses, courtes.

7° Squelette de zébu femelle, de Ceylan. — 4 vertèbres sacrées (fig. 28). Le sacrum est court, très recourbé dans le sens antéro-postérieur. Les apophyses épineuses, très élevées en avant, diminuent brusquement de hauteur vers les troisième et quatrième vertèbres. Les trous sous-sacrés ont une forme à peu près circulaire.

8° Squelette de zébu, de Madagascar. — 4 vertèbres sacrées. Sacrum court d'avant en arrières très recourbé supérieurement. Les première et seconde apophyses épineuses sont très hautes, la quatrième est très petite.

9° Squelette de bœuf Sanga (jeune) d'Abyssinie. — 4 vertèbres sacrées. Sacrum très court, d'avant en arrière. Courbure du sacrum bien moins prononcée que chez les zébus.

Il résulte des observations précédentes que le nombre des vertèbres sacrées est variable chez le bœuf domestique. Il est de cinq le plus souvent, quelquefois de quatre et, dans certains cas exceptionnels, de six.

Chez les zébus que nous avons pu examiner, le sacrum comprend normalement 4 vertèbres.

La différence la plus importante et la plus normale qui peut être constatée entre le bœuf et le zébu consiste dans la longueur relative des vertèbres sacrées. Celles du zébu sont courtes d'avant en arrière, celles du bœuf domestique sont bien plus allongées (fig. 29).

Les apophyses épineuses du sacrum sont hautes du côté antérieur et diminuent brusquement en arrière chez le zébu. Chez le bœuf domestique, ces apophyses sont peu élevées, elles ont presque toutes la même hauteur.

La courbure du sacrum est très prononcée chez le zébu ; elle est insensible chez le bœuf.

Les squelettes de Sakkara et d'Abousir appartiennent bien à de véritables bœufs et non à des zébus.

L'étude détaillée des os des membres nous donne encore des caractères qui ne manquent pas d'importance au point de vue de la race.

BOS AFRICANUS, Brehm, de Sakkara. N° 4.

N° 25	Diamètre antéro-postérieur minimum de la diaphyse du fémur		45mm
	Diamètre transverse		39
	Rapport	0 86	
	Longueur totale du fémur		430
N° 28	Diamètre antéro-postérieur minimum de la diaphyse du fémur		42
	Diamètre transverse		36
	Rapport	0 85	
	Longueur totale du fémur		420
N° 26	Diamètre antéro-postérieur minimum de la diaphyse du fémur		46
	Diamètre transverse		39
	Rapport	0 84	
	Longueur totale du fémur		430

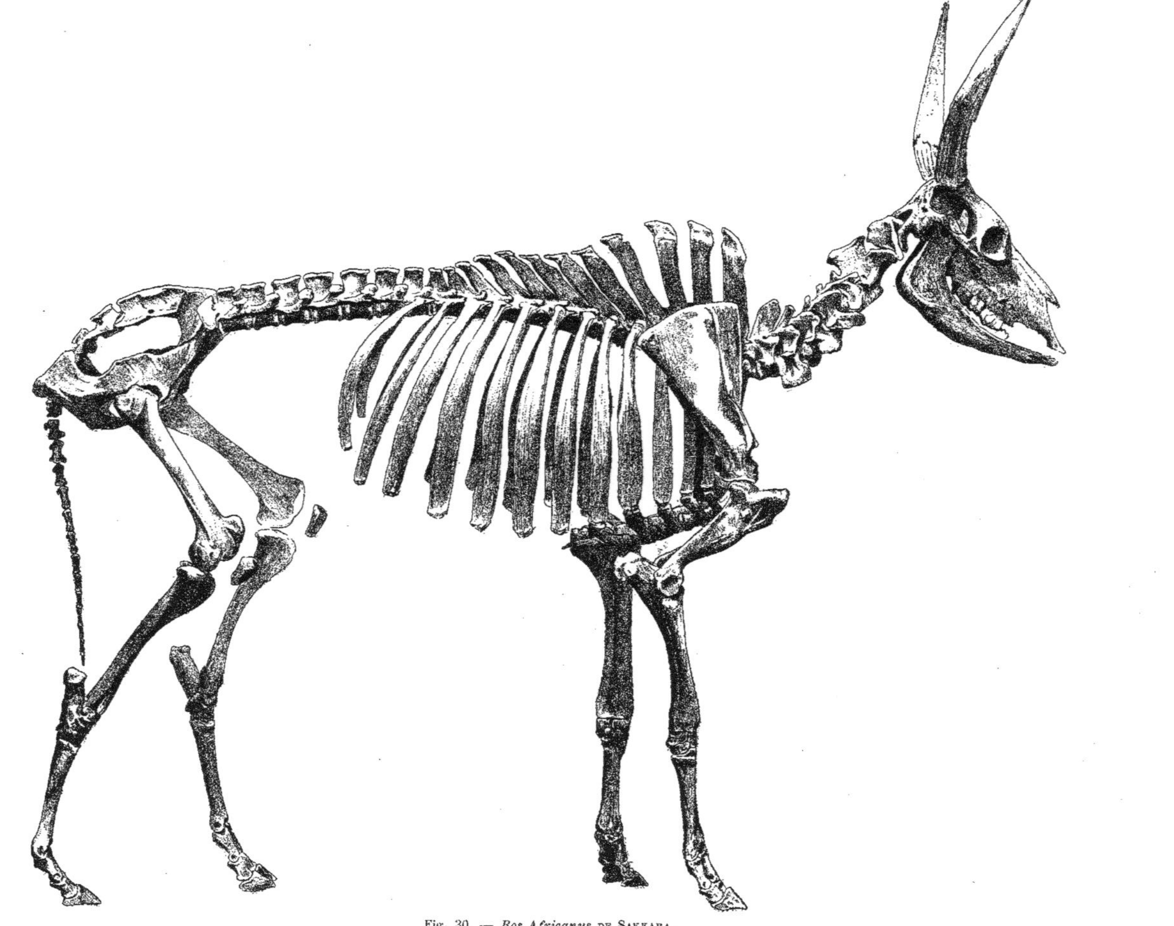

Fig. 30. — *Bos Africanus* de Sakkara.

N° 29 Fémur isolé reçu avec un bassin de femelle.

Diamètre antéro-postérieur minimum de la diaphyse du fémur		38mm
Diamètre transverse		33
Rapport	0 86	
Longueur totale du fémur		400

Bos BRACHYCEROS DE SYRIE, femelle.

Du chignon à la ligne transverse sus-orbitaire		170mm
De la ligne transversale sus-orbitaire à l'extrémité antérieure des prémaxillaires		240
Rapport	0 69	
Longueur totale du chignon à l'extrémité antérieure des prémaxillaires		410
Diamètre antéro-postérieur minimum de la diaphyse du fémur		35
Diamètre transverse		32
Rapport	0 91	
Longueur totale du fémur		315

Bos BRACHYCEROS, Rutimeyer (mâle) de Syrie.

Du chignon à la ligne transverse sus-orbitaire		185mm
De la ligne transversale sus-orbitaire à l'extrémité antérieure des prémaxillaires		298
Rapport	0 62	
Longueur du chignon à l'extrémité antérieure des prémaxillaires		480
Diamètre antéro-postérieur, minimum de la diaphyse du fémur		36
Diamètre transversal		33
Rapport	0 91	
Longueur totale du fémur		365

ZÉBUS

ZÉBU DE MADAGASCAR.

Diamètre antéro-postérieur minimum de la diaphyse du fémur		44mm
Diamètre transverse		42
Rapport	0 95	
Longueur totale du fémur		400

ZÉBU DE CEYLAN, femelle.

Diamètre antéro-postérieur minimum de la diaphyse du fémur		37mm
Diamètre transverse		32
Rapport	0 86	
Longueur totale du fémur		320

CERFS

RUSA HIPPELAPHUS de Cochinchine.

Diamètre antéro-postérieur minimum de la diaphyse du fémur		39mm
Diamètre transverse		33
Rapport	0 84	
Longueur totale du fémur		360

L'étude des fémurs de ces espèces montre que les zébus de Ceylan, ainsi que le *Bos africanus* de Brehm, sont des formes presque aussi coureuses que les cerfs.

Au contraire, le zébu de Madagascar serait, toujours d'après la section de son fémur, une race voisine de nos bœufs domestiques, mais alourdie, ou plutôt améliorée suivant l'expression des éleveurs, afin de donner des animaux bons pour la boucherie, le labour, le portage et même la traction, lorsqu'il est attelé à une charrette, comme cela se pratique fréquemment dans les Indes où même les zébus trotteurs sont attelés à des voitures.

Nous donnons ici ces mesures et ces chiffres pour ce qu'ils valent, c'est-à-dire pour fort peu de chose ; nous les considérons comme étant d'une importance très minime au point de vue de la détermination des races. Si les anthropologistes et certains zoologistes ne se bornaient pas exclusivement à l'étude de certains types, mais s'ils appliquaient leurs procédés de mensuration ou leurs statistiques numériques à d'autres formes, à des plantes par exemple, ils reconnaîtraient facilement le peu de valeur que peuvent avoir les méthodes des chiffres et des mesures, lorsqu'on veut les faire servir à la morphologie des êtres vivants qui sont éminemment variables, et qui se trouvent toujours dans un état de transformation constante due aux influences du milieu et à celles de la lutte pour la vie.

Les procédés de mensurations, les statistiques basées sur des résultats numériques, quel que soit l'arrangement sous lequel on les présente, sont la négation de la grande loi du transformisme qui, aujourd'hui, est cependant accepté par tous les naturalistes. On peut se demander alors, dans quel but on mesure des êtres dont les organes changent sans cesse de formes, de rapports et de dimensions.

Ce que nous nous permettons d'affirmer ainsi, nous semble parfaitement prouvé par ce qui se passe en anthropologie, où les observateurs se sont donné libre carrière pour aligner, dans de superbes tableaux, mesures sur mesures, chiffres sur chiffres, rapports sur rapports, et tout cela pour arriver à un résultat à peu près nul. Aucune découverte, tant soit peu intéressante, n'a été faite en anthropologie par de pareils procédés. Tout ce que certains observateurs ont pu affirmer à la suite de mesures, accomplies avec une patience de bénédictins, avait été dit avant eux par les historiens, les linguistes et les naturalistes de la vieille école. Appliqués à certains types humains offrant un grand intérêt, les Égyptiens par exemple, ces procédés n'ont donné absolument aucun résultat sur la parenté ou l'origine de ces vieux pères de notre civilisation actuelle.

Les méthodes de mensurations, lorsqu'on veut s'en servir pour l'étude des races animales domestiques, n'ont donné aussi que des résultats d'une très minime importance. Et comment, du reste, pourrait-il en être autrement, puisque ces animaux subissent tant de modifications profondes, par suite des croisements de toute nature et des influences savantes mises en œuvre par les éleveurs de tous les âges et de tous les pays ?

Les bœufs dessinés sur les monuments de l'ancienne Égypte, temples ou tombeaux, montrent deux races bien différentes l'une de l'autre. La première, la plus commune, est figurée par de grands animaux à cornes très développées, dirigées suivant le plan du front, en demi-circonférence ou aussi en forme de lyre comme les appellent certains archéologues. C'est seulement celle-ci qui peuple les nécropoles de Sakkara et d'Abousir.

La seconde race paraît renfermer des animaux également grands, mais pourvus sur les côtés de la tête de cornes plus courtes, dirigées en dehors et en haut. Ces animaux sont presque toujours représentés porteurs d'une bosse plus ou moins prononcée au niveau du garrot. Ces deux espèces ont été très bien dessinées par *Wilkinson*[1] d'après une sculpture figurant la première un attelage, et la seconde une écurie. Nous n'avons point reçu de squelettes des animaux de cette forme.

[1] Wilkinson, *the ancient Egyptians*, vol. I, p. 249 et 370.

BOS AFRICANUS, Brehm. N° 5.
(Fig. 31, 32.)

Ce crâne, très volumineux, est probablement celui d'un Apis provenant des souterrains de Sakkara. Il a été examiné et mesuré avec le plus grand soin par notre savant collègue M. le Dr Durst[1], qui en dit ceci : « Le crâne n'offre que très peu de différences avec celui d'un

Fig. 31. — Crane de *Bos africanus* de Sakkara.

Bos brachyceros. Il possède comme celui-ci un frontal onduleux, la pointe triangulaire de l'os pariétal s'intercalant entre les deux frontaux, la suture saggittale formant souvent une crête.

« L'occipital seul diffère de celui du *Bos brachyceros*, il se rapproche un peu de celui du *Bos primigenius* à cause de l'influence du poids des cornes sur la forme des os du crâne.

[1] Durst, *l'Anthropologie*, t. II, année 1900, p. 671 et suivantes.

La bosse du chignon n'est presque jamais développée, la ligne qui joint la base des cornes est toujours droite ou peu courbée. Mais la base occipitale, c'est-à-dire la partie supérieure de l'occiput, s'élève fortement au-dessus de la *squama*. C'est une différence importante avec le *Bos primigenius* comme l'indiquait déjà Rütimeyer. Les cornes de cette espèce sont absolument différentes, dans leur forme, de celles du *Bos primigenius*. Au lieu d'être dirigées en avant, elles sont au contraire dirigées en haut et ont la forme d'une lyre ou d'un demi-cercle. »

Ce crâne de bœuf Apis se trouve depuis longtemps dans le laboratoire du Muséum de Lyon. Sa photographie est reproduite aux figures 31 et 32 ; cette pièce très intéressante sera bientôt renvoyée au musée du Caire où les savants pourront l'étudier dans la salle consacrée aux momies animales.

Le chignon forme une crête horizontale entre les bases des cornes. Le front est plat. Les orbites, très saillantes, sont entourées de végétations osseuses qui dissimulent presque entièrement les échancrures sus- et sous-orbitaires. La base des cornes est entourée d'un épais anneau de végétations osseuses. Les os du nez sont solidement soudés entre eux, ce qui indique que nous avons sous les yeux le crâne d'un mâle et d'un très vieil individu.

Les dimensions principales sont les suivantes :

Du chignon à la ligne sus-orbitaire . . .	240mm
De la ligne sus-orbitaire à l'extrémité antérieure des prémaxillaires	328
Rapport 0 73	
Longueur, du chignon à l'extrémité antérieure des prémaxillaires	570mm
Largeur maxima entre les bords extérieurs des orbites.	270

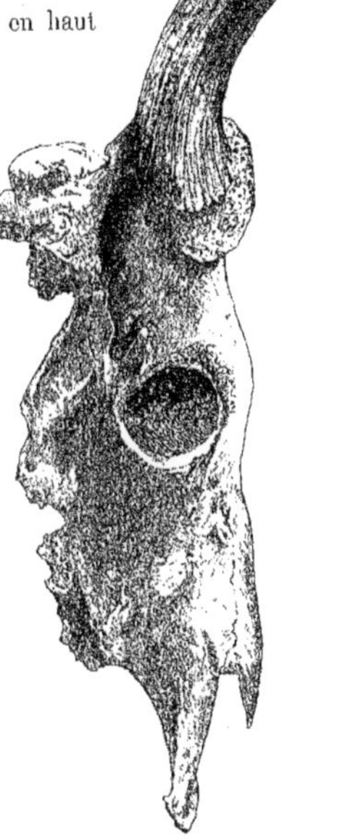

Fig. 32. — Crane de *Bos africanus* de Sakkara.

Chez le bœuf domestique, les os du nez se soudent très rarement. Dans le musée de l'École vétérinaire de Lyon, j'ai cependant trouvé un crâne d'un taureau de 7 ans, de race Durham, dont les os nasaux sont aussi fortement soudés que ceux du bœuf de Sakkara. Sur ce crâne, les mesures sont les suivantes :

Du chignon, à la ligne sus-orbitaire	236mm
De la ligne sus-orbitaire à l'extrémité antérieure des prémaxillaires.	308
Rapport 0 76	

BOS AFRICANUS, Brehm. No 6.

(Fig. 33, 34.)

Un autre crâne de *Bos africanus*, tout à fait semblable au précédent, nous a été envoyé en 1891, par le regretté M. Kleinmann, directeur du Crédit Lyonnais en Égypte.

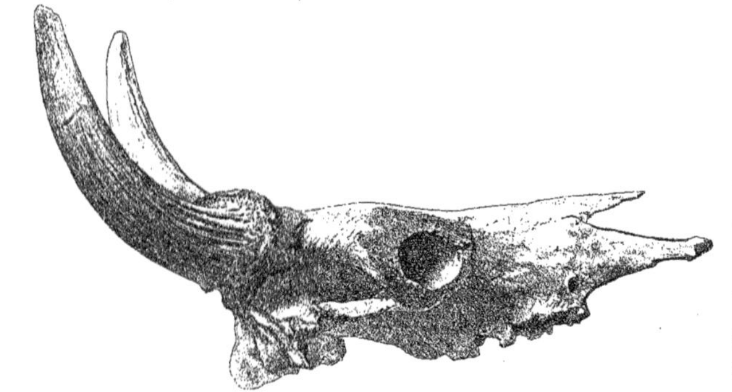

Fig. 34. — Crane de *Bos africanus* de Sakkara.

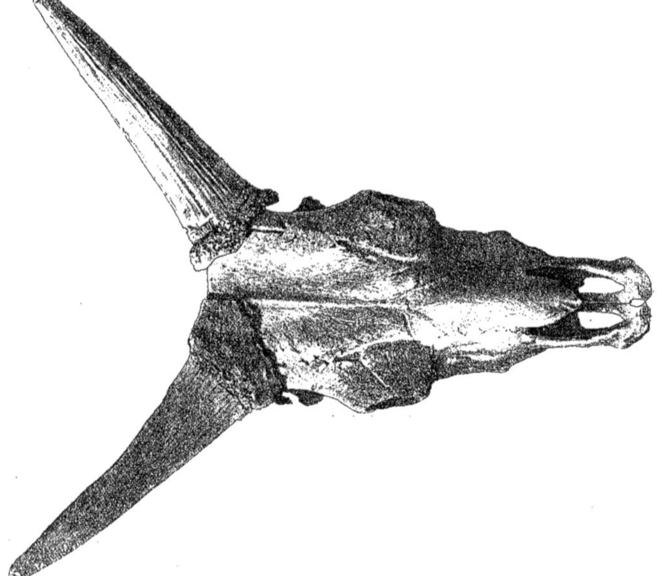

Fig. 33. — Crane de *Bos africanus* de Sakkara.

Il provient très probablement, non du grand Serapeum, mais d'un des nombreux puits remplis d'ossements de bœufs, creusés dans le sol de Sakkara ou d'Abousir.

Les cornes montrent la même direction que celles de l'animal représenté aux figures 31 et 32. Elles sont très fortes, entourées à leur base d'une épaisse zone de tubercules osseux. A la racine de la corne droite, se voit encore un fragment de peau qui paraît avoir été brune ou noire. Le chignon est tout à fait horizontal, sans élévation médiane. Une crête longitudinale prononcée s'étend entre le chignon et les os du nez. Ceux-ci sont entièrement et solidement soudés jusqu'à leurs extrémités inférieures, ce qui indique que nous avons affaire à un animal adulte ou âgé. Les orbites sont entourées de productions osseuses très développées qui transforment ces orifices en véritables tubes coniques.

La longueur de la tête, prise du chignon à l'extrémité antérieure des prémaxillaires, est de 55 centimètres. La largeur maxima prise aux orbites est de 26 centimètres.

Longueur, du chignon à la ligne sus-orbitaire	240mm
Longueur, de la ligne sus-orbitaire aux prémaxillaires	308
Rapport 0 70	

La région postérieure du crâne présente aussi de nombreuses végétations osseuses qui indiquent un âge avancé et une alimentation surabondante. Il est probable que les crânes des nos 5 et 6 proviennent de bœufs Apis élevés dans des écuries annexées aux temples et très bien nourris, conditions favorables à la production des exostoses qui caractérisent ces deux pièces.

Le Muséum de Lyon possède encore neuf crânes plus ou moins complets de jeunes individus, provenant des mêmes localités et présentant des caractères identiques à ceux des individus décrits précédemment.

Lorsqu'on les compare aux crânes des zébus, on peut constater que, comme le *Bos africanus*, le zébu de Madagascar a le chignon très horizontal.

Le zébu de Ceylan, au contraire, a une saillie au milieu du chignon. Il présente un front fortement bombé, tandis que le *Bos africanus* a le front absolument plat ou même légèrement concave. Chez le zébu de Ceylan, le chignon surplombe fortement l'occipital, plus ou moins suivant l'âge ou le sexe. Chez le *Bos africanus* très jeune, le chignon forme avec l'occipital un angle presque droit.

Dans les fouilles exécutées en 1855, au Serapeum de Sakkara, Mariette paraît avoir trouvé deux squelettes de vrais Apis dans des chambres funéraires inviolées[1]. On ne sait malheureusement ce que ces restes précieux sont devenus. Dans le musée égyptien du Louvre, on trouve seulement une tête d'un jeune Apis dont M. Bénédite a bien voulu m'envoyer la photographie. En 1902, j'ai pu examiner cette tête (fig. 35) grâce à la bienveillance de MM. Pierret et Bénédite, mais je n'ai pas été autorisé à la débarrasser de ses bandelettes.

J'ai pu cependant m'assurer que les caractères de cette tête sont les mêmes que ceux que présentent les autres individus décrits plus haut. Les deux petites cornes n'ont que quel-

[1] Mariette, *Atheneum français*, juin 1855, p. 54.

ques centimètres de hauteur et indiquent un animal de 9 à 12 mois. Le chignon, parfaitement rectiligne, sous les bandelettes, a une longueur de 12 centimètres. De la base des cornes à l'extrémité du museau, la longueur est de 23 centimètres. Les yeux sont figurés par des bandes d'étoffes cousues circulairement, et, sur le front, est solidement fixé un triangle isocèle d'étoffe blanche qui montre sûrement qu'on a ici la tête d'un Apis sacré mort jeune, à l'état de veau. C'est la seule pièce absolument authentique que nous ayons pu examiner. La peau et le poil de l'animal ne sont pas conservés. La tête paraît avoir été enveloppée de bandelettes lorsqu'elle était déjà dépouillée de ses chairs.

Fig. 35. — Tête de la momie du jeune Apis du musée du Louvre

L'étude, cependant incomplète, de cette pièce nous permet d'affirmer que cet Apis appartenait à la race du *Bos africanus*.

D'après les sculptures trouvées par Mariette au Serapeum de Sakkara[1], les Apis étaient des animaux sveltes, hauts sur jambes, pourvus d'une bosse très petite, et en tout semblables à ceux que nous avons étudiés sous le nom de *Bos africanus*, qui, quoiqu'ils ne puissent pas présenter de bosses sur le squelette, ont cependant toujours un garrot fortement prononcé et incurvé.

Si l'on en croit Plutarque, Apis ne pouvait vivre au delà d'un certain nombre d'années dont l'historien grec fixe le chiffre à 25; une mort violente tranchait ses jours quand il avait atteint la limite qu'il lui était défendu de franchir[2]. Cette affirmation de Plutarque paraît ne pas être tout à fait exacte. Mariette croit que les Apis vivaient ce qu'ils pouvaient, de 20 à 28 ans. Le plus glorieux d'entre eux, disait notre savant compatriote, doit être sans doute celui qui, Osiris complet, prolonge sa vie jusqu'à 28 ans, après lesquels, à l'exemple de la victime des embûches de Typhon, il termine son existence dans les eaux du Nil.

Ce seraient ces Apis, très vieux pour des bœufs, qui, bien nourris, bien soignés dans des écuries, privés de tout travail et de tout exercice, nous présentent les crânes volumineux représentés aux figures 31 et 35, nous montrant ces végétations osseuses extraordinaires, développées autour des orbites, sur les apophyses post-craniennes, ainsi que la soudure si remarquable des os du nez.

Les Apis étaient enterrés, soit dans le grand Serapeum souterrain de Sakkara, soit dans des tombes profondes et isolées, creusées dans le plateau voisin de cette nécropole. Souvent aussi,

[1] Mariette, *Atheneum français*, juin 1855, p. 54.
[2] Mariette, *Atheneum français*, octobre 1855, p. 85 et suivantes

on ensevelissait leurs dépouilles dans des galeries creusées dans la roche calcaire qui forme le sous-sol d'Abousir au sud de Sakkara.

D'après M. Maspero, les bœufs de Sakkara ne sont pas tous des Apis, du moins ceux qui n'ont pas été trouvés dans le Serapeum ou dans des tombes spéciales. Ils doivent avoir été des animaux secondaires[1], peut-être les frères et les enfants de l'Apis réel. Il semble aussi que, dans certains cas, soit de mort subite ou de mort par accident, ou lorsque les animaux portaient certaines marques, on les considérait comme sacrés, sans pourtant les introniser comme Apis.

L'Apis étant unique de sa nature, il est probable qu'après l'avoir gardé dans les temples ou dans les dépendances des temples pendant sa vie, on l'enterrait dans le cimetière spécial de Sakkara après sa mort. Toutes les momies des Apis réels ont été détruites par les chrétiens ou par les gens qui ont pillé le grand Serapeum. Mariette n'avait trouvé que les restes authentiques d'un seul Apis qui ne sont pas à Gizé : peut-être sont-ils au Louvre[2]?

L'Apis authentique dont parle M. Maspero est très certainement la tête du veau emmaillotée de bandelettes, portant le triangle caractéristique sur le front et placé actuellement dans la galerie égyptienne des Musées du Louvre.

BŒUFS D'ABOUSIR

En juin et juillet 1902, M. Maspero a eu l'obligeance de faire fouiller à nouveau, aux frais du Muséum de Lyon, certains puits de la nécropole d'Abousir qu'on savait, d'après la description de Cailliaud, devoir contenir des momies de bœufs. Les travaux ont été difficiles et coûteux à cause de l'envahissement des sables coulant comme de l'eau, et du danger, provenant des éboulements toujours possibles des parois de la plupart des galeries actuellement en mauvais état.

Ces puits, très profonds, sont aujourd'hui absolument ensablés. Je n'ai pu malheureusement assister à leur déblaiement, aussi suis-je forcé, pour en donner une idée exacte, de relater ici l'exploration qui en a été faite en 1826, par notre savant compatriote Cailliaud[3] : « Nous nous rendîmes aux hypogées qui se trouvent à un petit quart de lieue d'Abousir. Ce sont des puits creusés perpendiculairement dans la roche, de 6 à 10 mètres de profondeur, sur 1 mètre en carré. De ces puits, on communique par des ouvertures à une multitude de chambres où se trouvent beaucoup d'animaux embaumés et d'autres momies. Celui que nous visitons avait 30 pieds de profondeur : nous y descendîmes en posant les pieds dans des trous pratiqués sur les deux faces opposées. Au fond, je fus obligé de me coucher à plat ventre sur le sable pour m'introduire dans le premier passage où se trouve une salle carrée de 10 pieds ; elle commu-

[1] *Revue archéologique*, Paris, 1840, 3e année, p. 116. *Lettre du Caire, 6 mars 1840.* — « On a trouvé dernièrement à Sakkara un puits contenant un grand nombre de bœufs momifiés. Ils étaient embaumés de manière à représenter un bœuf couché comme un sphinx, mais les oreilles étaient figurées en bois et les yeux étaient remplacés par un rond émaillé sur pierre. La plupart de ces momies ont été brisées par les Arabes. A notre arrivée sur les lieux, il ne restait plus qu'un amas de bitume, d'os emmaillotés et de bandelettes déchirées.

« *P. S.* — Le Dr Abbott vient de faire l'acquisition d'une momie de bœuf dont la poitrine est couverte de découpures en or représentant différentes images de divinités. Sur chacune des épaules de l'animal est attaché un disque doré, dans le genre des hypocéphales. »

[2] Maspero, *in litt.*, 18 décembre 1901.

[3] Cailliaud, *Voyage à Meroë et au fleuve Blanc*, 1826, vol. I, p. 13.

nique aux divers chemins, à droite et à gauche desquels sont des chambres remplies de momies de bœufs. Je fis ouvrir plusieurs de celles-ci, où je ne trouvai que des os placés sans ordre. Le médiocre volume de ces momies me fit connaître que les anciens avaient d'abord enlevé la plus grande partie des chairs, et qu'ils avaient seulement embaumé les ossements des animaux sacrés. Ces os ont été enveloppés avec précautions ; ceux des cuisses et des jambes sont repliés et ne forment qu'une masse avec ceux du corps. La tête, enveloppée avec plus de soins, conserve sa forme naturelle. Les yeux sont indiqués en couleur sur la toile ; sur le haut de la tête, est la tache qui caractérise le dieu Apis. Les cuisses sont entourées de bandelettes ; des branches de dattier sont placées quelquefois en dedans des momies pour maintenir les os. On y trouve une poussière jaunâtre qui devient fétide quand elle est humectée. Elle semble être le résidu des chairs conservées, joint au natron ou à d'autres substances salines. Après les avoir enveloppées d'une grande quantité de toiles, on les entourait avec des cordes de branches de palmiers et de chanvre. Ces momies étaient entassées les unes sur les autres : pour mieux les assujettir, on avait placé entre elles divers morceaux de planches et de madriers. Je vis ainsi huit chambres remplies de ces animaux embaumés. »

« A Thèbes, dit plus loin Cailliaud, parmi les animaux embaumés, je trouvai des momies de bœufs, de chats, de chiens, de serpents, d'ibis, de poissons, de singes, de crocodiles, de souris et de crapauds. »

BOS AFRICANUS, Brehm. N° 7.

Une magnifique momie d'un bœuf accroupi a été le premier résultat de cette fouille. L'animal paraît long de 2m50, large de 1 mètre au moins. Il semble avoir les jambes antérieures et postérieures reployées sous lui, et porte la tête fièrement dressée[1]. Le corps de l'animal est enveloppé de grands morceaux en toile, assez fine, soutenue par des cordelettes de palmier et par des lisières larges de 4 centimètres, tissées d'une façon très remarquable et ayant encore conservé une grande ténacité. La toile et les lisières sont imbibées d'une substance brunâtre qui n'est autre chose qu'une dissolution saturée, mais desséchée, de natron.

Mais quels n'ont pas été notre surprise et notre profond désappointement, en démolissant cette momie, de voir qu'elle était entièrement factice, construite très habilement d'un grand nombre d'ossements dépareillés de bœufs et de veaux, ficelés les uns aux autres par des cordelettes, des chiffons, des lisières solides enduites de natron et de bitume. En avant de cette fausse momie, une tête de bœuf adulte, placée sur un cou formé de chiffons fortement enroulés et rattachée au restant du corps, figurait très bien la partie antérieure de l'animal accroupi. La tête de bœuf était elle-même entourée de bandelettes en toile, de lisières remontant jusqu'à l'extrémité supérieure des cornes, dont les axes osseux étaient dépourvus de leur étui corné. Aucun dessin, aucune inscription ne permet de dater cette momie.

J'ai pu constater, par l'examen des ossements et des mâchoires, dont plusieurs, absolument édentées et atrophiées, avaient dû appartenir à des animaux très vieux, que les restes osseux de sept individus au moins entraient dans la construction de cette préparation.

Cette disposition confirme entièrement les faits rapportés par Hérodote et que j'ai rappelés

[1] Ces momies figurent avec la plus grande exactitude un bœuf au repos, couché dans une prairie, les genoux en avant, les jambes repliées sous le thorax et la tête haute.

plus haut. Les cadavres des vaches étaient tout simplement jetés dans le Nil, tandis que ceux des taureaux étaient enterrés peu profondément, de façon à laisser hors de terre les extrémités des cornes. Lorsque les chairs avaient disparu par suite de la putréfaction, les ossements retirés de la fosse étaient emballés soigneusement et transportés dans des nécropoles spéciales établies pour les bœufs. Et c'est là, dans ces galeries souterraines, dans les chambres funéraires annexes, que les ossements de ces animaux, forcément incomplets et mélangés les uns aux autres, étaient emmaillotés de façon à simuler l'image d'un bœuf accroupi.

Quelles étaient les idées, les croyances religieuses qui pouvaient pousser les Égyptiens à cette singulière manière de faire? Rien dans les monuments ou dans les papyrus ne peut nous donner la clef de cette bizarre coutume.

Les quatre crânes, plus ou moins incomplets, qui se trouvaient dans l'intérieur ou à l'extrémité de cette pseudo-momie, présentent tous les caractères que nous avons signalés plus haut sur les magnifiques bœufs trouvés intacts à Sakkara. C'est toujours la même espèce, le *Bos africanus* à cornes semi-lunaires.

L'autopsie de cette pièce intéressante montre donc que la pratique signalée par Hérodote devait se faire sur une large échelle, et qu'à Abousir aussi bien qu'à Sakkara on momifiait avec soin les restes des bœufs décédés dans une grande partie de la vallée du Nil.

BOS AFRICANUS, Brehm. N° 8.

(Fig. 36, 37, 38.)

Pendant les mêmes fouilles pratiquées à Abousir, en juillet 1902, les ouvriers de M. Maspero amenaient au jour une autre superbe momie de *Bos africanus*, longue de $2^{m}50$, large de 1 mètre à peu près.

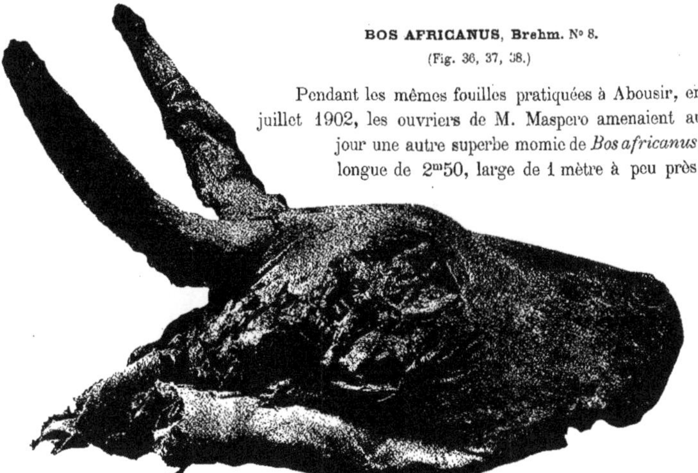

Fig. 36. — TÊTE D'UN *Bos africanus* MOMIFIÉ, D'ABOUSIR

Elle représente, comme celle dont je viens de parler plus haut, la forme d'un énorme bœuf accroupi, les jambes repliées sous lui, et portant fièrement dressée une tête entourée de linges moulés sur les os du crâne et de la face, solidement collés entre eux par une substance qui devait être gommeuse et saline.

Comme la première fois, nous espérions avoir affaire ici à une véritable momie renfermant les restes d'un seul animal. Mais grand est notre désappointement lorsque nous démolissons la pièce. Nous constatons alors que, comme la précédente elle est formée par les ossements, tous incomplets, de cinq individus, dont un doit être très vieux, tandis que le cinquième est un

Fig. 37. — Tête d'un *Bos africanus* momifié, d'Abousir

veau de deux ans à peu près. Au milieu de ces ossements, se trouvaient un énorme bassin et quelques pièces de la colonne vertébrale ayant dû appartenir à un vieil individu, car ces os présentent tous des végétations nombreuses. La symphyse pubienne de ce bassin, très épaisse, indique qu'il provient d'un mâle ayant atteint une taille colossale. Les débris de ce gigantesque taureau sont tous teintés en noir intense, et plusieurs d'entre eux présentent des traces évidentes d'une calcination prolongée. Ce bassin monstrueux porte encore à l'intérieur de grosses masses de bitume qui doivent avoir été coulées à chaud.

La tête est très bien modelée par de l'étoupe et des linges (fig. 37) collés par une substance gommeuse et saline. Les naseaux et les lèvres sont bien indiqués. Les orbites sont formés par des couronnes de chiffons solidement entourés d'une ficelle et recouvertes d'une ellipse de toile collée. Sous les bandelettes et les étoupes, nous trouvons la tête osseuse d'un bœuf dont la mâchoire inférieure est solidement rattachée au crâne par des cordelettes de feuilles de palmier. Les

Fig. 38. — Tête d'un *Bos africanus* momifié, d'Abousir.

cornes sont aussi entourées de bandelettes, mais les étuis cornés manquent. L'examen de la tête montre clairement qu'elle appartient comme celles de Sakkara et d'Abousir à la race du *Bos africanus* typique (fig. 38).

Au milieu des débris de linge qui servent à recouvrir l'animal, on rencontre les restes d'une grande aile d'épervier, peinte sur toile stuquée, et présentant encore de très belles couleurs. Un autre morceau d'étoffe porte des dessins bleuâtres indéterminés ainsi que des applications d'or ayant conservé un superbe brillant métallique.

Les dimensions de cette belle tête sont les suivantes :

Longueur, du chignon à l'extrémité antérieure des prémaxillaires		500mm
Largeur, à la ligne sus-orbitaire		230
Rapport	46	
Longueur, du chignon à la ligne transverse sus-orbitaire		200mm
De la ligne transverse sus-orbitaire à l'extrémité antérieure des prémaxillaires		300
Rapport	66	

A propos de ces mesures, je me permets de faire remarquer combien elles ont peu d'importance. Chez les vieux individus, en effet, les exostoses, les végétations nombreuses qui se forment sur le pourtour des orbites augmentent considérablement la largeur de la tête proportionnellement à sa longueur. Chez les jeunes sujets, au contraire, les dimensions transverses sont, relativement à la longueur de la tête, toujours et forcément moindres.

A la fin du mois d'août 1902, nous avons reçu d'Abousir de nouvelles momies du *Bos africanus* présentant toutes le même intérêt :

BOS AFRICANUS d'Abousir. N° 9.

Momie énorme, longue de 2 mètres, large de 75 centimètres environ, représentant un bœuf accroupi, portant la tête haute. Cette pièce, renfermant des ossements complets d'un seul individu adulte, est soutenue et modelée par un grand nombre de rachis de feuilles de dattier, par des tiges de papyrus et par des bandelettes très longues, élégamment enchevêtrées en losanges. Les os des membres, ainsi que ceux de la tête, sont bien nettoyés et barbouillés de bitume évidemment appliqué chaud sur les régions qui ont d'abord été privées de la matière musculaire et aponévrotique.

Les dimensions de la tête sont les suivantes :

Longueur, du chignon à l'extrémité antérieure des prémaxillaires		475mm
Largeur à la ligne sus-orbitaire		200
Rapport	42	
Longueur, du chignon à la ligne sus-orbitaire		185mm
Longueur, de la ligne sus-orbitaire à l'extrémité antérieure des prémaxillaires		290
Rapport	63	

Les axes osseux des cornes sont brisés à mi-hauteur, mais indiquent une encornure semblable à celle des autres sujets de la race du *Bos africanus* que nous avons étudiés plus haut. Le sacrum est formé de 5 vertèbres. Le bassin est élargi au détroit inférieur, mais l'épaisseur du pubis indique que l'on a bien affaire aux restes d'un individu mâle.

BOS AFRICANUS, Brehm. N° 10.

La momie longue de 3 mètres, large de 50 centimètres, représente comme les autres un bœuf accroupi, la tête haute. Les ossements appartiennent à un seul individu et sont plongés dans une matière pulvérulente très noire formée par des débris de matières organiques et par des bandelettes très nombreuses trempées évidemment dans des solutions plus ou moins concentrées de natron. Les débris de l'animal étaient soutenus par des rachis de feuilles de palmier ainsi que par des tiges de papyrus d'un diamètre considérable.

Les os des membres et les côtes sont presque tous brisés.

Les dimensions de la tête, qui est heureusement restée intacte, sont les suivantes :

Longueur de la tête		500mm
Largeur de la tête		205
Rapport	41	
Longueur, du chignon à la ligne transverse		195mm
Longueur, de la ligne sus-orbitaire transverse à l'extrémité antérieure des prémaxillaires		305
Rapport	63	

Les cornes sont malheureusement brisées. Le sacrum manque. Le bassin présente un pubis très épais et qui indique que la momie renferme le squelette d'un mâle.

BOS AFRICANUS, Brehm. N° 11.

Une autre momie, figurant toujours un bœuf accroupi, la tête haute, renferme un crâne appartenant sûrement à un autre individu que les os qui simulent le corps de l'animal.

La tête est celle d'un jeune individu dont les cornes sont encore très petites. Tous les ossements de cette momie sont teints en noir par des applications de bitume et par des badigeonnages de natron. Ils sont plongés dans une poussière noire, fine et odorante, formée probablement par la décomposition lente des matières organiques et des bandelettes nombreuses qui entouraient les restes de l'animal.

Les os du squelette appartenant à un individu adulte et mâle sont brisés. Le détroit inférieur du bassin est angulaire. Le pubis, très épais, indique un taureau. Le sacrum présente cinq vertèbres. Les os du bassin sont déformés par des végétations et des exostoses nombreuses.

BOS AFRICANUS, Brehm. N° 12.

La momie, comme les précédentes, représente un bœuf accroupi portant la tête dressée.

Sous les linges et les os se trouve une masse énorme de poussière noire formée par la décomposition des chairs et des toiles de momification qui étaient cependant trempées dans des solutions de natron, les os, sont, en partie seulement, barbouillés de bitume. La tête de la momie appartient à un très jeune individu. Elle est brisée, incomplète et entourée de bandelettes élégamment entre-croisées en losanges.

Dans l'intérieur de cette momie, on trouve une seconde tête en très mauvais état, placée au milieu d'ossements de bœufs également brisés et enduits de bitume.

BŒUFS D'HÉLIOPOLIS

BŒUF MNEVIS. N° 13.

Le 20 juin 1902, M. Maspero fut assez heureux pour découvrir à Arab-abou-Tawil, localité située au nord d'Héliopolis, la tombe inviolée d'un bœuf Mnevis de l'époque de Ramsès III, renfermant encore un certain nombre d'ossements en très mauvais état et brisés. Il eût été intéressant de pouvoir déterminer à quelle espèce ce bœuf Mnevis pouvait bien appartenir. Malheureusement, ce tombeau devait être très humide, de telle sorte que les os avaient en grande partie disparu. La tête n'existait plus qu'à l'état de petits fragments. La race de l'animal ne pouvait donc être déterminée. Cependant, d'après l'examen très minutieux de quelques os longs bien conservés, nous croyons pouvoir affirmer que ce Mnevis était tout simplement un bœuf appartenant également à la race des Apis de Sakkara, mais possédant probablement une robe tachetée d'une façon spéciale exigée par les rites.

Dans les fragments qui nous ont été envoyés, nous avons pu reconnaître des os appartenant à trois individus différents : un très gros animal dont la taille devait être énorme, et deux autres de dimensions moyennes et beaucoup plus jeunes. Tous trois proviennent d'animaux bas sur jambes et de formes trapues.

On retrouve donc à Héliopolis, ce que nous avons constaté à Abousir, des momies de bœufs renfermant des restes non d'un seul animal, mais de plusieurs bœufs réunis dans les mêmes enveloppes ou le même sarcophage. Ce fait est des plus intéressants à constater et nous ne trouvons aucune raison plausible pour expliquer cette bizarre et singulière coutume.

Les débris de ces Mnevis étaient encore très humides lorsqu'ils nous sont parvenus ; on voyait qu'ils avaient dû séjourner pendant une longue suite de siècles dans de la terre mouillée.

Beaucoup de ces os portaient encore de nombreuses applications de minces feuilles d'or ayant conservé tout leur éclat. Ces lamelles métalliques ne laissent aucun doute sur la grande valeur de l'animal sur les os duquel on les avait appliquées ; mais alors on se demande pourquoi se trouvent aussi, dans la même tombe, les squelettes de deux autres individus plus jeunes ? Il serait peut-être permis de penser que ce sont les restes des fils du Mnevis âgé dont les ossements seuls ont été dorés.

En juin et juillet 1902, M. Daninos pacha, l'archéologue très distingué du Caire, a fait une série de fouilles dans les environs d'Héliopolis, dans le désert situé à l'orient de cette localité, là où doit probablement se trouver l'ancienne nécropole de la ville du Soleil. M. Daninos a exploré un certain nombre de puits, profonds de 30 à 36 mètres, dans lesquels on n'a trouvé que quelques ossements brisés de bœufs, d'ibis et de mangouste. Les nécropoles humaines et celles des Mnevis d'Héliopolis restent donc à découvrir.

RACE ET ORIGINE DES BŒUFS DE L'ANCIENNE ÉGYPTE

Les bœufs dessinés sur les monuments de l'ancienne Egypte, temples ou tombeaux, montrent deux races bien différentes l'une de l'autre comme nous l'avons déjà dit. La première, la plus commune, est figurée par de grands animaux, toujours hauts sur jambes, à cornes très développées, dirigées suivant le plan du front, en demi-circonférence ou bien en forme de lyre, comme disent les égyptologues. La seconde race est représentée par des animaux également grands, mais pourvus sur les côtés de la tête de cornes très courtes, dirigées en dehors et en haut. Presque toujours ces animaux sont porteurs d'une bosse plus ou moins développée au niveau du garrot. Ces deux races ont été très bien dessinées dans une sculpture reproduite par Wilkinson[1] représentant, la première un attelage, et la seconde une écurie à bœufs dans une ferme de la haute Egypte probablement.

On peut constater que, sur certains bas-reliefs, les races à courtes cornes ou même sans cornes ne montrent que des veaux. Cependant, dans quelques cas, les Egyptiens ont figuré une forme sans cornes portant un chignon très élevé[2]. Tous les bœufs qui nous ont été envoyés par M. Maspero, et qui proviennent de différentes localités, spécialement fouillées en vue de ce travail, appartiennent tous sans exception à la race à grandes cornes disposées en croissant.

Le véritable bœuf à courtes cornes, et sans bosse au garrot, tel que nous le retrouvons aujourd'hui en Syrie, ne paraît pas avoir existé en Égypte pendant l'antiquité ou, du moins, nous n'en avons retrouvé aucune trace dans les nombreux débris que nous avons pu examiner en Egypte, ou dans les envois du Service des Antiquités. On ne saurait donc affirmer, d'après les dessins et les bas-reliefs, que le bœuf égyptien à courtes cornes, d'une taille toujours considérable, fort et trapu, soit le *Bos brachyceros* de Rutimeyer.

Ce fait semble donc en désaccord avec les suppositions de l'éminent monographe des bœufs, M. le Dr Dürst, qui pense que durant leurs nombreuses expéditions en Syrie, notamment pendant celles dirigées contre les Khetas, les Egyptiens ont dû ramener dans leur pays des bœufs à courtes cornes provenant eux-mêmes des Indes. Cela paraît peu probable, pour deux raisons : la première et la plus décisive est que nous n'avons trouvé nulle part des restes du *Bos brachyceros*, ni dans les débris provenant de l'ancienne Egypte, ni dans ceux de l'époque ptolémaïque. La seconde raison est qu'il n'est guère admissible que les anciens Egyptiens, excellents agriculteurs et éleveurs, largement pourvus d'une très belle race à longues cornes, probablement productive en lait, aient ramené dans leur pays le misérable type à courtes cornes qui meure de faim dans la plus grande partie de la Syrie ou de la Mésopotamie, et qui atteint à peine les dimensions d'un gros veau de nos régions.

L'importation du *Bos brachyceros* de Syrie n'a dû se faire que bien plus tard, à la suite de certaines épidémies qui, dans l'étroite vallée du Nil, ont pu faire disparaître rapidement et entièrement la belle espèce à longues cornes qui faisait la gloire des éleveurs Egyptiens.

C'est évidemment cette infériorité notoire, à tous les points de vue, qui a dû empêcher les

[1] Wilkinson, *the ancient Egyptians*, vol. I, p. 249 et 370.

[2] Adolph Erman, *Egypten*, p. 581.

prêtres de consacrer ces véritables avortons aux divinités sous les noms de *Mnévis* et d'*Apis*.

Le *Bos brachyceros* de Syrie, comme celui qui habite actuellement la Haute-Egypte, est toujours un animal de petite taille, ne donnant qu'une quantité très minime de lait et dont la viande filandreuse est d'une qualité tout à fait inférieure.

Il est cependant intéressant à noter que, de nos jours, depuis Wady-Halfa jusqu'au Caire, c'est le *Bos brachyceros* de petite taille, à cornes très peu développées, de couleur ordinairement rouge foncé, rarement noir, jaune ou blanc, qui domine dans toutes les campagnes. Dans la Haute-Egypte, je n'ai pu voir un seul animal à grandes cornes, tel qu'il est si souvent représenté dans les monuments antiques et semblable à ceux d'Abousir ou de Sakkara. Partout, on ne rencontre que le *Bos brachyceros*, presque semblable à celui qui se trouve communément dans les vallées du Liban, dans la plaine de la Bekâa, ainsi que dans une partie de la Mésopotamie. Seulement, en Syrie, le pelage du brachyceros est toujours entièrement noir, ou noir avec des taches blanches; à cause du manque de bons pâturages, il est aussi d'une taille très inférieure à celui de l'Egypte.

D'après tous les squelettes envoyés d'Egypte, nous pouvons donc affirmer que le *Bos brachyceros* n'était point élevé par les anciens Egyptiens ou, dans tous les cas, que ces éleveurs distingués ne l'ont point trouvé digne d'être consacré à la divinité et d'être momifié. Ainsi que je l'ai déjà dit, le bœuf à courtes cornes, représenté sur certaines sculptures, appartient à une autre race que celle du *Bos brachyceros*, puisqu'il porte toujours une bosse très marquée dans la région du garrot. De cette dernière race, nous n'avons trouvé aucun débris dans les galeries à momies ou ailleurs.

Dans le delta Egyptien, depuis le Caire jusqu'à Alexandrie, j'ai rencontré quelquefois des animaux qui m'ont rappelé de loin les bœufs à cornes en lyre des anciennes sculptures. Seulement, il est certain que ces animaux ont été importés récemment, car, dans toutes les exploitations agricoles de la Basse-Egypte, aujourd'hui admirablement dirigée par des agronomes de premier ordre, les races inférieures du *Bos brachyceros* ont été partout remplacées par des animaux de grande taille dont le rendement est infiniment supérieur.

Pour expliquer ce changement de faune, je me suis souvent demandé, comme je l'ai déjà dit plus haut, si, lorsque l'ancienne Egypte était peuplée de bœufs à longues cornes, une de ces épizooties meurtrières, telles qu'on en voit souvent dans l'Afrique du Sud, n'avait pas fait disparaître tout ce bétail de choix qui aurait été remplacé plus tard, aux époques de barbarie, lorsque les communications avec l'Afrique centrale étaient difficiles ou impossibles, par les races inférieures importées de Syrie. Il est certain, quoique nous soyons ici sur le terrain des hypothèses que, dans une vallée aussi étroite que celle qui forme l'Egypte, une épidémie pourrait en quelques mois faire disparaître toutes les bêtes à cornes.

Dans son très intéressant et savant travail sur les bœufs des Babyloniens, Assyriens et Egyptiens, M. le Dr Ulrich Dürst[1] croit que le bétail égyptien à longues cornes, le *Bos macroceros*, comme il l'appelle, a été importé à une époque très reculée par une race humaine primitive qui, venant du nord de l'Inde, aurait traversé la mer Rouge pour se répandre sur toute l'Afrique orientale. Plus tard, une partie de cette population, faisant une migration nou-

[1] Dürst, *die Rinder von Babylonien, Assyrien und Egyptien*, Berlin, 1899.

velle vers le Nord, serait venue se précipiter sur la population primitive de l'Egypte qui ne possédait pas encore de bœufs à longues cornes.

J'avoue que, jusqu'à nouvel ordre, je ne ne puis être partisan de cette hypothèse qui ne repose sur aucune donnée très positive. Sans aucunes preuves bien sérieuses aussi, certains naturalistes pensent que les races humaines, les races animales domestiques, les plantes alimentaires sont venues de l'Inde pour se répandre dans le monde entier. C'est une hypothèse qui n'est basée que sur des traditions d'une pauvre valeur scientifique, et qui est en contradiction formelle avec la doctrine de l'évolution, montrant que la nature peut faire naître dans deux points du globe très éloignés l'un de l'autre, par des forces mystérieuses et inconnues, les mêmes types, éléphants, chevaux, bœufs, etc. Il n'y pas eu besoin d'une migration pour expliquer la présence de l'éléphant d'Asie aux Indes et de l'éléphant à larges oreilles dans le continent africain.

Jusqu'à aujourd'hui, rien ne nous prouve que les proto-Egyptiens ou les Egyptiens proprement dits soient venus d'Asie. Tous les crânes attribués aux proto-Egyptiens, trouvés dans les anciennes nécropoles de Negadah, de Beit-Allam, de Kawamil, de Silsileh que j'ai pu examiner avec un très grand soin, sont tout simplement, quoi qu'on en ait pu dire, et malgré les mensurations, des crânes de vrais Egyptiens. Il ne peut y avoir l'ombre d'un doute à cet égard; les cadavres de ces anciennes races, dont la haute antiquité n'est pas contestable, sont enterrés sans être embaumés, et dans une attitude spéciale. Il ne découle cependant point forcément de ce fait que ces restes humains appartiennent à une race différente de celle des vrais Egyptiens.

Il en est de même pour l'assertion si problématique que ces proto-Egyptiens appartenaient aux peuples blonds. Ces prétendus cheveux blonds ne sont autre chose que des cheveux décolorés par le temps, et ces proto-Egyptiens sont tous de vrais Egyptiens ressemblant à ceux de l'époque de Rhamsès ainsi qu'à beaucoup de ceux qui vivent à l'époque actuelle.

Cette invasion d'une population asiatique amenant des bœufs à longues cornes est donc une supposition absolument gratuite, que rien jusqu'ici ne semble sérieusement justifier.

La vallée du Nil, ainsi que le centre de l'Afrique, jusqu'au lac de Tanganika, a joui, très probablement, depuis l'époque Crétacée, des mêmes conditions climatériques qu'elle présente aujourd'hui et qu'on ne rencontre nulle part ailleurs à la surface du globe. Dans un tel milieu, d'une stabilité si constante, races humaines et races animales ont dû acquérir des caractères tout à fait spéciaux, en harmonie avec les influences climatériques si remarquables.

Selon moi, les prédécesseurs des Egyptiens de Ramsès, comme ceux d'aujourd'hui, se sont formés de toutes pièces dans la vallée du Nil, de même que leurs bœufs, leurs moutons et leurs ânes. Aux époques reculées où se sont déposés le diluvium ainsi que les couches les plus superficielles de l'époque tertiaire, les forces à nous encore inconnues ont fait naître des Egyptiens dans la vallée du Nil, des Nègres dans une partie de l'Afrique centrale, des Berbères dans l'Afrique antérieure, des bœufs à longues cornes et des ânes, qui ont pu, à cette époque, se former sur place aussi facilement que dans les montagnes de l'Inde, les plaines de la Perse ou celles de la Mésopotamie.

Toute la paléontologie des équidés et des bovidés, ainsi que les découvertes récentes faites en Egypte sur les ancêtres des Proboscidiens africains, semblent prouver cette dernière hypothèse, qui est d'autant plus admissible que les dernières recherches philologiques paraissent établir une parenté des plus importantes entre l'ancienne race égyptienne et les Berbères, dont les Kabyles seraient les derniers représentants.

En d'autres termes, je ne crois pas qu'il se soit formé par transformisme ou de tout autre façon, en Asie seulement, contrée par trop privilégiée, un seul couple d'hommes, un seul couple de bœufs à longues cornes, couples dont seraient ensuite issues les innombrables races humaines ou bovines qui peuplent l'Europe et l'Afrique.

Les mêmes forces créatrices, dont nous ignorons entièrement l'essence, ont dû agir partout, à la surface terrestre, pour faire apparaître à peu près à la même époque, par un procédé que nous ne pouvons pas même soupçonner, les races humaines, les races bovines, les races équines, etc. La paléontologie comparée de l'Amérique et de l'Ancien Continent confirme absolument cette manière de voir.

Il me semble que les Egyptiens, dont les caractères si reconnaissables sont si distincts de ceux fournis par les races voisines, se sont formés dans la vallée du Nil, et avec eux ont apparu aussi les ancêtres de leurs bœufs à longues cornes ainsi que ceux de leurs baudets.

Mais je me hâte de le reconnaître ici, ces affirmations ne sont que le résultat de pures hypothèses que des découvertes futures peuvent réduire à néant.

Le seul fait certain que nous pouvons retenir ici, est que les anciens Egyptiens élevaient presque exclusivement des bœufs à longues cornes, et qu'aujourd'hui cette race a été remplacée, dans toute la Haute-Egypte, par celle du *Bos brachyceros* cependant très inférieure à la première au point de vue économique.

A quelle époque et comment cette substitution a-t-elle pu se faire? C'est ce que nous ignorons encore. Il est probable, toutefois, que ce sont les Arabes qui, au moment de la conquête de l'Egypte, ont amené ces animaux très communs dans toute la région de Damas, à Alep, dans le Liban, l'Anti-Liban, la Bekaâ, la vallée du Jourdain, etc.

Le Dr Dürst pense que des raisons anatomiques de premier ordre éloignent le *Bos primigenius* du bœuf à longues cornes de l'Egypte et de l'Afrique orientale. De là, une descendance impossible à admettre. C'est une raison importante, mais pas une preuve indiscutable si on admet le transformisme et la variabilité des espèces. Pour nous, cette constatation n'a pas grande valeur; car, nous le répétons encore une fois, le bœuf à longues cornes d'Egypte et d'Afrique centrale a pu se former sur place aussi bien dans ces régions que dans la presqu'île indienne; absolument comme en Europe, en Asie et en Amérique, l'Hipparion à trois doigts a été l'ancêtre des vrais équidés à un doigt, sans qu'il soit nécessaire pour cela d'admettre de lointaines migrations, et de croire que l'Hipparion d'Amérique soit venu se promener en Europe à travers les steppes de l'Atlantide, ou que celui d'Asie ait émigré en Amérique par les terres polaires. Il est bien plus logique d'admettre que la même cause qui a transformé tel type animal en Hipparion, a agi aussi bien en Amérique qu'en Europe, à la fois, sur des milliers d'individus. Le même fait a pu se produire pour les bœufs à longues cornes, aussi bien dans les Indes que dans l'Afrique orientale. La nature n'a pas dû éprouver plus de difficultés à agir dans une région que dans l'autre. La migration des bœufs à longues cornes, pas plus que celle de leurs maîtres, les Egyptiens, ne me paraît jusqu'à nouvel ordre chose démontrée.

Les bœufs à longues cornes des anciens Egyptiens sont tout simplement ceux qui habitent par milliards depuis Khartoum jusque dans la région des grands lacs, et peut-être plus loin encore, dans l'Afrique centrale [1]. C'est certainement celle qui est très bien représentée par

[1] A propos du *Bos africanus*, M. le Dr Walter Innes, excellent observateur et naturaliste très distingué,

Schweinfurth dans son ouvrage intitulé : *Au cœur de l'Afrique*[1]. Ce sont de grands bœufs, hauts sur jambes, portant une bosse plus ou moins prononcée au garrot, à cornes en forme de lyre ou en croissant. Chez les Dinkas, sur le Bahr-el-Gazal, les enclos à bestiaux s'appellent des *Mourahs*. Le professeur Schweinfurth dit qu'un Mourah ne contient jamais moins de deux mille bêtes; il en a vu qui en renfermaient jusqu'à dix mille.

Je ne puis résister au plaisir de transcrire ici une lettre que M. le professeur Schweinfurth m'adressait en 1902 :

« Le sujet que vous traitez, dit le célèbre et consciencieux voyageur, la question bovine, a été toujours l'enfant terrible de mes idées et des réflexions qui accompagnèrent mes pas à travers la vallée du Nil pendant près d'un demi-siècle.

« Nulle part en Egypte on ne trouve de nos jours des bœufs à longues cornes. Il va sans dire que les bœufs et vaches de la Basse-Egypte offrent beaucoup de rapports avec les races européennes à cause du renouvellement de la race bovine après les nombreuses épizooties qui dépeuplèrent le pays. Ainsi, en 1864, la moitié ou les deux tiers de la race bovine furent détruits en Egypte, et remplacés, dans le Nord par des animaux provenant de la Syrie, dans le Sud par ceux amenés par Kassala et le Soudan. »

Ces bœufs à bosse, du Bahr-el-Gazal sont en tout semblables à ceux provenant de Sakkara et dont j'ai figuré les squelettes. Ils se rencontrent encore aujourd'hui en nombre immense dans les régions du haut Nil. Ainsi, on lit dans Brehm[2]: « Quand un abreuvoir s'est un peu vidé du menu bétail, les bœufs s'y précipitent, et l'on ne voit plus alors qu'une masse brune, agitée comme les flots de la mer et de laquelle s'élève toute une forêt de cornes; les hommes disparaissent au milieu. Il est impossible d'estimer, même par à peu près, le nombre de ces animaux. Je ne crois cependant pas me rendre coupable d'exagération, en l'évaluant à 60.000 têtes par jour, parmi lesquelles les bœufs figurent pour 40.000 environ ».

C'est ce bœuf à longues cornes, à membres grêles, élevé sur jambes, portant une bosse au garrot, que Brehm appelle *Bos africanus*. Cette espèce, représentée par des milliards d'individus, dispersés dans d'immenses régions, est certainement celle qui, amenée en Egypte dans l'antiquité, a donné naissance à la race de Sakkara et d'Abousir.

Le *Bos sanga* qui peuple les vallées et les plateaux de l'Abyssinie ressemble, jusqu'à un certain point, au *Bos africanus*, mais en diffère entièrement par ses jambes courtes, trapues et surtout par l'énorme développement de la base des cornes, ce qui donne à ces animaux un aspect tout à fait particulier et qui ne permet point de les confondre avec les autres formes africaines.

Je donne ici les mensurations d'un très bel exemplaire de *Bos Sanga*, quoique jeune encore, qui se trouve dans les collections du Muséum de Lyon :

Du chignon à la ligne transverse sus-orbitaire	186mm
De la ligne sus-orbitaire à l'extrémité des prémaxillaires	265
Rapport	6 70

m'écrit : « J'ai vu effectivement à Khartoum des bœufs à très longues cornes et je pense qu'ils provenaient du Cordofan. Sur le Nil Blanc, jusqu'à Faschoda, je n'ai remarqué que des taureaux et des vaches à cornes fort petites, mais je ne sais pas si les Schillouks châtrent leurs taureaux. Dans cette région, je n'ai pas remarqué de bœufs à longues cornes comme ceux que j'ai observés à Khartoum. » *(Caire, 16 avril 1902.)*

[1] Schweinfurth, *Au cœur de l'Afrique*, traduction française, vol. I, p. 104.

[2] Brehm, *la Vie des animaux*, trad. française, vol. II, p. 690.

Chez le Sanga, les vertèbres sacrées sont au nombre de quatre seulement, le sacrum est aussi très court d'avant en arrière comme chez les véritables zébus de l'Inde ou de Madagascar. Mais la courbure du sacrum est cependant moins prononcée que chez ces animaux.

Le bœuf Sanga paraît bien être une forme spéciale très modifiée par le climat de l'Abyssinie dont les hauts plateaux présentent des conditions de température, d'humidité et de pression atmosphérique qui ne ressemblent en rien à celles de la vallée du Nil Blanc du Bahr-el-Gazal ou de régions marécageuses de l'Afrique centrale.

Pour me résumer, il est je crois aujourd'hui tout à fait impossible de douter que le bœuf à longues cornes des nécropoles de Sakkara et d'Abousir ne soit le *Bos africanus* qui vit encore aujourd'hui en troupeaux immenses dans les plaines du Haut-Nil.

Il n'y a aucune raison de croire que ce *Bos africanus* ne soit pas originaire d'Afrique où il se rencontre par milliards. Des régions centrales africaines, il a dû descendre la vallée du Nil absolument comme le Crocodile, l'Hippopotame, les poissons du genre Chromis, comme les Papyrus qui se trouvent encore en Syrie, mais qui ne font pas partie, cependant, de la faune ou de la flore asiatique; ces plantes et ces animaux ont dû émigrer dans les régions du Nord en suivant tout simplement la vallée du grand fleuve. Je ne puis admettre que le *Bos africanus* n'ait pas également suivi le même chemin pour peupler les campagnes d'abord et ensuite les nécropoles de l'ancienne Egypte.

Je sais bien qu'un certain nombre d'égyptologues, et des plus éminents, ne croient pas que les Egyptiens aient le droit de se considérer comme des autochtones de la vallée du Nil, engendrés par le dieu Râ, sur le sol même qu'ils habitaient[1]; moi je pense que ces anciens Egyptiens avaient raison, et qu'ils se sont formés par évolution avec leurs bœufs, leurs ânes et toute la faune contemporaine qui les entourait dans cette partie du continent africain.

On pourrait répondre que la tradition recueillie dans la Bible attribue une toute autre origine à la population égyptienne[2]. Elle la fait venir de l'Asie, et dans le tableau ethnographique du chapitre X de la Genèse le nom de *Mizraim* qui personnifie cette population est donné au fils de Nam, frère de Kousch et de Kanaan, les ancêtres des Ethiopiens d'Asie, comme ceux d'Afrique et des Phéniciens.

« Anthropologiquement, dit Lenormant, les anciens habitants de l'Egypte, dont les fellahs actuels sont les descendants directs et incontestables, se rattachent au type blanc de l'humanité et à la sous-race Ethiopico-Berbère qui correspond à la descendance de Ham dans l'ethnographie biblique. »

Et plus loin, Lenormant ajoute : « Les Egyptiens sont donc un peuple asiatique de la race blanche qui, dans les temps préhistoriques vint s'établir sur les bords du Nil inférieur en passant par l'isthme de Suez. Ils trouvèrent sur le sol de la vallée des tribus clairsemées d'une population noire africaine, encore à l'état complètement sauvage, celle qui a laissé sur plusieurs points de l'Egypte des vestiges de son existence, avec les mœurs de l'âge de la pierre, au temps quaternaire et au début de la période géologique actuelle. Les arrivants de l'Asie refoulèrent devant eux les premiers occupants, mais le sang de ceux-ci se mêla dans une certaine proportion à celui des nouveau venus ».

[1] Lenormant, *Hist. ancienne de l'Orient*, 9e édition, t. II, p. 43.
[2] Bible, *Genèse*, chapitre X.

J'avoue que je ne comprends pas ces tribus asiatiques franchissant l'isthme de Suez avec leurs troupeaux de bœufs et de moutons ; de chèvres, oui, mais de bœufs jamais, à moins que ces tribus n'aient habitué leurs bœufs à manger du sable et des cailloux.

L'histoire d'une population primitive occupant l'Egypte avant les vrais Egyptiens est aussi une simple hypothèse. On a regardé comme preuve de l'existence de ces proto-Egyptiens, les milliards d'instruments de silex qui sont répandus partout sur les collines qui bordent la vallée du Nil, et qui sont évidemment de toutes les époques. Mais rien, absolument rien, ne nous dit que ces instruments de silex, dont beaucoup présentent des formes très primitives — Acheuléennes — n'aient pas servi tout simplement aux plus anciens des Egyptiens. Quelle raison y a-t-il de croire qu'ils aient été les armes de tribus sauvages, noires, négroïdes, répandues çà et là dans la vallée du Nil ? Dans tous les cas, ainsi que je l'ai déjà dit plus haut, on n'a trouvé aucun crâne, aucune tombe de ces populations préhistoriques. Celles qu'on a cru renfermer des débris d'hommes proto-Egyptiens renfermaient tout simplement des squelettes de vrais Egyptiens, appartenant certainement à une époque très ancienne. Tous leurs caractères anthropologiques tendent à le prouver.

Cette antique légende de la Genèse, qui fait partir *Mizraim* de l'Asie pour le faire arriver, avec ses troupeaux probablement, dans la vallée du Nil, n'a pas une grande valeur scientifique, car ainsi que le fait remarquer le très savant et illustre traducteur de la Bible, Reuss, l'éminent professeur à l'Université de Strasbourg, le catalogue ethnographique, tout en étant destiné à donner la liste complète de tous les peuples existants (les auteurs bibliques n'admettant pas qu'il y ait des hommes non issus de Noah), n'énumère pourtant qu'une partie de ce qu'on appelle, aujourd'hui la race blanche. Il n'y a pas là un seul nom qu'on serait obligé de rapporter à d'autres races, par exemple à la famille Mongole ou Nègre. La raison en est simple : l'horizon géographique des contemporains des auteurs bibliques, et par conséquent le leur propre, n'embrassait pas même encore tout le domaine de la race blanche au caucasique. A l'est, c'est à peine s'ils savent les noms des habitants des rives du Tigre ; au sud, l'Océan qui baigne les rives de l'Arabie et le cours du Nil, bien en deçà de ses sources, forment la limite du monde connu ; au nord et à l'ouest, il n'y a que des notions vagues sur ce qui est au delà de la Grèce, de l'Archipel, et du Taurus.

Et ce sont ces vieilles légendes, dont on a tant de peine à secouer l'influence sur nos idées, qui poussent sans cesse linguistes, anthropologistes et naturalistes à faire venir d'Asie en Afrique orientale, races humaines et races animales domestiques au lieu d'admettre qu'elles se sont développées sur place, tout comme dans les autres régions de notre planète.

ANTILOPES

BUBALIS BUSELAPHUS, Pallas.

(Fig. 39, 40.)

Nous avons reçu de Sakkara deux superbes squelettes, à peu près complets, de Bubales mâles provenant d'animaux sauvages ou bien élevés en demi-liberté, comme le Mouflon à manchettes, dans les enceintes sacrées annexées aux temples.

Le premier squelette (fig. 39) a une longueur de 97 centimètres depuis le bord antérieur de la première apophyse épineuse dorsale jusqu'à l'extrémité postérieure de l'ischion. La hauteur maxima, prise au niveau de la quatrième apophyse épineuse dorsale, est de 115 centimètres.

La tête est aussi allongée que celle de l'animal actuel ; du chignon à l'extrémité antérieure des prémaxillaires, elle a 44 centimètres de longueur, sur une largeur maxima de 135 millimètres.

Le second squelette, dont nous n'avons fait dessiner que le crâne (fig. 41), a une longueur de 98 centimètres, prise du bord antérieur de la première apophyse épineuse dorsale à l'extrémité postérieure de l'ischion. La hauteur maxima de l'animal, au niveau de la quatrième apophyse épineuse dorsale, est de 115 centimètres.

La longueur de la face, du chignon à l'extrémité antérieure des prémaxillaires, est de 42 centimètres, et la largeur maxima de 135 millimètres.

Un squelette de femelle, étudié comme terme de comparaison et provenant de la ménagerie du Muséum de Paris, présente une longueur faciale de 44 centimètres, sur une largeur maxima de 125 millimètres.

Le Muséum de Lyon possède un autre squelette complet d'une femelle ayant vécu au jardin zoologique du Parc de la Tête-d'Or. La longueur de l'animal, prise du bord antérieur de la première vertèbre dorsale à l'extrémité postérieure de l'ischion, est de 96 centimètres. La hauteur, au niveau de la quatrième apophyse épineuse dorsale, est de 113 centimètres. La longueur de la tête, du chignon à l'extrémité des prémaxillaires, est de 44 centimètres, tandis que la largeur maxima de la face est de 125 millimètres.

Les deux squelettes provenant de Sakkara appartenaient évidemment à des animaux mâles. La forme de leur bassin, la grande épaisseur de la symphyse pubienne ne peuvent laisser aucun doute à cet égard. Dans le genre *Bubalis*, comme chez les *Bœufs* ou les *Zébus*, la symphyse du pubis est toujours très épaisse chez les mâles, tandis qu'elle est mince chez les femelles. Le bassin du Bubale mâle présente, au niveau de la cavité cotyloïde de l'articulation coxo-

Fig. 39. — *Bubalis Buselaphus* de Sakkara.

fémorale, une crête supérieure, tranchante, très saillante et fortement convexe. Chez la femelle, au contraire, cette crête, bien moins développée, forme une ligne presque droite ou seulement légèrement ondulée.

Chez le Bubale femelle, l'os frontal est infiniment moins proéminent que chez le mâle. Une règle rigide, placée en avant de la face de la femelle, et s'appuyant sur la bosse frontale, porte

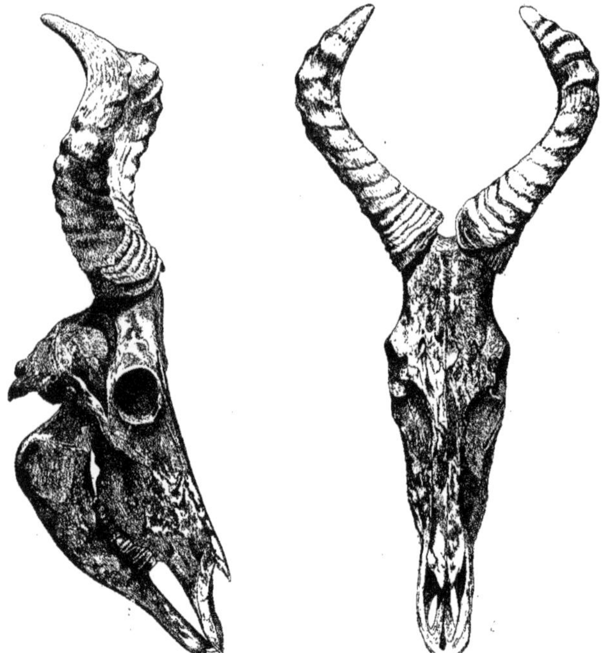

Fig. 40. — *Bubalis Buselaphus* de Sakkara.

en bas sur la convexité nasale formée par la réunion des frontaux et des os nasaux. Chez les Bubales mâles de Sakkara, au contraire, la même règle, appliquée sur la bosse frontale, vient s'appuyer seulement sur l'extrémité antérieure des os nasaux, laissant, au niveau des sutures fronto-nasales, une très longue concavité, d'une profondeur maxima de 2 1/2 à 3 centimètres. Cette concavité est due surtout à une forte proéminence des os frontaux, bien plus prononcée sur le mâle que chez la femelle.

Les mâles de Sakkara ont le front bombé en avant; les cornes sont solides, très développées à la base, dirigées d'abord en arrière, en dehors et en haut; puis, ensuite, en arrière encore, mais en dedans, pour se terminer par une pointe solide et aiguë. Les étuis cornés sont formés de seize anneaux, de plus en plus éloignés les uns des autres de la base à l'extrémité supérieure.

Les cornes des femelles sont beaucoup moins épaisses que celles des mâles; elles sont dirigées fortement en dehors, très divergentes avant de se replier en arrière. Certains naturalistes ont séparé ces formes croyant avoir affaire, non à des caractères sexuels, mais à des espèces différentes.

Le *Bubalis Buselaphus* a été représenté très rarement sur les monuments de l'ancienne Egypte. Nous ne l'avons trouvé que deux fois figuré dans le grand ouvrage de Rosellini, et encore d'une façon très incomplète[1]. A la planche LXVI du volume III, on voit trois têtes de Bubales parfaitement reconnaissables à leur museau allongé et à la forme de leur encornure. Les poils de la face sont entièrement roux et ne présentent aucune tache noirâtre. C'est donc bien le *Bubalis Buselaphus* que les artistes égyptiens ont voulu représenter et non le *Bubalis Caama* qui porte une bande de poils noirs sur le chanfrein.

Nous pouvons être aussi affirmatifs à propos des deux squelettes de Sakkara. Les têtes osseuses de ces animaux portaient encore sur le chanfrein une certaine quantité de poils entièrement roussâtres. Ce ne sont donc pas des *B. Caama*, mais bien positivement des squelettes de *Bubalis Buselaphus*. De plus, on sait que le Caama se rencontre surtout dans l'Afrique du Sud. Sa limite nord ne doit probablement point dépasser la région des grands lacs.

M. le professeur Schweinfurth[2] a très bien représenté une tête de Bubale dans son bel ouvrage intitulé : *Au cœur de l'Afrique*. Il avait tué cet animal dans la région du Bahr-el-Ghazal inférieur. Il a commis une légère erreur en appelant sa victime : *Bubalis Caama*. C'est au contraire, et certainement un *Bubalis Buselaphus*. Le très savant et éminent naturaliste dit à propos de cet animal : « Le bubale, l'*Hartebeest* des colons du Cap, est commun dans la plus grande partie de l'Afrique, où il varie quant à la forme, à la taille, à la couleur et aux cornes, suivant l'âge, le sexe, les lieux et les saisons. Il est rare que les collections zoologiques en aient deux échantillons absolument pareils. Cette grande antilope que les Bongos appellent *Karia*, et les Niams-Niams *Songoro* est, parmi le gros gibier, l'espèce que l'on voit ici le plus fréquemment. Elle se rencontre, en général, par petits groupes de cinq à dix bêtes, et principalement en lieux déserts. Dans les endroits cultivés, le Bubale recherche les forêts et la brousse qui avoisinent les cours d'eau, bien qu'il ne paraisse jamais dans les vallées que ceux-ci traversent. Il fait la méridienne en restant debout, appuyé contre un tronc d'arbre ou la muraille d'une fourmilière, et la similitude que présente la couleur de sa robe avec celle du paysage qu'il a choisi pour se reposer lui permet souvent d'échapper aux regards. Pendant toute la saison pluvieuse, son pelage est d'un ton vif, le manteau d'un brun jaune, et le ventre presque blanc; mais, en hiver, il devient d'un gris terne. Après l'*Antilope leucotis*, le Caama est le meilleur gibier du pays. »

Le Bubale a été signalé en Libye par Hérodote, Aristote, Eschyle et Pline. Dans l'Ancien Testament, il est nommé *Yachmur;* c'est lui qui était fréquemment préparé pour être

[1] Rosellini, *I monumenti dell'Egitto et della Nubia*, vol. II, pl. XVIII et vol. III, pl. LXVI. Ces dernières figures ne laissent aucun doute sur l'espèce : face très allongée, recouverte de poils roux ; pas de taches noirâtres sur le chanfrein ; ce n'est donc pas le *Bubalis caama*.

[2] Schweinfurth, *Au cœur de l'Afrique*, vol. I, p. 192.

servi sur la table du roi Salomon[1]. Cette espèce habite l'Afrique antérieure[2], depuis le Maroc jusqu'en Tripolitaine. Elle ne se rencontre plus en Egypte, si ce n'est sur certains points du désert Arabique. Elle se retrouve de l'autre côté de la mer Rouge, en Arabie, en Palestine, dans le pays de Gilead, de Moab, ainsi que sur les bords de la mer Morte[3], où les Bédouins de

Fig. 41. — *Bubalis Buselaphus* DE SAKKARA.

cette région l'appellent *Bekk'r el Wach*. Le Bubale doit cependant y être rare, car dans nos nombreuses périgrinations à travers cette contrée je n'ai jamais eu la bonne fortune d'en rencontrer de vivants ou d'en voir les dépouilles.

[1] Oldfield Thomas, *the Book of Antilopes*, vol. I, p. 7.

[2] Je me sers ici du terme *Afrique antérieure*, similaire d'*Asie antérieure*, et si justement créé par mon ami, le professeur Schweinfurth.

[3] Canon Tristram, *the Fauna and Flora of Palestine*, Londres, 1884.

Je crois que les anciens Egyptiens devaient élever cet animal en captivité, car il paraît s'apprivoiser facilement. On le nourrissait probablement en compagnie de gazelles et de mouflons à manchettes dans les enceintes sacrées des temples. Ce devaient être probablement toujours des mâles comme cela se pratiquait pour les autres espèces vénérées dans différents sanctuaires. La gazelle fait cependant exception à cette règle, car nous avons reçu un très grand nombre de momies de cette espèce qui renfermaient des femelles élevées certainement par les prêtres dans les parcs annexés aux lieux Saints.

Le *Bubalis major* de Blyth ressemble par la taille et par l'encornure au Bubale de Sakkara. Mais cette espèce, comme le Caama, porte aussi sur le chanfrein une large bande noire. Ce ne peut donc être l'animal de Sakkara qui ne présente à cet endroit de la face que des poils absolument fauves. L'espèce décrite par Blyth ne se rencontre, du reste, que dans la Gambie, le bas Niger et les Camerons.

Le *Bubalis Buselaphus* est un animal mince, élancé. Les poils de la face, depuis quelques centimètres au-dessus du nez, se dirigent en haut pour ensuite obliquer en bas, sur les joues. Vers les cornes, ils sont tournés dans toutes les directions. La couleur de l'animal est uniformément brunâtre ou fauve, sans aucune tache noire sur la face, le menton ou les membres. Cependant on peut, à certaines époques, vaguement apercevoir, de chaque côté du museau, au-dessus des narines, comme une marbrure grisâtre mal définie. Les parties inférieures de la croupe ne sont pas blanchâtres comme chez le Caama. La queue porte à son extrémité ultime une touffe terminale noirâtre formée de poils allongés.

Les cadavres de ces antilopes mâles, comme ceux des bœufs de Sakkara et d'Abousir, devaient d'abord être enterrés, afin d'amener la destruction des parties charnues. Les ossements étaient ensuite retirés de la fosse et badigeonnés irrégulièrement et presque toujours en travers, par des coups de pinceaux chargés de bitume chaud.

GAZELLES

Les gazelles, étudiées au nombre de vingt, proviennent en majeure partie de Kôm-Méreh, trois seulement sont de Kôm-Ombo et deux de Touné. Les momies renferment en général un seul individu. Une momie de Touné faisait exception, elle contenait une femelle adulte avec des ossements d'une seconde gazelle très jeune. A l'intérieur de chacune on ne trouve pas toujours un animal entier, tantôt elle ne contient que la moitié du corps, tantôt

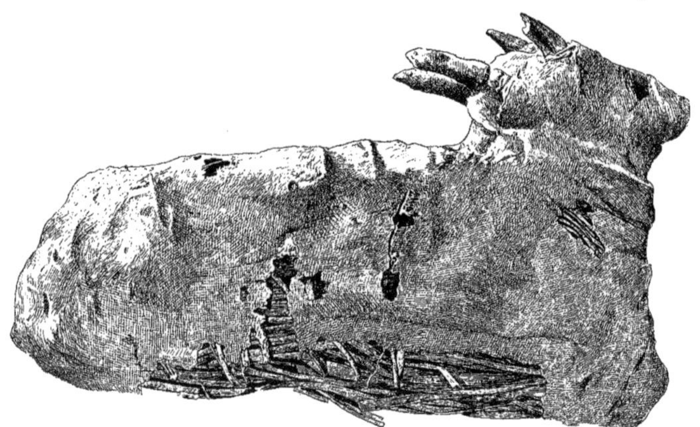

Fig. 42. — Momie de gazelle de Kôm-Méreh. (1/4 gr. nat.)

seulement la tête avec les extrémités ou les canons des quatres membres. L'une de ces dernières renfermait, outre le crâne et les extrémités osseuses des membres, une portion de 20 centimètres de longueur environ de la colonne vertébrale d'un poisson de grande taille, probablement d'un *Lates*.

Ces animaux sont momifiés suivant plusieurs procédés, mais partout ils ont les membres repliés sous le corps, la tête redressée dans sa position naturelle. A Kôm-Méreh, la gazelle a été entourée d'abord de larges bandes de toile imbibées probablement d'une substance résineuse et de natron. Sur cette première enveloppe sont disposées, dans le sens de la longueur du corps, des tiges de papyrus et de divers roseaux fixées par des lianes ou des cordes transversales; puis le tout est enveloppé de plusieurs épaisseurs d'une toile grossière. Les oreilles sont aussi protégées de bandelettes, chacune séparément. Ce mode de momification est représenté dans les figures 42 et 43. La gazelle reproduite figure 43 porte en outre un anneau en corne, de 4 centimètres de diamètre environ, fixé à la toile goudronnée qui enveloppait l'animal. Ici, le corps n'est pas entier; le côté gauche de la poitrine a été enlevé avant la momification; on

Fig. 43. — Gazelle momifiée de Kôm-Méreh. (1/4 gr. nat.)

aperçoit la cavité thoracique privée de ses viscères. Dans toutes les momies de Kôm-Méreh nous n'avons pas vu de trace de bitume.

Le procédé de momification en usage à Kôm-Ombo est plus simple. Les membres réunis ont été liés ensemble au moyen d'une corde entourant également le corps un peu en arrière des épaules (fig. 44 et 45). La gazelle a été arrosée d'une faible quantité de bitume, puis enveloppée dans une toile dont on ne trouve plus que des fragments adhérant çà et là contre la peau ou le bitume.

Dans les deux momies de Tounó les corps sont incomplets. Les parties momifiées du tronc et des membres ont été plongées ensemble dans le bitume et serrées ensuite entre de nombreuses épaisseurs de toiles diverses. Le tout formait une masse compacte autour de laquelle les enveloppes d'étoffe étaient retenues par d'étroites bandelettes entrecroisées, nouées les unes aux autres.

Le Muséum de Lyon possède en outre une gazelle momifiée reçue d'Egypte en 1872, sans indication d'origine. Comme les gazelles de Kôm-Méreh, elle était entourée d'étoffe goudronnée, de tiges de papyrus et de toile grossière.

Kôm-Ombo est une localité de la Haute-Egypte, sur la rive droite du Nil, à 15 kilo-

Fig. 44. — Gazelle momifiée de Kôm-Ombo. (1/4 gr. nat.)

Fig. 45. — Jeune gazelle de Kôm-Ombo. (1/3 gr. nat.)

mètres environ au sud de Gebel Silsileh. Ses grands temples en ruines sont de l'époque ptolémaïque. C'est à Kôm-Ombo que se trouvait, à cette même époque, le sanctuaire du dieu *Haroêris*. Les restes de ce sanctuaire se voient un peu au sud des ruines ensablées de l'ancienne ville.

Le village actuel de Touné se trouve sur la rive gauche du Nil, dans le voisinage et un peu à l'ouest de Rôda, à une faible distance au nord des grandes ruines et des hypogées de Tell-el-Amarna qui constituent les derniers vestiges de l'ancienne résidence égyptienne de *Khout-eten*, c'est-à-dire l'horizon du soleil. « Lorsque Aménophis IV (XVIIIe dynastie) eut proclamé le culte exclusif du soleil et aboli les autres dieux, il abandonna Thèbes, l'ancienne résidence de l'Empire, et se retira avec sa cour dans un territoire sacré. Ce dernier était situé dans le nome d'Hermopolis de la moyenne Egypte sur les deux rives du Nil et comprenait : sur la rive droite, la plaine en hémicycle encadrée de montagnes derrière et-Tell ; sur la rive gauche, le district situé entre les villages de Touné (nord) et de Gildé (sud) et borné à l'ouest par la chaîne libyque. De grandes inscriptions gravées dans le rocher, qui se trouvent près d'el-Haouâtah et d'et-Tell (rive droite), ainsi que près de Touné et de Gildé (rive gauche), permettent de reconnaître encore aujourd'hui les limites de ce territoire sacré[1]. »

Voici les notes intéressantes que MM. Schweinfurth et Maspéro ont bien voulu nous donner sur la localité de Kôm-Méreh et les conditions dans lesquelles les momies de gazelles y ont été rencontrées en 1882. « Les tombeaux de gazelles, écrit M. Schweinfurth, le 29 novembre 1900, sont situés à une distance de 3 kilomètres, au sud du village de Kôm-Mer (Komir), à 13 kilomètres au sud-est d'Esné[2]. Ils furent ouverts en 1882. M. Maspero, qui avait alors la direction des fouilles, en connaît les circonstances. J'ai passé à cet endroit, en 1882, et j'ai noté dans mon journal ce qui suit : — Ici se trouvent les tombeaux des gazelles récemment ouverts. Les corps enveloppés dans une toile grossière ont été serrés au moyen de cordes entre des tiges de papyrus et des *Djerids* (tiges des feuilles du dattier). La préparation paraît très négligeamment faite. Cependant, il y avait un tombeau où les corps des gazelles étaient enveloppés d'étoffes goudronnées (comme les exemplaires que j'ai vus au Muséum de Lyon) ou trempées dans des substances bitumineuses. Parmi les gazelles, j'ai remarqué quelques corps du mouflon sauvage (mouflon à manchettes) reconnaissables à leurs cornes.

« Ces tombeaux sont situés dans la plaine, ce ne sont pas des hypogées creusés dans le roc, ni des puits de momies ayant au fond des chambres latérales, ce sont simplement des caveaux quadrangulaires creusés dans la plaine, verticalement, dans le terrain marneux qui surmonte le grès nubien. Leur profondeur pouvait être de 3 à 4 mètres et leur surface entre 10 et 20 mètres carrés. Les momies s'y trouvaient entassées les unes sur les autres, sans aucune séparation, en désordre, comme dans une fosse commune. Il est évident que toutes y avaient été placées à la fois lors d'une épizootie qui devait ravager les troupeaux des temples.

« Les égyptologues seront peut-être à même d'indiquer la raison pour laquelle cette localité a été choisie, et les rapports que ce dépôt peut avoir avec une divinité quelconque dont le sanctuaire se trouvait sans doute aux environs, ou même à Kôm-Mer. »

De son côté, M. Maspero a eu l'obligeance de nous adresser, le 9 août 1901, les rensei-

[1] Bædeker, *Egypte*, p. 194, 1898.
[2] Voir la carte dans les *Mittheilungen* de Petermann, 1900.

gnements suivants : « Kôm–Méreh. — Lorsque le petit temple de Kôm–Méreh me fut signalé pour la première fois en 1882, une des chambres en était remplie de momies de gazelles, entassées là à l'époque romaine, vers la fin du Ier siècle après Jésus–Christ au plus tôt. De nombreuses momies étaient enterrées à même le sable ou dans des puits peu profonds dans la plaine qui borde la montagne libyque à l'ouest du village. C'est de là que viennent les momies que je vous ai envoyées. Elles sont peut–être plus anciennes que celles qu'on trouvait dans le temple, probablement du Ier siècle avant Jésus–Christ. »

Les égyptologues pourront sans doute faire connaître également l'époque à laquelle remontent les gazelles de Kôm–Ombo et de Touné ainsi que la divinité qu'elles symbolisaient Des temples ou sanctuaires de cette divinité étaient peut–être édifiés autrefois à Kôm–Ombo et Touné ou dans les environs de ces localités.

Toutes ces gazelles appartiennent, d'après leurs crânes et les caractères physiques qu'on a pu reconnaître dans l'examen des momies, aux deux espèces *Gazella dorcas* et *Gazella Isabella*, mais on doit noter que quelques exemplaires, présentant des particularités intermédiaires à ces deux formes, ne peuvent pas toujours être attribuées sans hésitation à l'une ou à l'autre.

Des gazelles semblables à celles que nous trouvons momifiées sont représentées sur plusieurs monuments égyptiens, entre autres sur des peintures décorant les murs du tombeau de *Khnoum–hotpou* à Béni–hassan, dans une scène de chasse du tombeau de Phtah–hotpou de la nécropole de Sakkara[1] et notamment à l'intérieur d'un tombeau thébain du nouvel Empire[2].

Parmi les gazelles anciennes, le nombre des individus femelles est au moins aussi élevé que celui des mâles, tandis que parmi les bœufs et les mouflons momifiés nous n'avons rencontré que des individus mâles.

GAZELLA DORCAS, Linné.

(Fig. 46.)

Capra dorcas, Linné, *Syst. nat.*, I, p. 96 (1766).
Antilope dorcas, Cuvier, *Règne animal*, I, p. 259 (1817). — Lesson, *Manuel de mammalogie*, p. 372 (1827).
Gazella dorcas, Gray, *Cat. Rum Brit. Mus.*, p. 38 (1872). — Tristram, *the Fauna and Flora of Palestine*, p. 5 (1884). — P.-L. Sclater and Thomas, *the Book of Antelopes*, vol. III, pl. LVII, p. 99 (1898).

Gazella dorcas est connue des Arabes sous le nom de *Ghazal* (Tristram). Cette espèce est représentée par quatre spécimens entiers : un mâle et trois femelles. Deux proviennent de Kôm–Ombo et deux de Kôm–Méreh.

Hauteur au garrot, 560 à 620 millimètres. Cornes dans les deux sexes, annelées, convexes en avant sur les trois quarts environ de leur longueur. Fosses préorbitaires larges et profondes; longueur du crâne, 165 à 180 millimètres; largeur maxima, 75 à 83 millimètres.

Oreilles longues. Queue courte terminée par une touffe de poils noirs. Couleur générale jaune plus ou moins foncé ou grisâtre; dos et membres roux; face interne des membres et ventre blancs; bande latérale brune peu marquée à la séparation du ventre et des flancs. Touffe de poils vers l'articulation supérieure des métacarpiens.

[1] Lenormant, *Histoire ancienne de l'Orient*, vol. II, p. 79 et 121, 1882.
[2] Wilkinson, *the ancient Egyptians*, vol. II, p. 92. — A. Erman, *Ægypten und ægyptisches Leben in Alterthum*, p. 330.

Femelle comme le mâle, mais ses cornes sont moins recourbées et annelées, plus minces, longues la moitié seulement ou les trois quarts comme celles du mâle.

Gazella dorcas habite le nord de l'Afrique, du Maroc à l'Egypte et à l'Arabie. On la rencontre depuis la Méditerranée jusque dans l'Afrique centrale. Elle est très commune en Syrie ainsi qu'en Nubie, entre le Nil et la mer Rouge.

De tout temps la gazelle a été chassée avec passion, comme elle l'est encore de nos jours, dans les pays qu'elle habite, en Perse, en Egypte, en Algérie et au Soudan. Les chasseurs du désert mettent à sa poursuite le faucon ou le lévrier. « J'ai vu souvent en Egypte, dit Brehm[1], les grands personnages partir pour la chasse le faucon sur le poing, mais jamais je n'ai eu l'occasion d'assister à leur chasse. Hasselquist qui la pratiqua en Palestine avec quelques Arabes la décrit ainsi : Un chasseur le faucon au poing alla à la recherche des gazelles et lâcha l'oiseau dès qu'il en vit une. Le faucon s'éleva dans les airs et, aussitôt qu'il aperçut sa proie, fondit sur elle comme une flèche, décrivit quelques cercles autour de sa tête, puis lui enfonça ses serres, l'une dans la joue, l'autre dans la gorge. La gazelle fit un bond de plus de 5 mètres et se débarrassa de son ennemi. Mais celui-ci continua à la poursuivre et lui enfonça enfin ses serres dans le cou, la maintint, l'étourdit jusqu'à ce que le chasseur eût le temps d'arriver et de couper la gorge au gibier. Le faucon en reçut le sang comme droit de prise. Cette chasse fait que les Bédouins ont le faucon en aussi haute estime que le lévrier. Les chefs donnent pour un beau faucon deux ou trois chameaux. »

La gazelle de Kôm-Ombo représentée figure 44 a probablement été tuée à la chasse de la manière indiquée par Hasselquist, car elle portait sur la tête et au cou plusieurs trous d'un petit diamètre. On remarquait de plus du côté droit de la tête, au-dessous de la mâchoire inférieure, une large coupure visible même sur le dessin.

Fig. 46. — *Gazella dorcas*, mâle. Crane de momie de Kôm-Méreh. (1/3 gr. nat.)

D'après P. Sclater et Thomas[2], la gazelle *dorcas* est figurée surtout dans les monuments anciens de la Basse Egypte, alors que dans la Haute Egypte les monuments représentent *Gaz. Isabella.*

Gazella dorcas diffère de *Gaz. Isabella* par une taille un peu plus faible et principalement par la forme de ses cornes. Chez la *dorcas* elles sont divergentes jusqu'au milieu de leur longueur, puis elles s'infléchissent légèrement et se rapprochent de plus en plus l'une de l'autre jusqu'à leurs extrémités qui sont un peu relevées en avant (fig. 46). Dans *Gaz. Isabella*, les cornes sont moins divergentes à la base, leurs extrémités se recourbent en dedans presque à angle droit comme l'indique une figure donnée par MM. Sclater et Thomas d'après un crâne de gazelle moderne du Muséum de Londres[3].

[1] Brehm, *la Vie des animaux*, p. 535.
[2] Sclater and Thomas, *the Book of Antelopes*, vol. III, p. 105, 1898.
[3] *Ibid.*, vol III, p. 154, fig. 69, 1898.

Le squelette des gazelles momifiées ne diffère pas de celui des gazelles actuelles de la même espèce. Nous avons relevé sur les squelettes complets des individus anciens les mesures principales du corps et du crâne, à titre de documents, pour permettre aux naturalistes de les comparer à celles des animaux modernes de la même forme. Voici ces dimensions :

Squelette n° 1 de Kôm-Ombo (femelle). — Longueur du corps, de la première apoph. épineuse dorsale à l'extrémité postérieure des ischions . . . . 540 mm
Hauteur au garrot 615
Longueur totale du crâne, de l'extrémité antérieure des prémax, à la crête sus-occipitale . . 170
Largeur maxima du crâne (diamètre sus-orbitaire). 75

Squelette n° 2 de Kôm-Ombo (femelle). Longueur du corps, de la première apophyse épineuse dorsale à l'extrémité postérieure des ischions 495
Hauteur au garrot 602
Longueur totale du crâne, de l'extrémité antérieure des prémax. à la crête sus-occipitale . . 166
Largeur maxima du crâne (diamètre sus-orbitaire) 77

Squelette n° 6 de Kôm-Méreh (mâle). — Longueur du corps, de la première apophyse épineuse dorsale à l'extrémité postérieure des ischions 515
Hauteur au garrot 625
Longueur totale du crâne, de l'extrémité antérieure des prémax. à la crête sus-occipitale. . . 180
Largeur maximum du crâne (diamètre sus-orbitraire). 83

Squelette n° 21 de Kôm-Méreh (femelle jeune). — Longueur du corps de la première apophyse épineuse dorsale à l'extrémité postérieure des ischions 440
Hauteur au garrot 560
Longueur totale du crâne, de l'extrémité antérieure des prémax. à la crête sus-occipitale . . 154
Largeur maxima du crâne (diamètre sus-orbitaire) 66

Le squelette d'une femelle de Gazelle *dorcas* moderne de l'Algérie, conservé au Muséum de Lyon, présente les dimensions suivantes. — Longueur du corps, de la première apophyse épineuse dorsale à l'extrémité postérieure des ischions 530
Hauteur au garrot 605
Longueur totale du crâne, de l'extrémité des prémax. à la crête sus-occipitale 178
Largeur maxima du crâne (diamètre sus-orbitaire). 73

Comme on le voit, la gazelle actuelle a la même taille que les gazelles momifiées ; elle est identique notamment à l'exemplaire du même sexe (n° 1) de Kôm-Ombo. Seuls les rayons osseux des membres varient un peu, le tableau ci-dessous en indique les longueurs relevées sur les quatre spécimens anciens de *Gaz. dorcas* et sur l'individu moderne de la même espèce.

	Gazella dorcas momifiées.				*Gaz. dorcas* moderne.
	1 Femelle K. Ombo.	2 Femelle K. Ombo.	6 Mâle K. Méreh.	21 Femelle jeune K. Méreh.	Femelle Algérie
	—	—	—	—	—
Longueur des cornes en suivant la ligne externe de la courbe.	»	»	275	»	195
Longueur de l'omoplate	112	111	108	97	125
— l'humérus	108	110	107	104	105
— du radius	149	145	133	138	139
— du métacarpien.	167	165	160	156	156
— du fémur	147	145	151	139	151
— du tibia.	200	200	191	190	195
— du métatarsien.	172	170	166	160	167

GAZELLA ISABELLA Gray.

(Fig. 47.)

Antilope dorcas, Lichtenstein, *Darstellung der Thiere*, pl. V (1827) (?).
Gazella isabella, Gray, *Ann. Mag. nat. hist.*, XVIII, p. 214 et 231 (1846). — Gray, *Cat. Rum. Brit. Mus.*, p. 38 (1872). — P. L. Sclater and Old Thomas, *the Book of Antelopes*, p. 151, pl. LXIV, vol. III (1898).
Antilopes Isidis, Sundevall, Pecora, *K. Vet. ak. Handl.*, p. 267 (1847).

La collection compte plusieurs crânes et trois spécimens entiers de *Gazella isabella*. Un mâle et une femelle sont de Kôm-Méreh ainsi que les crânes; le troisième, un individu mâle, a été reçu d'Egypte en 1872, sans indication d'origine.

Hauteur au garrot, 595 à 650 millimètres. Cornes dans les deux sexes; épaisses chez le mâle, annelées, convexes en avant sur les quatre cinquièmes de leur longueur, extrémités recourbées en dedans presque à angle droit comme le montre le crâne d'une gazelle momifiée de Kôm-Méreh (fig. 47). Fosses préorbitaires larges et profondes ainsi que chez *Gaz. dorcas;* longueur du crâne, 168 à 181 millimètres; largeur maxima, 75 à 81 millimètres.

Fig. 47. — *Gazella Isabella*, mâle. Crane de momie de Kôm-Méreh. (1/3 gr. nat.)

Couleur générale fauve, variable de ton, passant parfois au brun; face interne des membres et ventre blancs; bande latérale très peu distincte. Touffe de poils en haut des métacarpiens.

Femelle comme le mâle, mais ses cornes ont un diamètre plus faible, elles sont moins recourbées, leur longueur est à peu près la même que chez le mâle. La section des chevilles osseuses des cornes au lieu d'être ovale ou circulaire à la base comme chez la *Dorcas* est subtriangulaire, avec un aplatissement postérieur assez marqué.

Gazella isabella habite actuellement, d'après Trouessart[1], l'Egypte, la Nubie, le Sennaar et le Kordofan, jusqu'à la mer Rouge et à l'Arabie Pétrée. On la trouve à Massaouah et dans les montagnes de l'Abyssinie jusqu'à 1000 et 1300 mètres d'altitude. Mais MM. Sclater et Thomas disent qu'on rencontre cette espèce seulement sur la côte de la mer Rouge de Souakim à Massaouah et dans l'intérieur du Bogos, du Barca et du Taka.

Quoi qu'il en soit nous trouvons *Gaz. isabella* représentée en plus grand nombre parmi les animaux anciens de la Haute-Egypte que *Gaz. dorcas;* il est donc évident qu'elle vivait alors, sinon comme cette dernière en Egypte même, du moins dans les régions environnantes et peu éloignées.

En ce qui concerne la gazelle, rapportée par Hemprich et Ehrenberg du Sennaar et décrite par Lichtenstein sous le nom de *Gazella dorcas*, Sclater et Thomas croient qu'elle appartient probablement à *Gazella isabella*. Sundevall l'a considérée comme une forme distincte

[1] *Catalogus mammalium tam viventium quam fossilium*, t. II, p. 945. Berlin, 1899.

de la *dorcas* et a proposé de l'appeler *Gazella isidis* du nom d'Antilope d'Isis, par lequel Lichtenstein la désignait. Mais, comme le remarquent les naturalistes anglais, cette identification est incertaine et le nom de Gray, de 1846, est antérieur à celui de Sundevall.

Il faut remarquer à ce propos, s'il est bien établi que les anciens Egyptiens consacraient la gazelle à Isis, ce qui n'est point certain[1], qu'on ne peut en tous cas chercher à identifier « l'Antilope d'Isis » à une espèce unique de gazelle, puisque nous trouvons réunis à Kôm-Méreh, momifiées à la même époque, les deux formes plus ou moins communes de la région : *Gaz. dorcas* et *Gaz. isabella*. Il est évident que les Egyptiens n'avaient pas les mêmes idées que nous sur l'espèce zoologique; ils n'en avaient probablement même aucune notion. Pour eux ces deux gazelles, si tant est qu'ils eussent remarqué leurs faibles différences, n'étaient pas des animaux différents; elles ne représentaient à leurs yeux que des variations individuelles, des variétés ou des races locales du même animal. Ces variations de la gazelle étaient de la même nature que celles qu'ils remarquaient chez l'homme, dans leurs expéditions soit en Nubie, soit en Syrie.

Le squelette de *Gaz. isabella* est, au point de vue anatomique, semblable à celui de *Gaz. dorcas*, mais les dimensions principales du corps et du crâne sont chez la première un peu plus fortes en moyenne, comme l'indiquent les mesures suivantes relevées sur trois squelettes complets de gazelles momifiées.

Squelette n° 4 (mâle), Egypte. Longueur du corps, de la première apophyse épineuse dorsale à l'extrémité postérieure des ischions	505mm
Hauteur au garrot	605
Longueur totale du crâne, de l'extrémité antérieure des prémax. à la crête sus-occipitale.	181
Largeur maxima du crâne (diamètre sus-orbitaire)	81
Squelette n° 23 (mâle), Kôm-Méreh. Longueur du corps, de la première apophyse épineuse dorsale à l'extrémité postérieure des ischions	560
Hauteur au garrot	650
Le crâne est brisé dans sa partie antérieure, sa longueur n'a pu être prise	»
Largeur maxima du crâne (diamètre sus-orbitaire)	81
Squelette n° 52 (femelle), Kôm-Méreh. Longueur du corps, de la première apophyse épineuse dorsale à l'extrémité postérieure des ischions	520
Hauteur au garrot	590
Longueur totale du crâne, de l'extrémité antérieure des prémax. à la crête sus-occipitale.	168
Largeur maxima du crâne (diamètre sus-orbitaire)	75

Chez les individus momifiés de *Gaz. isabella*, les longueurs des diverses parties des membres présentent des variations notables qu'il serait intéressant de pouvoir comparer aux dimensions relevées sur des squelettes modernes de la même espèce.

	Gaz. isabella momifiées		
	4 mâle Egypte	23 mâle Kom-Méreh	52 femelle Kom-Méreh
Longueur des cornes en suivant la ligne externe de la courbe	230	250	»
Longueur de l'omoplate	118	121	108
— de l'humérus	112	119	107
— du radius	149	159	135
— du métacarpien	175	177	160
— du fémur	152	166	148
— du tibia	210	224	198
— du métatarsien	178	185	168

[1] Wilkinson, *The ancient Egyptians*, vol. III, p. 260, 1878.

MOUTONS

Parmi les figurations animales des monuments de l'ancienne Égypte, on distingue deux formes bien différentes de moutons. Dans l'une, les cornes sont spiralées transversalement; chez l'autre, elles sont recourbées en demi-cercle, les pointes tournées en avant.

La première est figurée sur les plus anciens monuments égyptiens, entre autres sur la plaque de schiste du Musée de Gizé, de l'époque de Négadah, et sur le papyrus de Neb-Qued, du Musée du Louvre[1]. A cette race, *Ovis palæoægypticus*, appartenait le « bélier de Mendès », le bélier primitivement adoré à Mendès.

La seconde race apparaît sur les monuments égyptiens de la XIIe dynastie; elle est communément figurée sur ceux de la période saïte. Dans une scène reproduite par Wilkinson[2], on voit Séti I, la tête ornée des cornes de ce bélier, des « cornes d'Ammon ». Les figures conventionnelles du « bélier d'Ammon » ont été probablement inspirées par le mouton à grosse queue des bas-reliefs babyloniens et assyriens, voisin du mouton *Ovis platyura ægyptiaca* Fitz.

Les divinités, soit à corps de bélier, soit à corps humain et à tête de bélier, sont nombreuses sur les monuments égyptiens. Elles sont représentées tantôt avec les cornes horizontales et transversales du « bélier de Mendès », tantôt avec les cornes en demi-cercle du « bélier d'Ammon ». Quelquefois, la divinité porte réunies les cornes de ces deux moutons, comme on le remarque sur les bas-reliefs du grand temple d'Edfou où le dieu Har-Hat, la science et la lumière personnifiées, est représenté avec quatre cornes, au centre du disque solaire[3]. La figure de Séti I que nous citons plus haut représente aussi ce Pharaon avec les cornes d'Ammon et celles du bélier de Mendès.

Les égyptologues et les historiens, les Grecs notamment, ont très souvent confondu les moutons et les chèvres, le bouc et le bélier. Les Egyptiens ont fait parfois la même confusion, ainsi que M. le professeur E. Lefébure[4] a eu l'obligeance de nous l'indiquer. « Il y a, en effet, écrit ce savant, dans le Panthéon de Champollion, un petit monument de basse époque où le dieu est un bélier dans le texte et semble un bouc dans le tableau[5]. Un autre animal semblable,

[1] Dürst und Gaillard, Studien über die geschichte Hausschafes (*Recueil de travaux relatifs à l'Égypte et à l'Assyrie*, p. 6, fig. 2, vol. XXIV, 1902, Paris.

[2] Wilkinson, *the Ancient Egyptians*, p. 371, pl. LXIV, vol. III, 1878.

[3] Champollion, *Monuments de l'Égypte et de la Nubie*, t. II, pl. CXXIV, fig. 2.

[4] Lettre manuscrite, mars 1902.

[5] Champollion, *Manuscrits*, *Panthéon égyptien*, t. I, p. 237.

de même nom et de même date, mais sans barbe, se trouve dans les monuments égyptiens de la Bibliothèque nationale, publiés par Ledrain[1]. Est-ce par assimilation avec leur dieu Pan que les anciens se sont obstinés à faire un bouc du bélier de Mendès? Il serait peut-être difficile de résoudre ce problème, mais, en tous cas, l'opinion classique, qu'elle ait agi ou non comme cause, s'est parfois traduite en Égypte par la figuration de l'animal de Mendès sous une forme qui rappelle bien celle du bouc. »

Quelques momies de béliers à « cornes d'Ammon », *Ovis platyura ægyptiaca*, Fitz, sont conservées dans les collections égyptologiques des Musées de Berlin et de Londres. De cette race, le Muséum de Lyon ne possède que des cornes et un certain nombre de leurs axes osseux provenant des puits à momies d'Abousir.

Ovis palæoægypticus n'a pas été trouvé momifié. On le connaît par les figurations des monuments égyptiens et aussi par les fragments de la tête osseuse de Toukh dont la description est donnée ci-après.

OVIS LONGIPES, Fitzinger.

Race *palæoægypticus* [2].

(Fig. 51.)

Ovis longipes, Fitz, *Ueber die Racen des Zahmen Schafes* (Sitzungb. des K. K. Akad. der Wissensch. Wien, 1860, vol. XLI, p. 203).

Ce mouton est connu d'après quelques fragments de crânes recueillis par M. de Morgan, avec une série d'ossements d'animaux divers, dans les amas de débris laissés par les populations prépharaoniques sur le sol de leurs habitations. La liste des espèces de mammifères, reptiles et poissons, représentées parmi ces débris osseux, a été donnée par l'un de nous dans l'ouvrage de M. de Morgan sur les origines de l'Egypte[3].

Les fragments de crânes appartenant à cette race de mouton se composent de trois pièces: deux moitiés de la région fronto-pariétale d'un crâne de jeune individu et un fragment d'axe osseux de corne de la même race, mais d'un individu adulte. Ces ossements ont été trouvés dans le Kjœkkenmœdding de Toukh, village dépendant de Négadah, situé un peu au sud-est d'Abydos, sur la rive gauche du Nil. Ils proviennent de la partie inférieure du dépôt, de celle qui est regardée avec raison comme néolithique. A ce niveau « les silex taillés sont extrêmement abondants et se trouvent là mélangés avec des os brisés d'animaux, des fragments de vases semblables à ceux qu'on voit dans les nécropoles archaïques, de petits poinçons d'os, des coquilles marines et nilotiques, des nucléi, des percuteurs et une foule d'éclats.

« Ces buttes de Toukh sont de véritables Kjœkkenmœddings, elles en renferment tous les éléments et sont les derniers restes du village où vivaient les gens qui reposent dans la nécropole située non loin de là, au sud-ouest des montagnes[4]. »

La partie supérieure des Kjœkkenmœddings de Toukh contient des briques crues avec

[1] *Bibliothèque de l'École des Hautes Études*, 38e fasc., pl. II, fragments de calcaire.

[2] Dürst und Gaillard, Studien über die Geschichte des Ægyptischen Hausschafes *(Recueil des travaux relatifs à la philologie et à l'archéologie égyptiennes et assyriennes*, de M. Maspero, 1902.

[3] De Morgan, *Recherches sur les origines de l'Égypte*, Paris, 1897, p. 99.

[4] *Ibid.*, p. 66.

quelques menus et très rares instruments en bronze. Elle date du commencement de la période pharaonique, environ de la même époque à laquelle remonte la nécropole de Khozan, étudiée en 1899 par M. E. Chantre[1].

L'examen rapide des amas de Toukh avait d'abord fait penser à M. de Morgan que les restes mêlés de briques crues du niveau supérieur du tell appartenaient à la période indigène; mais l'étude approfondie de buttes analogues à Kawamil, à Silsileh et à Toukh, l'a conduit à rectifier sa première appréciation.

« Chaque fois, dit-il, qu'on rencontre des briques crues, soit dans les kjœkkenmœddings, soit dans les sépultures, on trouve en même temps des objets métalliques, tels que harpons, aiguilles, petits ciseaux, etc., mélangés aux silex taillés et aux tessons de vases. La brique crue permet donc de ranger les vestiges dans la période égyptienne des débuts, et l'art de la travailler est l'une des caractéristiques de cette époque.

« A Toukh, la base du Kom est formée de vestiges préhistoriques, et c'est dans les couches supérieures seulement qu'on rencontre les ruines des habitations égyptiennes caractérisées par la poterie et les objets métalliques.

« Le site de Toukh fut abandonné peu après la conquête égyptienne, et remplacé par la ville de Noubt, située à 1 kilomètre plus au nord ; la vie se continua là pendant toute la période pharaonique[2]. »

Les ossements que nous allons étudier, ayant été trouvés associés à de nombreux instruments en silex, dans les couches inférieures du kjœkkenmœdding, où ne se rencontre aucune trace de métal, datent de la *période néolithique*.

La pièce fossile la plus importante est une moitié gauche de la partie postérieure d'un crâne. Cette pièce se compose du frontal avec l'axe osseux de la corne, d'une moitié du pariétal et d'une faible partie de l'os temporal.

L'extrémité antérieure du frontal n'est pas connue ; l'os est brisé suivant une ligne transversale passant par l'orbite, un peu au-dessus du trou sourcilier. A la base de la cheville osseuse de la corne est une cavité qui occupe toute la largeur du frontal, de l'orbite à la suture médiane ; ce sinus se prolonge dans l'axe osseux jusqu'à 2 centimètres environ de profondeur. Le diamètre transverse du frontal, mesuré de la suture médiane à la face externe de l'axe osseux est de 55 millimètres. Ce chiffre doublé donne l'écartement total des chevilles osseuses qui est ainsi, à l'extérieur de leur base, de 110 millimètres. L'écartement interne des chevilles osseuses est de 44 millimètres environ, ce diamètre ne peut pas être relevé avec précision, par suite de l'usure et de la direction horizontale des chevilles osseuses. Le diamètre minimum du frontal, pris en avant de l'axe des cornes, un peu au-dessus des orbites, est de 80 millimètres.

La cheville osseuse de la corne est placée directement sur l'orbite avec une direction presque horizontale et transversale ; elle est très légèrement dirigée en haut et en arrière, à peu près également dans les deux sens. La cheville frontale est fortement tordue sur elle-même, sa spire fait environ un quart de tour sur une longueur de 5 centimètres. Une petite carène part de sa base, du côté postéro-externe ; elle se dirige en dehors suivant la torsion de l'axe osseux.

La cheville des cornes présente à sa base une section très convexe et arrondie du côté

[1] Ernest Chantre, *Bulletin de la Société d'anthropologie de Lyon*, 1899, t. XVIII, p. 67.

[2] J. de Morgan, *Recherches sur les origines de l'Égypte*, Paris, 1897, p. 66.

antérieur ; en arrière, elle est aplatie et un peu anguleuse. Le grand diamètre de sa section basale est de 42 millimètres ; le petit diamètre, ou diamètre antéro-postérieur, mesure 30 millimètres seulement ; la circonférence 115 millimètres.

Le pariétal est brisé par son milieu. La suture pariéto-frontale n'est pas synostosée ; elle va de l'angle postéro-externe de l'axe osseux de la corne et se dirige en ligne droite, mais obliquement d'arrière en avant, vers la suture médio-frontale ; en ce point la suture pariéto-frontale forme un angle ouvert en arrière de 130 degrés environ. La longueur antéro-postérieure du pariétal prise sur son axe médian est de 39 millimètres ; sa plus grande demi-largeur, mesurée de la ligne médiane à la face latérale de l'os, est de 43 millimètres. La plus grande largeur du pariétal est donc en totalité de 86 millimètres ; la plus petite est de 60 millimètres.

Fig. 48. — *Taurotragus Derbyanus*, Gray. CHEVILLE FRONTALE ET CORNE (Vues par leur face antérieure.)

La seconde pièce du même fossile consiste en une moitié postérieure droite du crâne ; elle est identique à la précédente et semble se rapporter au même individu. Cependant cette partie n'est pas aussi bien conservée que l'autre moitié ; la carène de la cheville frontale y est presque entièrement effacée.

La troisième est un fragment d'axe osseux du côté droit montrant le tissu interne de l'os où ne s'aperçoit aucune cavité aérifère. Ce fragment, dont la section est la même que dans les pièces décrites plus haut, appartient sans doute à un animal adulte, car la nervure qui se voit sur toute sa longueur est beaucoup plus marquée que sur les échantillons précédents.

En comparant aux ruminants cavicornes actuels les ossements du kjœkkenmœdding de Toukh, on remarque tout d'abord que la structure de l'os frontal et du pariétal, la section, la direction et l'insertion transverse des chevilles osseuses des cornes, correspondent tout à fait aux particularités morphologiques des moutons ; mais la nervure ou carène qui forme une sorte de pas de vis pour la corne, et dont on trouve des traces chez quelques races de moutons, est propre surtout à certains genres d'Antilopidés, aux *Tragelaphus, Taurotragus, Limnotragus* et *Strepsiceros*, par exemple.

Après des recherches étendues à la famille entière des Antilopidés, nous avons fait la constatation suivante ; chez *toutes les Antilopes* actuelles pourvues de cornes contournées en spirale, la corne du côté droit est tordue à droite comme l'indique la figure 48. Au contraire, dans le ruminant cavicorne de Toukh, ainsi que chez *tous les moutons*, les chevilles frontales sont courbées ou tordues en sens inverse : la cheville osseuse du côté droit est tordue à gauche, ainsi que l'a remarqué Blasius[1] pour les moutons domestiques de l'Allemagne. Cette différence

[1] Blasius, *Naturgeschichte der Saügethier Deutschland*, p. 467.

constitue un caractère distinctif général entre les nombreuses formes d'Antilopes et toutes les races de moutons; elle sépare nettement le ruminant de Toukh des Antilopes actuelles et le range du côté des moutons, desquels il présente, comme nous allons essayer de le montrer, tous les principaux caractères.

L'étude des ossements du mouton de Toukh est facilitée par les indications que fournissent les dessins et bas-reliefs des plus anciens monuments de l'Égypte pharaonique.

Il n'est pas douteux que le mouton du kjœkkenmœdding de Toukh est le même animal dont les Égyptiens de la période memphite ont reproduit l'image sur les murs de leurs temples et de leurs tombeaux.

On voit, en effet, sur les nombreux dessins ou peintures qui retracent la vie des Pharaons, diverses figures des premiers rois, entre autres celles de Séti I[1] et Ramsès II[2], représentant ces personnages la tête entourée de plusieurs ornements symboliques. Parmi ces ornements, des cornes tordues en spirale ressemblent d'une manière parfaite à celles trouvées dans le kjœkkenmœdding de Toukh. En outre, une plaque de schiste très ancienne, portant d'un côté des représentations animales en bas-relief, de l'autre, des cartouches hiéroglyphiques qui prouvent son origine égyptienne, nous donne sur ce mouton des indications beaucoup plus précises. Cette plaque de schiste est conservée au musée de Gizé; elle est figurée dans les *Recherches sur les origines de l'Égypte*[3], et attribuée par M. de Morgan à la même époque que les monuments de Négadah et d'Abydos, c'est-à-dire aux « premiers temps qui suivirent la conquête de l'Égypte par les Égyptiens ». La plaque de schiste du Musée de Gizé reproduit sur trois rangées horizontales superposées les images de différents animaux. Dans les deux rangées du haut, on reconnaît le bœuf et l'âne. Les animaux de la rangée inférieure sont des moutons (fig. 49), pourvus de cornes en spirale absolument semblables aussi à celles du fossile de Toukh.

Fig. 49. — Plaque de schiste du Musée de Gizé. (D'après M. de Morgan.)

Le mouton figuré en bas-relief sur la plaque de Gizé est représenté sur plusieurs monuments de l'ancienne Égypte, notamment sur une scène prise au tombeau de Ti (IVe dynastie) et reproduite par M. Maspero[4] d'après une photographie de M. Emile Brugsch-Bey; puis sur le mur d'un hypogée au sud de Saouadeh[5]. Les bas-reliefs d'une tombe très ancienne de Gizé représentent aussi un troupeau de ces mêmes moutons employés au tassement

[1] G. Maspero, *Histoire ancienne de l'Orient classique*, Paris, 1895, p. 181.

[2] G. Wilkinson, *the Manners and customs of the ancient Egyptians*, London, 1878, vol. III, pl. XLIII et LXIV.

[3] De Morgan, *Recherches sur les origines de l'Egypte*, Paris, 1897, pl. III, p. 264.

[4] Maspéro, *Histoire ancienne des peuples de l'Orient. Les origines : Egypte et Chaldée*, p. 343. — *Etudes égyptiennes*, t. II, p. 81-84.

[5] *Description de l'Égypte*, 1817, vol. IV, pl. 68, fig. 13.

de la semence dans les champs que des paysans égyptiens viennent de labourer et d'ensemencer. Rosellini, en désignant la scène par ces mots *pestatura del seminato per mezzo delle capra*, prend ces moutons ou plutôt ces brebis pour des chèvres[1]. Sur une autre planche du même auteur on voit encore le mouton à cornes transversales[2].

L'animal figuré sur ces divers monuments de l'ancien empire et au bas de la plaque de schiste de Gizé, par les Égyptiens du début de l'époque pharaonique, est évidemment le même que celui dont M. Morgan a retrouvé des restes dans les amas de débris de l'époque qui a immédiatement précédé la conquête de l'Égypte par les Pharaons. C'est également ce même animal, le ***bélier de Mendès*** des égyptologues, duquel les anciens Égyptiens ont reproduit l'image des cornes, pour la placer, comme symbole de la force, sur la tête de leurs rois.

Les historiens grecs et la plupart des égyptologues ont dit que le bélier de Mendès, le mouton des Pharaons, était une chèvre.

Tout récemment, quelques naturalistes se basant sur les figures de la plaque de schiste du musée de Gizé, et aussi paraît-il sur l'étude ostéologique du crâne du mouflon à manchettes, ont conclu que le bélier de Mendès ressemblait au mouflon africain et devait être regardé comme une race parente de ce mouflon *(Ammotragus tragelaphus*, Desm.).

D'après M. Conrad Keller, professeur de Zoologie à Zurich, le plus ancien mouton d'Égypte appartiendrait à la « *Tragelaphus Rasse*[3] ». Cette race, qu'il nomme aussi « mouton égyptien à cornes pointues » pour la rapprocher du « mouton à cornes pointues d'Europe » *(Ovis strepsiceros*, Linné), serait, d'après M. C. Keller, issue du mouton à manchettes domestiqué pendant la période de Négadah. Elle est considérée, par le même auteur, comme ayant des rapports étroits avec les diverses variétés de moutons à longues jambes *(Ovis longipes*, Fitzinger[4]) du Fezzan, de la Guinée, du Maroc et du Sénégal.

Pour M. Paul Matschie, le savant mammalogiste du Muséum de Berlin, ces moutons à longues jambes de l'Afrique sont également, avec le bélier de Mendès, des descendants du mouflon à manchettes[5].

M. G. Thilenius, professeur à l'Université de Breslau pense que les figures de béliers ou de moutons des anciens monuments de l'Égypte représentent un animal autochtone, qui serait un descendant d'*Ammotragus tragelaphus (Hausschaf, mähnenrasse)*, proche parent des moutons de Togo et de Say[6].

L'idée suivant laquelle le mouflon à manchettes serait l'ancêtre direct de certains moutons a été, comme on sait, soutenue autrefois par F. Cuvier.

M. U. Dürst, de qui nous tenons la plupart des renseignements précédents relatifs aux appréciations de quelques naturalistes suisses et allemands sur le mouton préhistorique de

[1] Rosellini, *Monumenti dell'Egitto e della Nubia*, Pise, 1834, t. II, pl. XXXII, fig. 1 et 3, p. 289.

[2] Rosellini, *loc. cit.*, t. II, pl. XXIX, fig. 4.

[3] Conrad Keller, die Abstammung der Rassen unseres Hausschafe *(Œstr. Molkerezeitung*, 1899, nos 4 et 5).

[4] Fitzinger, Ueber die Racen zahmen Schafes *(Sitzungb. der K. K. Akad. der Wissenschaften*, Wien, 38 vol., 1860, p. 143).

[5] Paul Matschie, Saügethier aus den Sammlungen der Grafen Zach in Kratyi. Togo *(Sitzungb. der Ges. Naturf. Freunde*, 1899, n° 1).

[6] G. Thilenius, das ægyptische Hausschaf *(Recueil des travaux relatifs à la philologie et à l'archéologie égyptiennes et assyriennes*, de M. Maspero, vol. XXII, Paris, 1900), fasc. 4, p. 201.

l'Égypte, désigne ce mouton par le nom de « mouton à cornes de chèvre[1] », rappelant ainsi la race de moutons à cornes de chèvre des tourbières et palafittes de l'Europe.

S'appuyant sur les caractères anatomiques des ossements trouvés à Toukh, il est facile de montrer que ces ossements n'ont rien dans leur structure ressemblant soit à la chèvre, soit au mouflon à manchettes, qu'ils appartiennent sans le moindre doute à un mouton proprement dit.

Comparons d'abord le crâne de Toukh à celui du mouflon à manchettes.

Le crâne du mouflon qui est pris ici pour comparaison provient d'une momie de l'ancienne Égypte. A en juger par les sutures craniennes complètement soudées, par la dentition très mauvaise et fortement usée, comme on l'observe souvent chez les animaux ayant vécu en ménagerie ou dans les jardins zoologiques, c'est le crâne d'un vieux mouflon qui a dû vivre entouré de soins dans un parc avoisinant quelque sanctuaire.

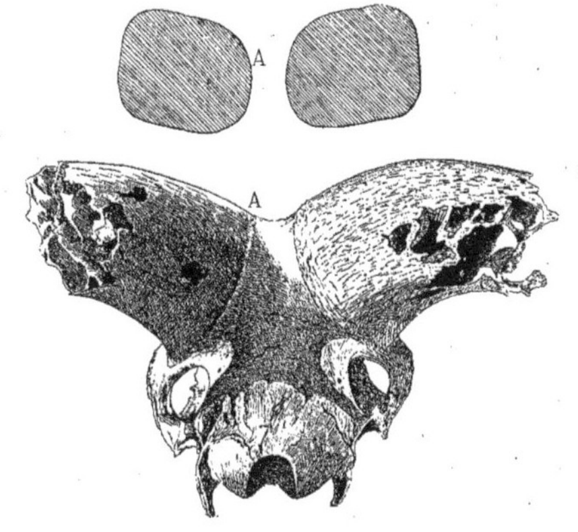

Fig. 50. — *Ammotragus tragelaphus*, Desm
CRANE DE MOMIE (vu par sa face postérieure.)

Les chevilles osseuses de ce crâne sont brisées à une faible distance de leur base (fig. 50). Ces chevilles ont une section plutôt quadrangulaire que triangulaire et sont percées de grandes cellules; elles ont un diamètre très élevé comparativement au diamètre transverse de l'os frontal; leur circonférence à la base est de 250 millimètres, elles se dirigent sous un angle de 45 degrés environ, en arrière et en haut, suivant une courbe à peu près régulière. De telle façon que les cornes, dont la direction est divergente à l'origine, ont cependant leurs pointes rapprochées de plus en plus à mesure qu'elles s'allongent.

Fig. 51. — *Ovis palæoægypticus* (vu par sa face postérieure; 1/2 gr. n.)
Kjœkkenmœdding de Toukh (Haute-Égypte).

Le sinus frontal du mouflon d'Afrique est très grand, surélevé au-dessus de la voûte cranienne. L'os pariétal est assez réduit par suite du développement de l'occipital et de l'os frontal. Les sutures pariéto-frontale et occipito-pariétale sont à peu près parallèles.

Dans le crâne de Toukh le pariétal est grand; les sutures pariéto-frontale et occipito-pariétale, au lieu d'être parallèles, se rencontrent, comme chez tous les moutons, à quelques centimètres des faces latérales du crâne (fig. 51).

[1] U. Dürst, *die Rinder von Babylonien, Assyrien und Egypten*, Berlin, 1899, p. 21.

Le mouflon à manchettes est pourvu de chevilles frontales simplement recourbées, très grosses, celluleuses, à section presque quadrangulaire, tandis que celles du ruminant de Toukh sont pleines, tordues en spirale, avec un faible diamètre et une section plan-convexe. Dans le mouflon d'Afrique les axes osseux des cornes sont très rapprochés l'un de l'autre, ainsi que chez la plupart des chèvres, alors qu'ils sont séparés par un large intervalle sur le crâne de Toukh. En résumé, les caractères ostéologiques du mouflon à manchettes le rapprochent plus des chèvres que des moutons; au contraire, le ruminant cavicorne de Toukh présente tous les caractères typiques des Ovidés.

Il nous paraît inutile d'insister davantage sur les nombreuses différences qui séparent le ruminant de Toukh du mouflon à manchettes. Si nous en avons indiqué quelques-unes des principales, c'est afin de montrer combien sont éloignés de la vérité les naturalistes qui croient voir dans le bélier de Mendès un descendant du mouflon à manchettes. *Ammotragus tragelaphus* est une forme très particulière de ruminant; quoique moins éloignée de la chèvre que du mouton, elle ne peut pas plus donner naissance à une chèvre qu'elle n'a pu donner naissance à un mouton.

Puisque le crâne de Toukh n'offre aucune ressemblance avec le crâne du monde africain, il ne peut pas être attribué à un animal descendant de ce mouflon et encore moins à ce mouflon lui-même. Voyons s'il appartient à une chèvre.

Une étude détaillée a été faite par MM. Lesbre et Cornevin[1], professeurs à l'Ecole vétérinaire de Lyon, sur les caractères ostéologiques différentiels de la chèvre et du mouton. Ces anatomistes ont fait porter leurs observations sur de très nombreux spécimens squelettiques appartenant aux diverses formes sauvages et domestiques des genres *ovis* et *capra*. Selon leurs intentions, ils ont pu « dégager de la multitude des caractères individuels ou des caractères de race les caractères véritablement spécifiques », c'est-à-dire ceux qui se rapportent à la généralité des espèces de moutons et des espèces de chèvres.

MM. Cornevin et Lesbre n'ont comparé que des individus de même sexe et adultes, afin d'écarter toute différence pouvant être rapportée à l'âge ou au sexe.

Voici, en ce qui concerne seulement les parties du crâne correspondant à celles trouvées dans la Haute-Egypte, comment s'expriment ces auteurs au sujet des différences relevées entre les moutons et les chèvres :

« La suture occipito-pariétale du mouton est à peu près directement transversale (fig. 52), tandis que celle de la chèvre s'avance angulairement en avant et circonscrit une petite enclave interpariétale (fig. 53).

« Chez la chèvre, la suture pariéto-frontale est directement transversale (fig. 53), tandis que chez le mouton elle forme un angle médian à sommet antérieur (fig. 52).

« Lorsque les cornes existent, leurs chevilles osseuses n'ont ni la même insertion, ni la même forme, ni la même direction, ni la même structure dans les deux espèces. Elles s'insèrent plus près l'une de l'autre chez la chèvre que chez le mouton. Dans la première, elles sont beaucoup plus déprimées dans le sens latéral et *présentent un bord antérieur tranchant ;* dans le second, elles sont plus épaisses et leurs deux faces (plane et convexe) sont réunies par *des*

[1] Cornevin et Lesbre, Caractères ostéologiques différentiels de la chèvre et du mouton (*Bulletin de la Soc. d'anthropologie de Lyon)*, 1891, p. 47.

bords épais et arrondis. Les cornes de la chèvre sont, en général, dirigées en haut et en arrière en divergeant ; d'ordinaire, celles du mouton se contournent en spirale. Les chevilles osseuses des cornes de la chèvre sont creusées à leur base, sur une longueur de 5 à 6 centimètres, d'une petite cavité faisant diverticule au sinus frontal. Celles du mouton n'ont point de semblable diverticule ; parfois, cependant, le sinus frontal lance dans leur intérieur un cul-de-sac de 1 ou 2 centimètres seulement. »

En comparant aux observations précédentes les figures 52 et 53, on remarque qu'elles s'y rapportent tout à fait, bien que les crânes représentés par chacun de ces dessins n'appartiennent pas aux races de mouton et de chèvres sur lesquelles l'étude de MM. Cornevin et Lesbre a plus particulièrement porté. Les différences signalées constituent donc bien des caractères distinctifs constants.

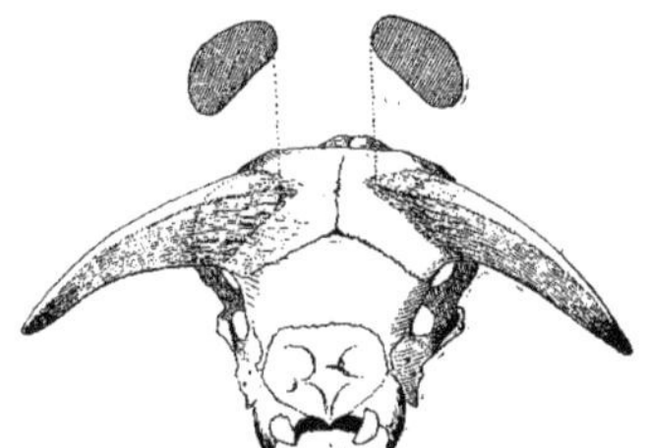

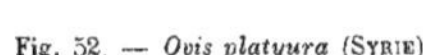

Fig. 52. — *Ovis platyura* (Syrie)

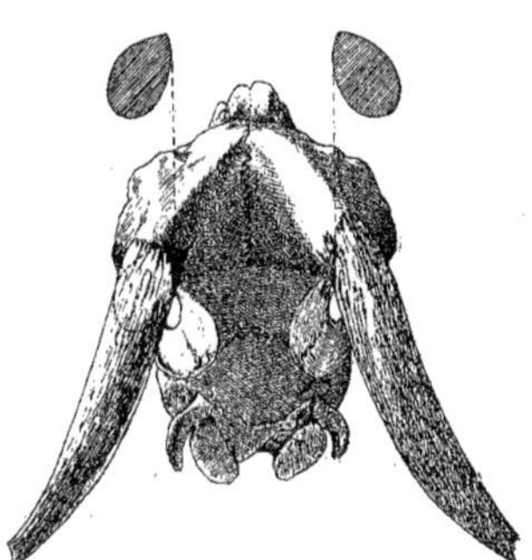

Fig. 53. — *Hircus mambricus*, du Djebel Messeiris (Syrie)

Ce point établi, il est facile de déterminer à quel animal, mouton ou chèvre, doivent être attribuées les parties de crânes trouvées dans la Haute-Égypte. Sur ces restes osseux, on ne relève aucune particularité pouvant être rapportée à la chèvre, tout, au contraire, y est semblable à ce qui existe chez le mouton : les sutures pariéto-frontale et occipito-pariétale, la structure interne des chevilles osseuses des cornes, leur insertion transversale, la forme de leur section, tout correspond exactement aux caractères ostéologiques du mouton (fig. 51).

Les bas-reliefs de la plaque de schiste du Musée de Gizé présentent aussi certaines particularités qui corroborent cette détermination. On sait que dans les nombreuses espèces ou races de moutons la longueur de la queue est variable, mais en ce qui concerne les chèvres, toutes sans exception ont la queue très courte. Or, l'animal figuré sur la plaque avec des cornes en spirale a la queue très longue, elle descend jusqu'au niveau des phalanges. Ce n'est donc pas une chèvre.

La queue du mouflon à manchettes est un peu plus longue que celle des chèvres, mais, néanmoins, elle est encore beaucoup plus courte que la queue de l'animal représenté sur la plaque du Musée de Gizé. Les cornes du mouflon d'Afrique, dont les extrémités se recourbent en dedans, ne peuvent pas non plus être confondues avec les cornes, entièrement divergentes, figurées sur la plaque de schiste. Par conséquent, cette figure n'est pas davantage l'image du mouflon à manchettes.

Du reste, établir comme on vient de le faire, que des fragments de crâne appartiennent à un animal du genre *Ovis*, c'est démontrer implicitement qu'ils n'ont pas de rapport avec le mouflon à manchettes; car, si le mouflon d'Europe est un mouton, il n'en est pas de même du mouflon africain. Celui-ci, en effet, se distingue de tous les moutons par les chevilles osseuses de ses cornes creusées de grandes cellules dans toute leur longueur, aussi bien chez les individus adultes que chez les jeunes, tandis que celles des moutons sont pleines. Les moutons ont des fossettes lacrymales, le mouflon à manchettes n'en a pas. Par le manque de fossettes lacrymales, *Ammotragus tragelaphus* se rapproche des chèvres. Les autres parties du squelette du mouflon d'Afrique rapprochent également cet animal plutôt des chèvres que du mouton ; les anatomistes s'accordent pour le séparer des moutons et le classer dans un genre spécial, entre les Ovidés et les Capridés. Nous croyons qu'il est voisin particulièrement de *Capra cylindricornis*, Blyth, du Caucase, dont le Muséum de Lyon possède un beau spécimen, et de *Pseudois nahoor*, Hodgson, de l'Asie centrale[1].

On peut donc tirer de cet exposé la déduction suivante :

Le crâne néolithique de Toukh, dont les cornes sont identiques aux cornes en spirale de l'animal représenté sur la plaque de schiste du Musée de Gizé et sur plusieurs monuments anciens de l'Égypte, ce crâne, ou plutôt ces fragments de crâne, n'ont aucun trait commun, ni avec les chèvres, ni avec le mouflon à manchettes. Par tous leurs caractères principaux, ils appartiennent à un mouton.

Quant à la ressemblance du mouton ancien de l'Égypte avec les chèvres, on peut dire que la tête de certaines chèvres, comme celles d'Angora ou la Mambrine, rappelle un peu la physionomie que devait avoir le mouton de Toukh. Leurs cornes sont en effet également contournées en spirale, et, vues de face, elles paraissent dirigées transversalement comme celles du mouton de Toukh. En réalité, les cornes de ces chèvres se dirigent d'abord en arrière. Elles ne prennent une direction transversale qu'au delà de 10 à 15 centimètres, tandis que, dans le mouton de la Haute-Égypte, les cornes se dirigent en dehors dès leur base. C'est peut-être l'apparente ressemblance de ces chèvres avec le bélier de Mendès qui a trompé les historiens grecs et leur a fait dire que ce bélier était une chèvre. Cette assertion paraît juste lorsqu'on l'applique aux périodes thébaine et saïte, elle ne l'est pas pour l'époque memphite pendant laquelle l'objet du culte de Mendès était bien un mouton.

Le mouton préhistorique de la Haute-Égypte se distingue de la plupart des formes de moutons domestiques et sauvages, par la direction horizontale et transversale des axes osseux de ses cornes. L'insertion transverse de ses chevilles frontales est également plus accentuée que dans les autres moutons. Par ce côté, le *mouton à cornes transversales* de l'Égypte préhistorique est encore plus différent des chèvres. La plupart des chèvres ont les cornes développées suivant deux plans parallèles au plan médian du corps. Le nom de *mouton à cornes de chèvre* qui lui a été donné parfois est donc impropre, puisque de tous les moutons il est, par la direction de ses cornes et l'insertion de leurs axes osseux, très éloigné des chèvres.

Parmi les moutons domestiques européens avec lesquels le mouton néolithique de l'Égypte présente quelques ressemblances, on doit citer *Ovis strepsiceros*, Lin., le mouton à cornes pointues, qui est domestiqué en Crète, en Turquie d'Europe, Valachie, Transylvanie et en Hongrie.

[1] Lydekker, *Wild Oxen, Sheep et Goats of oll Lands*, p. 231, pl. XIX, London, 1898.

Fitzinger a réparti les diverses variétés d'*Ovis strepsiceros* entre quatre races[1] : *Ovis strepsiceros cretensis; Ovis str. dacicus ; Ovis str. turcicus* et *Ovis str. arietinus*. Les deux premières seraient les races autochtones de la Crète et de la Valachie ; les deux autres proviendraient du croisement des deux premières avec des races étrangères. Suivant Fitzinger, l'espèce *Ov. strepsiceros* est originaire du sud-est de l'Europe : de la Crète ou de l'Archipel grec. Ce mouton aurait pénétré jusqu'en Hongrie, par la Turquie, la Valachie et la Moldavie.

Ovis str. cretensis et *Ov. str. turcicus* se distinguent bien du mouton de Toukh. Ces races ont, comme celui-ci, leurs cornes tordues en spirale, mais, au lieu d'être dirigées horizontalement, elles sont fortement relevées. Outre cette différence, nous avons remarqué sur deux crânes d'*Ovis strepsiceros* de l'île de Crète, qui font partie de la collection de l'École vétérinaire de Lyon, une torsion beaucoup plus forte des chevilles frontales ; elles font un tour de spire sur une longueur bien moindre que chez le mouton égyptien.

Les races qui se rapprochent le plus du mouton ancien de la Haute-Égypte sont *Ovis str. dacicus* et *Ovis str. arietinus,* dont les cornes sont aussi tordues en spirale, mais dirigées horizontalement et transversalement comme dans le mouton de Toukh. D'après Fitzinger, *Ovis str. arietinus*, le mouton hongrois, est le produit du croisement d'*Ovis str. dacicus* avec le mouton commun d'Allemagne : *Ovis germanicus rusticus*[2]. La race la moins mélangée, que Fitzinger considère même comme pure et autochtone, est *Ovis str. dacicus;* elle habite les deux versants des Balkans : la Hongrie, la Transylvanie et surtout la Valachie et la Moldavie.

Les chevilles osseuses des cornes de ce mouton sont tordues en spirale, avec une direction très divergente et presque horizontale; elles sont pourvues d'une légère carène vers l'angle postéro-externe. Comme dans le mouton de l'ancienne Égypte, la courbe hélicoïdale des cornes est peu éloignée de la ligne droite, cependant la torsion des cornes paraît, ainsi que chez *Ov. str. cretensis*, plus rapide que chez le *mouton néolithique de la Haute-Égypte*. On ne pourra se prononcer avec certitude sur les rapports de ces deux moutons qu'entouré de nombreux documents de comparaison et après avoir fait une étude détaillée de tous leurs caractères craniologiques. Toutefois, les ressemblances que nous venons de signaler autorisent à regarder *Ovis str. dacicus* comme une race parente du mouton de l'Égypte ancienne.

Ce mouton a probablement été introduit en Europe par la Crète et l'Archipel grec ; ses formes primitives se sont modifiées peu à peu, sous l'influence des croisements, du milieu et de l'élevage, pour former les races de moutons à cornes pointues que nous voyons aujourd'hui. La race *Ovis str. dacicus*, cantonnée dans les régions peu accessibles des Balkans, se serait ainsi maintenue pendant de longs siècles avec des caractères à peu près semblables à ses caractères d'origine.

Une autre espèce de moutons domestiques, *Ovis longipes*, Fitz. [3], dont plusieurs races habitent de nos jours les parties montagneuses du Maroc, du Sénégal, de la Guinée et du Fezzan, rappelle également beaucoup le mouton ancien de la Haute-Égypte. Plusieurs crânes

[1] Fitzinger, Ueber die Racen des zahmen Schafes *(Sitzungsberichte der K. K. Akad. der Wissenschaften*, Wien, 1860, vol. XXXIX, p. 343).

[2] Fitzinger, Ueber die Racen des zahmen Schafes *(Sitz. d. K. K. Akad. der Wis.*, Wien, 1860, vol. XXXIX, p. 352).

[3] Fitzinger, *loc. cit. (Sitz. der K. K. Akad. d. Wiss.*, Wien, 1860, vol. XLI, p. 203.

de cette espèce ont été étudiés par M. le Dr Dürst à qui sont dus les renseignements ostéologiques que nous en donnons et la photographie d'un crâne de bélier de Mogador d'après laquelle a été dessinée la figure 54.

Ainsi qu'on peut le remarquer, les cornes de ce mouton ne suivent pas une spire à grand rayon comme celles d'*Ovis aries*, Lin., cependant elles sont encore moins rapprochées de l'axe de rotation que les cornes du mouton de Toukh; chez celui-ci, le diamètre de la courbe hélicoïdale des cornes est bien plus faible. L'angle formé à la partie antérieure de l'os pariétal par les sutures pariéto-frontales est, chez le mouton du Maroc, de 125 degrés. La section des chevilles frontales a été relevée très exactement; au lieu d'être planconvexe, comme dans le mouton de la Haute-Égypte et la plus grande partie des autres moutons domestiques, elle est presque

Fig. 54. — *Ovis longipes*, Fitz. Crane de Bélier de Mogador (Maroc).
(D'après une photographie de M. Ul. Dürst.)

triangulaire chez le bélier de Mogador. Il est bon de remarquer que la forme de cette section varie suivant la place où on la considère et suivant l'âge des individus.

A l'angle postéro-externe des chevilles osseuses on aperçoit, dans *Ovis longipes* de Mogador, une légère nervure rappelant la carène que nous avons signalée dans le mouton de Toukh, mais elle est bien moins marquée que chez celui-ci.

Par leur aspect extérieur, les diverses races d'*Ovis longipes* se distinguent aussi du mouton domestique de l'ancienne Égypte si, pour les formes de ce dernier, on se rapporte aux bas-reliefs des monuments égyptiens.

Ovis longipes Guineensis, Fitz.[1], le type de l'espèce, est ainsi décrit par Buffon, Desmarest, Fitzinger, Gervais et les nombreux naturalistes qui se sont occupés des animaux domestiques : « Le mouton de Guinée, disent-ils, est haut sur jambes, il n'a point de laine, mais un poil assez doux et fin; les béliers ont de longs crins qui pendent parfois jusqu'à terre, et leur couvrent le cou depuis les épaules jusqu'aux oreilles; ils ont les oreilles pendantes; les cornes, noueuses, sont assez courtes, pointues et tournées en avant. »

[1] Fitzinger, Ueber die Racen des zahmen Schafes (*Sitz. der K. K. Akad. der Wiss.*, Wien, 1860, vol. XLI, p. 205).

Chez les béliers représentés sur la plaque de Gizé (fig. 49) on ne voit pas la longue crinière qui couvre le cou des mâles d'*Ovis longipes Guineensis*. Ils portent une courte garniture de poils à la place du fanon, à la partie inférieure du cou. C'est même probablement ce caractère unique, cette courte crinière rappelant le mouflon africain, qui a donné lieu à la confusion de quelques naturalistes et leur a fait prendre le mouton de la plaque de Gizé pour le mouflon à manchettes ou l'un de ses descendants. Les moutons figurés en bas-relief par les anciens Égyptiens ont les oreilles tantôt horizontales ou un peu relevées, suivant les représentations de la plaque de schiste, tantôt pendantes comme on le voit sur la scène relevée au tombeau de Ti[1] et sur les bas-reliefs, reproduits par Rosellini[2], d'une tombe très ancienne des environs de Gizé.

Le mouton domestique de l'ancienne Égypte ressemble principalement au mouton de Say figuré par M. Thilenius[3] dans son étude sur le mouton domestique égyptien. Ils ont tous les deux de longues jambes, une allure élancée rappelant les antilopes, et des cornes transversales.

En résumé le bélier de Mendès de la période memphite, le mouton domestique de l'Égypte néolithique, bien qu'il soit très voisin des races de moutons à longues jambes de la Guinée, du Maroc et du Fezzan, diffère de chacune d'elles par quelques-uns de ses caractères physiques.

Par contre, l'étude comparative des ossements trouvés à Toukh et des crânes d'*Ovis longipes* actuels ne révèle entre ces moutons aucune différence spécifique. Aussi MM. Dürst et Gaillard ont-ils été conduits aux observations suivantes :

« Les restes craniens de Toukh correspondent par leurs formes générales au crâne du mouton moderne à longues jambes. Les différences légères qu'on observe entre eux ne dépassent pas les limites des variations individuelles et sexuelles. Le mouton égyptien appartient à l'espèce *Ovis longipes*, Fitz. » Ils ont proposé de désigner le mouton à cornes transversales par le nom d'*Ovis longipes palæoægypticus*, avec les caractères de race suivants : « Cornes dirigées horizontalement et transversalement, avec une faible courbure en spirale; cornes dans les deux sexes; bélier souvent avec crinière. »

Voici les conclusions de cette étude sur le mouton domestique égyptien, telles qu'elles ont été formulées dans le « Recueil de travaux relatifs à l'archéologie et à la philologie égyptiennes et assyriennes » de M. Maspero[4] :

« 1. — Déjà, dans l'Égypte préhistorique, nous trouvons un mouton qui se distingue des autres races par la conformation singulière de son corps.

« 2. — Ostéologiquement il est tout à fait identique aux types actuels d'*Ovis longipes*, Fitzinger. Nous le désignons par le nom d'*Ovis longipes palæoægypticus*.

« 3. — Sa parenté avec *Ovis strepsiceros*, Lin., n'est pas encore prouvée, mais elle ne paraît pas douteuse. *Ovis strepsiceros* provient probablement du croisement d'*Ovis palæoægypticus* avec le bélier à large queue (*Ovis platyura ægyptiaca*, Fitz.).

« 4. — Les recherches ostéologiques, morphologiques et physiologiques prouvent que la descendance d'*Ovis palæoægypticus* du *Ammotragus tragelaphus* est impossible.

[1] Maspero, *Histoire ancienne des peuples de l'Orient, les origines : Egypte et Chaldée*, p. 343.
[2] Rosellini, *I monumenti*, t. II, pl. XXXII, fig. 1.
[3] Thilenius, *Recueil des travaux relatifs à la philologie*, 1900, vol. XXII, fasc. 4, p. 199, fig. 4.
[4] Dürst und Gaillard, Studien über die Geschichte des ægyptischen Hausschafes (*Recueil de travaux*, etc., 1902, Paris).

« *Ammotragus tragelaphus*, Desm., ne peut pas avoir fourni des races de moutons domestiques.

« 5. — Le mouton préhistorique de l'Égypte n'est pas un mouton indigène comme on l'a prétendu. Il a été importé probablement de l'Asie, aussi bien que *Bos brachyceros* dont on trouve des ossements dans les kjœkkenmœddings de Toukh.

« 6. — Le bélier de Mendès a été en premier lieu ce mouton prépharaonique, mais, après la disparition de *Ovis palæoægypticus*, il a été remplacé par un individu de *Hircus mambricus*.

« 7. — Les quatre cornes de quelques moutons ont inspiré la création du diadème à quatre cornes des divinités du second empire. Ce diadème n'est donc pas, ainsi qu'on l'a dit, du domaine de la fantaisie artistique. » (Des crânes de moutons à quatre cornes sont conservés dans plusieurs collections. Le Muséum de Lyon en possède un exemplaire.)

Ces conclusions paraissent très acceptables, nous ferons une réserve seulement à propos de l'origine asiatique d'*Ovis longipes palæoægypticus* qui n'est pas suffisamment démontrée. Il semble que la grande répartition, dans tout le nord de l'Afrique, des races d'*Ovis longipes*, autorise à considérer ces moutons comme appartenant à la faune indigène de l'Afrique, de même que certains moutons de l'Europe méridionale, tels qu'*Ovis strepsiceros*. On doit attendre toutefois des études et découvertes paléontologiques futures la solution positive de ce problème.

Relativement aux rapports des moutons et, en particulier, du mouton prépharaonique avec les Antilopidés, nous avons remarqué au commencement de ce travail que chez toutes les antilopes vivantes à cornes en spirale, les *Addax, Limnotragus, Strepsiceros, Tragelaphus, Taurotragus*[1], la corne droite est tordue à droite comme l'indique la figure 48.

Pour la plupart des Antilopes fossiles à chevilles osseuses tordues, telles que les *Palæoreas*[2], *Prostrepsiceros*[3], *Protragelaphus*[4], *Helicophorus*[5], etc., la torsion se fait dans le même sens que chez les antilopes actuelles. Mais chez tous les moutons, que les cornes soient tordues à grande spirale, comme dans *Ovis aries*, Lin., ou qu'elles soient tordues suivant une spire très rapprochée de l'axe de rotation, comme dans le mouton à cornes pointues de Turquie et dans *Ovis palæoægypticus*, les cornes tournent d'une manière inverse : la corne droite est tordue à gauche.

Deux espèces d'antilopes tertiaires ont seules les chevilles osseuses des cornes tordues dans le même sens que celles des moutons. Ce sont *Antidorcas? Rothii*, Wagner, du miocène supérieur de Pikermi, et *Antidorcas? Atropatenes*, Rodler et Wheithofer[6], du miocène supérieur de Maragha (Perse). Chez ces antilopes les axes des cornes sont en outre placés comme chez les moutons, directement au-dessus des orbites.

La pièce dessinée figure 55 a été trouvée à Pikermi et décrite par M. le professeur A. Gaudry dans son ouvrage sur les animaux fossiles et la géologie de l'Attique[7].

[1] Sclater and O. Thomas, *the Book of antelopes*, London, 1900, vol. IV, p. 77 et suiv.

[2] Gaudry, *Animaux fossiles de l'Attique*, 1862, p. 290, pl. LII à LV.

[3] Rodler und Weithofer, die Wiederkaüer der Fauna von Maragha (*Densch. Ak. Wissen.*, Wien, 1890, p. 768, pl. VI).

[4] Weithofer, Fauna von Pikermi, (*Beiträge zur Palæontologie von Œsterreich-Ungarn*), vol. IV, p. 285, pl. XVII, fig. 4, 6.

[5] Weithofer, Fauna von Pikermi vol. VII, p. 288, pl. XVIII, fig. 1 à 4.

[6] Rodler und Weithofer, *Denksch. Ak. Wiss.*, Wien, 1890, p. 762, pl. IV, fig. 8, et pl. VI, fig. 3 à 5.

[7] Gaudry, *Animaux fossiles de l'Attique*, Paris, 1862, p. 297, pl. LII, fig. 2 et 3.

Ces antilopes ne peuvent être rattachées directement aux moutons de notre époque, puisqu'elles appartiennent à des dépôts du miocène supérieur, et sont, par conséquent, séparées des formes actuelles par des espèces pliocènes et quaternaires que nous ne connaissons pas. Néanmoins, les cornes de ces antilopes miocènes rappellent déjà beaucoup celles du mouton de l'ancienne Égypte et d'*Ovis longipes* du Maroc (fig. 54). Chez celui-ci, les axes des cornes ont pourtant une section différente et sont dirigés dans le sens horizontal au lieu de se relever verticalement, mais chez le mouton de l'île de Crête, *Ovis strepsiceros cretensis*, Fitz., les cornes ont une direction verticale et se rapprochent encore davantage d'*Antidorcas? Rothii*, Wagner.

Il est donc possible que ces antilopes de Pikermi et de Maragha représentent des formes africaines miocènes d'où dérivent, par l'intermédiaire d'espèces pliocènes et quaternaires les moutons tels qu'*Ovis strepsiceros*, Lin., et *Ovis longipes,* Fitz. Ces localités de Pikermi, Samos, Maragha, seraient ainsi pour nous les limites septentrionales de l'expansion des mammifères africains pendant la période miocène supérieure.

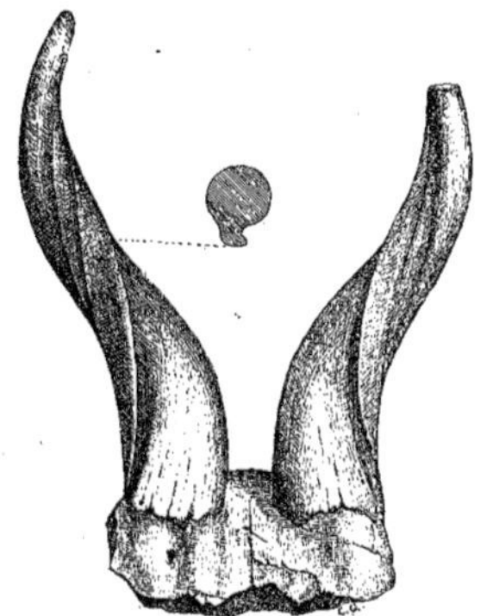

Fig. 55. — *Antidorcas? Rothii* Wagner.
CRANE D'ANTILOPE DU MIOCÈNE SUPÉRIEUR DE PIKERMI
(Vu par sa face antérieure, 1/2 gr. nat.)
(D'après M. Albert Gaudry.)

Des découvertes ultérieures montreront peut-être que les *Antidorcas? Rothii* et *atropatenes* étaient pourvus de fossettes lacrymales et que leur crâne présente un pariétal anguleux en avant, de la forme qui caractérise les moutons. Pour le moment, nous nous bornerons à constater avec M. le professeur Gaudry que ces fossiles de Pikermi et de Maragha sont des antilopes bien spécialisées, mais, parmi les très nombreuses formes de cette famille, ce sont les seules qui aient des cornes spiralées comme celles des moutons; à ce titre, elles méritent, croyons-nous, d'être classées dans un genre spécial. Le genre *Oioceros*[1] a été proposé pour rappeler la torsion de leurs cornes, c'est-à-dire leur caractère commun avec les moutons.

On doit remarquer, en ce qui concerne la position systématique du mouton néolithique de la Haute-Égypte, que la présence d'une carène très développée sur les axes osseux de ses cornes lui assigne une place moins éloignée des *Oioceros atropatenes* et *Oioceros Rothii* que ne le sont les moutons actuels, chez lesquels cette carène est tantôt très atténuée, tantôt absente.

Les conclusions de cette étude sur l'un des moutons anciens de l'Égypte peuvent être ainsi résumées :

Les fragments de crânes recueillis dans la station néolithique de Toukh (Négadah) prouvent l'existence, à cette époque, d'un mouton à cornes spiralées transversalement. Les cornes de ce mouton étant identiques à celles du bélier de Mendès, figuré en bas-relief sur la plaque de schiste de l'époque de Négadah et sur divers monuments de l'Égypte ancienne, il est permis

[1] Le bélier de Mendès ou le mouton domestique de l'ancienne Egypte, ses rapports avec les antilopes vivantes et fossiles (*Bull. Soc. d'anth. de Lyon*, p. 69, 1901.)

de croire que ces bas-reliefs ont été modelés par les artistes égyptiens, d'après *Ovis palæoægypticus*. Ce mouton aurait ainsi vécu à l'époque préhistorique et pendant les premiers temps de l'époque des Pharaons.

Contrairement aux assertions des historiens grecs, des égyptologues et de quelques naturalistes modernes qui voyaient en lui soit une chèvre, soit un descendant du mouflon à manchettes, il est établi que le bélier de Mendès de la période memphite était bien un mouton.

Quant à la domestication de ce mouton, qui aurait eu lieu pendant la période de Négadah, c'est une affirmation tout aussi aventurée, tout aussi malheureuse que les précédentes, puisque les ossements trouvés à Toukh, mélangés à des instruments en silex à un niveau où ne se rencontre aucune trace de métal ni de brique crue, démontrent que le mouton était déjà domestiqué à l'époque néolithique.

Les ossements de kjœkkenmœdding de Toukh permettent ainsi de résoudre une question de zoologie, et d'éclaircir en même temps un point controversé de l'histoire des Pharaons.

OVIS PLATYURA, Wagner.
Race *ægyptiaca*, Fitz.

Ovis platyura, race *ægyptiaca*, Fitz. Ueber die Racen des Zahmen Schafes (*Sitzungb. K. K. Akad. Wissenschaft, Wien*, vol. XXXVIII).

Le mouton à cornes d'Ammon est représenté dans la collection seulement par des fragments de crânes et des chevilles osseuses de cornes d'individus de divers âges, provenant des fouilles récentes effectuées dans les puits de momies d'Abousir. Plusieurs de ces débris osseux paraissent avoir été coupés anciennement à la scie; ils datent peut-être de l'époque grecque ou de l'époque romaine.

La morphologie générale d'*Ovis platyura ægyptiaca* est la suivante : taille du mouton ordinaire, chanfrein convexe, oreilles pendantes de longueur moyenne. Cornes épaisses à la base, dirigées en arrière puis recourbées en dessous et en avant. Queue longue et très large dans sa partie supérieure.

Cette race habite l'Égypte depuis une époque très reculée. Elle y a été amenée sans doute vers la XIIe dynastie depuis laquelle on la voit figurer sur les monuments égyptiens.

Les axes osseux des cornes de cette race ont, vers la base, une forte épaisseur qui diminue rapidement jusqu'à la pointe; leur longueur, en suivant la ligne externe de la courbe, est de 420 millimètres; la circonférence basale mesure 175 millimètres sur les axes osseux les plus forts. Ces chevilles ont la section plan-convexe caractéristique de la plupart des moutons domestiques; elles ne présentent aucune trace de la carène que nous trouvons très développée chez *Ovis palæoægypticus*, comme chez diverses antilopes à cornes spiralées. Cette carène est plus ou moins marquée dans plusieurs espèces de moutons, entre autres *Ovis strepsiceros* et *Ovis longipes*, mais, ainsi que nous l'avons déjà remarqué, on ne la trouve pas dans toutes les races.

MOUFLON A MANCHETTES

AMMOTRAGUS TRAGELAPHUS, Cuvier.

(Fig. 56.)

Ovis tragelaphus, Cuvier, *Règne animal*, vol. I, p. 268 (1817). — Desmarest, *Mammalogie*, vol. II, p. 486 (1822).
Ovis ornata, J. Geoffroy, *Description de l'Égypte*, vol. XXIII, p. 201, pl. VII (1828).
Ammotragus tragelaphus, Blyth, *Proceed. zool. Soc.*, p. 13 et 76 (1840).
Musimon tragelaphus, Gervais, *Hist. nat. des mammifères*, p. 192 (1855).
Ovis (ammotragus) lervia, Lydekker *(ex Pallas)*, *Wild Oxen, Sheep, Goats of all Lands, living and extinct*, pl. XVIII, p. 226 (1898).

Le mouflon à manchettes a été étudié d'après des restes de trois individus : quelques vertèbres cervicales et le crâne d'un très vieux sujet, une momie brisée de jeune individu et la momie intacte d'un beau mouflon mâle adulte.

Le crâne isolé est décrit et figuré (p. 93, fig. 50) comparativement avec les fragments du crâne d'*Ovis palæoægypticus* trouvés à Toukh (Abydos) par M. de Morgan.

Le mouflon adulte est représenté figure 56 tel qu'il est arrivé au Muséum de Lyon. Le corps entier était en parfait état de

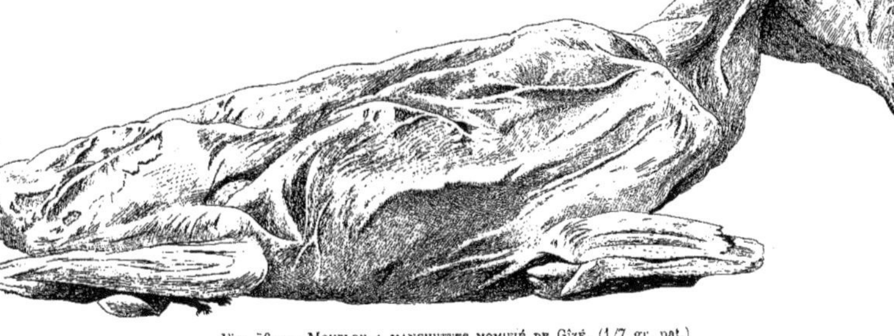

Fig. 56. — Mouflon a manchettes momifié de Gizé. (1/7 gr. nat.)

conservation. Comme le dessin l'indique, il manquait seulement l'étui des cornes et les extrémités de leurs chevilles osseuses. La peau, presque complètement recouverte de son poil, ne portait aucune trace de bandelettes ni de bitume. Les viscères étaient durcis et réduits à l'intérieur de la cavité thoracique, à leur place naturelle. Pour la momification, ce mouflon à manchettes avait été placé la tête un peu relevée, les membres complètement repliés sous le corps, les deux membres postérieurs liés ensemble par une corde de 7 à 8 millimètres de diamètre attachée à la base des métatarsiens, un peu au-dessus des phalanges.

Les deux momies de mouflon à manchettes proviennent, ainsi que le crâne isolé de même espèce, des hypogées des environs de Gizé; on n'a pas d'autre indication sur leur origine ou leur ancienneté.

Ammotragus tragelaphus se reconnait aux caractères zoologiques suivants : chanfrein droit ou légèrement concave; pas de fossettes lacrymales. Cornes dans les deux sexes, dirigées d'abord en haut en divergeant, elles s'infléchissent ensuite et se rapprochent l'une de l'autre vers leurs extrémités, leur section basale est presque quadrangulaire.

Poil rude et court, sauf à la crinière et à l'extrémité de la queue. La crinière garnit la partie inférieure du cou et les membres antérieurs jusqu'aux canons. Le dos et les flancs sont roux fauve; le ventre et la face interne des membres ont la même couleur, mais plus claire. Le pelage du mouflon à manchettes est semblable à celui de *Bubalis boselaphus* qui habite les déserts de l'Afrique du Nord et dont l'espèce est représentée dans la collection d'animaux de l'ancienne Égypte par le squelette de deux individus mâles provenant des puits de momies de Sakkara.

Ammotragus tragelaphus se rencontre dans les régions rocheuses et montagneuses du nord de l'Afrique, depuis le Maroc jusqu'au delà de l'Égypte. On l'a observé sur les bords du Nil, des environs du Caire en Abyssinie. Il vit également dans l'extrême sud de la Tripolitaine et du Fezzan. Son habitat s'étend au sud environ jusqu'au 24e degré de latitude septentrionale. Il est commun principalement dans l'Atlas, sur le versant méridional des monts Aurès.

Les Arabes connaissent ce mouflon sous les noms d'*Aroui* et de *Feschthal.*

Le squelette du mouflon momifié comparé aux squelettes de deux mouflons à manchettes actuels qui ont vécu plusieurs années à Lyon, au parc de la Tête-d'Or, ne présente pas de différences anatomiques notables; nous n'avons remarqué que des écarts de proportions assez sensibles entre divers os des membres de ces animaux, notamment entre les métacarpiens et les métatarsiens qui, chez le mouflon momifié, sont bien plus allongés relativement que chez les individus modernes. Nous avons aussi comparé les proportions des membres du mouflon à manchettes à celles indiquées par MM. Cornevin et Lesbre[1] pour les membres de la chèvre et du mouton. Toutes nos observations indiquent que ce mouflon est plus éloigné des moutons que des chèvres.

Par ses os du nez droit et l'absence de fossettes lacrymales, le crâne du mouflon à manchettes se rapproche plus des chèvres que des moutons; il s'écarte au contraire des Ovins et des Caprins par les chevilles osseuses de ses cornes qui sont percées de grandes cellules comme celles des bœufs. MM. Cornevin et Lesbre ont remarqué que la tête d'*Amm. tragelaphus* présente des caractères particuliers : « c'est la forte inflexion du crâne presque à angle droit sur la face, d'où résulte que le point culminant de la tête est formé par un bourrelet du frontal

[1] Caractères ostéologiques différentiels de la chèvre et du mouton *(Bull. de la Soc. d'anthrop. de Lyon*, p. 61, 1891).

qui réunit les deux cornes et constitue un léger chignon; le profil supérieur du pariétal et de l'occipital est à peu près perpendiculaire au frontal. Cette disposition fait passage au type bovin. »

L'indice huméro-radial ou rapport de longueur entre l'humérus et le radius (mesuré de l'axe d'une articulation à l'autre) est de 93 chez le mouflon à manchettes momifié ; il varie de 95 à 98 chez les mouflons à manchettes actuels. Cet indice varie suivant MM. Lesbre et Cornevin de 86 à 90 chez le mouton ; de 90 à 100 chez la chèvre.

Le rapport du métacarpien au radius varie pour le mouton de 75 à 85, de 65 à 75 pour la chèvre. Chez le mouflon momifié ce rapport est de 75 ; il est de 70 et 73 chez les deux mouflons modernes.

L'humérus est relativement court chez le mouflon à manchettes momifié, le rapport de cet os au métacarpien est de 80 ; il n'est que de 74 chez les mouflons actuels. Pour les moutons il oscille entre 85 et 95, entre 70 et 78 pour les chèvres.

Le bassin d'*Amm. tragelaphus* ne présente dans son ensemble aucune particularité. Le sexe mâle se reconnaît, comme chez les bœufs, à la forte épaisseur de l'épine pubienne et au faible écartement des ischions. On sait que le col de l'ilium, très allongé chez les chèvres, est court chez les moutons. Dans le mouflon à manchettes, ce col est allongé, mais il l'est un peu moins que chez les chèvres.

En ce qui concerne les membres abdominaux du mouflon africain, on remarque également leurs proportions intermédiaires à celles des moutons et des chèvres, mais elles sont toujours beaucoup plus rapprochées des proportions de ces dernières.

Pour l'indice fémoro-tibial d'un bélier d'*Ovis aries domesticus* de France, nous avons trouvé 82 ; un bouc de *Capra egagrus* de Syrie donne 83. Chez le mouflon momifié cet indice est de 87 ; il est de 84 et 90 chez les deux mouflons modernes. Comme on le voit, les proportions des rayons osseux sont beaucoup moins variables à la base des membres que vers les extrémités.

Le rapport du métatarsien au fémur varie de 68 à 77 chez les moutons, de 60 à 66 chez les chèvres. Il est de 65 dans le mouflon ancien, de 60 et 62 dans les mouflons à manchettes actuels.

Enfin le métatarsien comparé au tibia donne un rapport de 50 à 57 pour les chèvres, de 58 à 70 pour les moutons. Chez le mouflon momifié ce rapport est de 57, il est de 52 et 57 chez les mouflons de notre époque.

D'après cette rapide étude comparative des membres du mouflon à manchettes, ce cavicorne est bien plus voisin des chèvres que des moutons. Ses mœurs accusent aussi des affinités plutôt avec les chèvres. Ce serait donc une erreur de croire avec quelques zoologistes que le mouflon à manchettes fût l'ancêtre de certains moutons domestiques, d'*Ovis longipes*, Fitz., en particulier. *Ammotragus tragelaphus* n'est pas un mouton : il n'a pas pu, par le croisement, donner naissance à un mouton.

Les rapports de membre à membre du mouflon momifié et des deux mouflons à manchettes actuels de la collection du Muséum de Lyon ont été calculés d'après les dimensions indiquées dans le tableau qui suit. Nous appellerons encore l'attention sur les importantes différences de longueur des métacarpiens et métatarsiens du mouflon mâle ancien et du mouflon mâle actuel dont les humérus, radius, fémurs et tibias sont, chez ces deux individus, sensiblement égaux. Dans le mouflon mâle actuel, le plus petit diamètre transversal de la diaphyse du métacarpien (22 mill.) et du métatarsien (20 mill.) est au contraire plus fort que dans le mouflon momifié chez lequel les canons plus allongés ne mesurent que 20 millimètres de diamètre aux membres antérieurs et 16 seulement aux membres postérieurs. Les rayons osseux des extrémités ont donc chez celui-ci une structure beaucoup plus grêle. On doit souhaiter que des observations nombreuses soient faites sur des individus tués à l'état sauvage afin de savoir si ces diminutions des extrémités des membres sont dues à la vie en captivité ou s'il s'agit plutôt de modifications de l'espèce produites peu à peu par son adaptation à de nouvelles conditions d'existence. Les différences signalées sont trop élevées, semble-t-il, pour qu'il soit possible de les considérer comme de simples variations individuelles.

DIMENSIONS PRINCIPALES DU SQUELETTE

D'*AMMOTRAGUS TRAGELAPHUS*.

	Momifié	Individus modernes	
	mâle	mâle	femelle
Longueur totale du crâne, du sommet frontal entre les cornes jusqu'à l'extrémité antérieure des frontaux	330	325	275
Largeur maximum du crâne (sus-orbitaire)	151	150	145
Longueur de l'omoplate	220	230	200
Longueur de l'humérus	206	202	178
— du radius	220	212	180
— du métacarpien	165	150	132
— du fémur	255	245	215
— du tibia	290	290	238
— du métatarsien	168	153	137
— des cornes en suivant la ligne externe de la courbe	»	640	310

Ainsi, l'examen des principaux caractères des membres confirme l'étude du crâne. Bien qu'*Ammotragus tragelaphus* rappelle beaucoup plus, par l'ensemble de son squelette, les chèvres que les moutons, il diffère des espèces de ces deux groupes par d'importantes particularités craniennes. La prétendue parenté directe du mouflon à manchettes avec certains moutons domestiques reste donc une pure hypothèse. Quoiqu'elle n'ait été justifiée par personne, cette hypothèse, émise par F. Cuvier, garde encore de nos jours quelques défenseurs rares mais obstinés. La comparaison ostéologique précédente nous fait croire impossible sa justification : on admet que *Felis maniculata*, par exemple, est la souche de notre chat domestique, parce que ces animaux sont à peu près semblables ; est-il possible d'accepter la parenté du mouflon à manchettes avec *Ovis palæoægypticus* parce que ces derniers sont totalement différents ?

En matière de filiation, il vaut mieux attendre que vouloir tout expliquer sans raisons suffisantes. Nous ne connaissons presque rien des mammifères africains tertiaires et quaternaires. Certaines découvertes récentes autorisent cependant à penser qu'on trouvera peut-être parmi les fossiles de l'Afrique les ancêtres de plusieurs animaux actuels, ceux notamment des moutons à longues jambes et du bœuf à bosse du Soudan qui sont répandus sur une très grande partie de ce continent. Nous ne voyons pas de motif pour persister à rechercher en Asie la souche des animaux qui vivent de nos jours surtout en Afrique.

CHÈVRES

Dans tous les ouvrages sur l'Égypte ancienne les auteurs citent en première ligne, au nombre des animaux sacrés, le taureau, le bouc et le bélier. D'après ces indications on pourrait croire que ces ruminants se trouvent très communément momifiés. Il n'en est pourtant rien, surtout en ce qui concerne le bélier et le bouc. Parmi les nombreux mammifères anciens reçus de diverses localités de l'Égypte, nous n'avons à signaler qu'une seule momie de bouc, aucune de bélier. Les moutons de l'ancienne Égypte ne sont représentés dans notre collection que par des fragments de crânes trouvés à Toukh (Haute-Égypte) et par des chevilles osseuses de cornes recueillies à Abousir.

La momie de bouc décrite plus loin est de Sakkara; elle se rapporte à la « chèvre de Syrie », *Hircus mambricus*, Lin. Quelques ossements trouvés dans les fouilles récentes des puits d'Abousir, près Sakkara, appartiennent aussi à cette race. C'est, suivant M. Dürst, un bouc de *Hircus mambricus* qui, vers le commencement du nouvel Empire, remplaça, dans les cérémonies du culte de Mendès, le bélier à cornes transversales des plus anciennes dynasties, le « bélier de Mendès » proprement dit *Ovis longipes palæoægypticus*.

Les chèvres nous sont connues en outre par un crâne recueilli dans l'un des tombeaux de l'ancien Empire fouillés par M. E. Chantre à Khozan. Ce crâne appartient à la « chèvre de la Haute-Égypte », *Hircus thebaicus*, Desm., ainsi qu'un autre crâne incomplet trouvé dans le kjœkkenmœdding de Toukh par M. de Morgan. Nous examinerons successivement les pièces d'après lesquelles ont été reconnues les deux races, *Hircus mambricus* et *Hircus thebaicus*.

HIRCUS MAMBRICUS, Linné.

(Fig. 58.)

Capra mambrica, Linn., *Syst. nat.*, p. 194 (1788). — Gray, *Cat. of mamm. Brit. Mus.*, p. 158 (1852).
Hircus mambricus, Brehm, *la Vie des animaux*, p. 599, fig. 284.

Cette race est représentée par des chevilles osseuses de cornes récoltées dans les puits d'Abousir et par une momie de bouc. Le bouc provient, comme nous l'avons dit plus haut, d'un hypogée de Sakkara, sur la rive gauche du Nil à 20 kilomètres environ au sud de Gîzé. Cette momie n'était pas en très bon état, la tête en avait été détachée, sans doute pendant le trajet de l'Égypte en France. Nous l'avons trouvée à côté du tronc enveloppée des mêmes étoffes que les autres parties de la momie. Les cornes étaient entourées séparément d'une forte épaisseur de bandelettes. On doit remarquer que ce n'est pas la tête proprement dite, avec les muscles et la peau, qui a été trouvée entourée de bandes de toile, mais seulement la tête osseuse, c'est-à-dire le crâne et la mâchoire inférieure.

Par son ensemble la momie présentait la silhouette d'un animal agenouillé dans la même attitude que le mouflon à manchettes (fig. 56), mais elle avait été préparée d'une manière toute différente : le corps du mouflon était entièrement embaumé, tandis que dans la momification du bouc on n'avait protégé que le squelette et même, ainsi qu'on le verra plus loin, seulement une faible partie du squelette. Cette momie se composait d'abord, à la surface, d'une étoffe fine recouvrant tout le corps et portant la trace de lignes ornementales peintes, d'un bleu très tendre presque effacé (fig. 57). Au-dessous se trouvaient des bandelettes de 50 à 60 millimètres

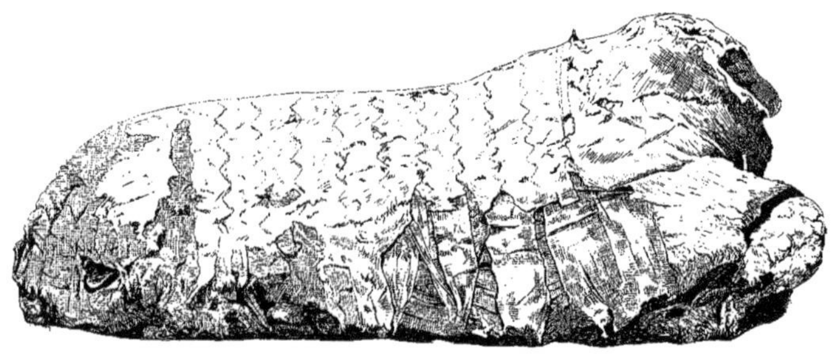

Fig. 57. — Momie de bouc et de crocodile. Sakkara. (1/5 gr. nat.)

de largeur enroulées autour du corps dans le sens transversal. Puis venaient ensuite d'interminables enveloppes de toile et d'étoffes diverses, disposées dans tous les sens et atteignant parfois jusqu'à 70 millimètres d'épaisseur. Toutes ces étoffes tombaient en poussière; elles ne paraissaient enduites d'aucune substance goudronnée.

Après avoir remarqué que les parties de la momie représentant les membres antérieurs ne renfermaient aucun ossement, qu'elles avaient été modelées de toutes pièces, nous nous attendions à trouver réunis au milieu tous les os du bouc. Une surprise nous était ménagée : au lieu du squelette d'un individu d'*Hircus mambricus* il n'y avait sous la forte épaisseur de toiles que quelques ossements de cet animal mêlés à une plus grande quantité d'os de membres, de vertèbres et de plaques osseuses dermiques d'un crocodile de forte taille.

Ces os de crocodile et de bouc avaient été ensemble arrosés abondamment de goudron; ils adhéraient presque tous les uns aux autres.

Il appartient aux égyptologues de dire ce que signifie l'association de deux animaux si différents dans une momie ayant la forme d'un bouc. Peut-être ce groupement a-t-il quelque rapport avec Sebek ou Sebek-Râ, divinité à tête de crocodile et cornes de bélier que nous voyons sur plusieurs monuments du nouvel Empire. Cette divinité, qui figure sur le grand temple d'Ombos[1] et dans une scène d'offrande de Ramsès IV à Phré et Ammon-Râ[2], est représentée avec les cornes du bélier de Mendès, des plus anciens monuments égyptiens, c'est-à-dire des cornes semblables à celles d'*Ovis palæoægypticus*[3] dont on a trouvé des restes dans les dépôts néolithiques de Toukh (Haute-Égypte).

Le culte de Mendès date, comme on le sait, de la plus ancienne époque égyptienne. L'objet de ce culte était représenté à l'origine par un bélier de la race *Ovis palæoægypticus* à cornes horizontales et transversales. Après l'extinction de cette race de mouton, vers le commencement de la période saïte, le bélier est remplacé dans le culte de Mendès, par un individu mâle de la chèvre de Syrie : *Hircus mambricus*, dont les cornes sont presque semblables à celles d'*Ovis palæoægypticus*. Ce sont précisément des restes d'un bouc d'*Hircus mambricus* que nous trouvons associés à des ossements de crocodile dans la momie de Sakkara qu'on vient de décrire.

Cette momie confirmerait donc, en quelque sorte, les assertions des historiens grecs relatives aux animaux sacrés des anciens Égyptiens. Nous croyons avoir démontré, dans l'étude des moutons de l'ancienne Égypte, que le bélier de Mendès de l'époque néolithique et de la période memphite était bien un mouton, mais l'animal consacré à ce culte à l'époque ptolémaïque était, au moins à Sakkara, un bouc de la race *Hircus mambricus*.

Voici la liste des ossements de crocodile et de bouc trouvés à l'intérieur de la momie.

Hircus mambricus, Linné. Le crâne entouré de bandelettes figurait la tête de la momie. Au centre, mêlés aux os de crocodile, on voyait les ossements suivants : omoplate gauche, humérus droit, radius et cubitus droits et gauches, métacarpien gauche et deux phalanges. L'atlas, l'axis et trois autres vertèbres cervicales.

Crocodilus vulgaris, Cuv. Un humérus (de 250 millimètres de long), deux tibias et plusieurs phalanges, treize vertèbres procéliennes diverses, quatre os en V de la partie inférieure de la queue et vingt plaques osseuses dermiques.

La morphologie générale de la chèvre mambrine qui vit de nos jours en Syrie et Mésopotamie peut être ainsi résumée : chèvre grande et haute sur jambes, corps ramassé, tête allongée, chanfrein droit, front peu bombé. Cornes dans les deux sexes, celles du mâle plus fortes, plus contournées que celles de la femelle; corne du côté droit tordue à gauche comme chez les moutons. Oreilles pendantes, longues deux fois environ comme la tête.

Tout le corps est couvert d'un poil long, épais, crépu. La face, les oreilles et les pieds portent seuls des poils courts. Une petite touffe de poils au menton dans les deux sexes.

On croit *Hircus mambricus* originaire de l'Asie Mineure. Son nom serait tiré du mont Mamber ou Mamer en Palestine; c'est là que les voyageurs anciens en auraient vu des troupeaux. Actuellement on la trouve en assez grand nombre aux environs d'Alep et de Damas où elle est connue sous les noms de *Schamaz* et *Mérêse*. Le Muséum de Lyon possède dans ses collections les squelettes de deux spécimens (mâle et femelle) de cette race provenant du Djebel Messeiris (Syrie).

[1] Champollion, *Monuments de l'Égypte et de la Nubie*, vol. II, pl. CI[ter], fig. 2.

[2] Rosellini, vol. III, m. d. c., pl. XXXIII, fig. 1 et 2.

[3] Dürst und Gaillard, *Studien über die Geschichte des ægyptischen Hausschafes*, p. 19, 1902.

Comparés aux squelettes modernes de *Hircus mambricus* les quelques ossements de la momie de Sakkara n'offrent aucune différence. Le crâne brisé (fig. 58) présente dans la région occipitale toutes les particularités des caprins : suture fronto-pariétale à peu près directement transverse, suture occipito-pariétale anguleuse en avant. Comme dans le crâne de bouc du Djébel Messeiris (fig. 53), les crêtes pariétales qui limitent en arrière les fosses temporales sont très rapprochées, les apophyses par-occipitales sont épaisses et courtes; de plus on remarque dans les deux crânes une légère gouttière le long du bord antéro-interne des chevilles osseuses des cornes.

Fig. 58. — *Hircus mambricus*, Linné.
CRANE DE MOMIE DE SAKKARA. (1/2 gr. nat.)

En ce qui concerne les membres, nous n'avons pu comparer que le radius, le métacarpien et un humérus incomplet. Ces os ont la même structure, mais ils sont sensiblement plus grands que ceux des deux individus de Syrie. On doit noter toutefois que ces derniers n'ont pas atteint toute leur croissance, ils sont bien pourvus des trois arrière-molaires de la seconde dentition, mais les épiphyses de leurs membres ne sont pas toutes soudées.

Le rapport du métacarpien au radius qui varie, d'après MM. Cornevin et Lesbre, de 65 à 75 chez les chèvres, de 75 à 85 chez les moutons, va de 71 à 72 dans les squelettes modernes de *Hircus mambricus*. Pour le bouc de Sakkara, il est de 67 seulement, ce qui indique chez cet individu un écart de longueur un peu plus grand entre le radius et le métacarpien.

Le tableau ci-dessous met en regard les dimensions des deux squelettes actuel d'*Hircus mambricus* et celles qu'on a pu relever sur les quelques ossements de l'animal de même race trouvés dans la momie de Sakkara.

	Hircus mambricus		
	Momifié à Sakkara	Moderne du Djébel Messeiris	
	mâle	jeune mâle	femelle jeune
	—	—	—
Longueur du crâne du sommet du frontal à l'extrémité antérieure des frontaux	»	185	190
Largeur maxima du crâne (diamètre sus-orbitaire)	118	112	117
Longueur des cornes en suivant la ligne externe de la courbe	»	420	195
— de l'omoplate	163	159	155
— de l'humérus	»	162	155
— du radius	205	164	159
— du métacarpien	139	117	116
— du fémur	»	192	185
— du tibia	»	218	210
— du métatarsien	»	125	122

HIRCUS THEBAICUS, Desm.

Capra thebaica, Desmarest, *Mammalogie*, 2e partie, p. 484 (1882). — Gray, *Cat. of mamm. Brit. Mus.*, p. 155 (1852).
Hircus thebaicus, Brehm, *la Vie des animaux*, p. 601, fig. 285.

La « chèvre de la Haute-Égypte » n'a pas été trouvée momifiée ; elle est signalée ici d'après un crâne recueilli à Khozan, dans un tombeau des premières dynasties pharaoniques et un autre crâne incomplet provenant du kjœkkenmœdding de Toukh (Haute-Égypte).

Ces ossements de Toukh ont été récoltés, comme nous l'indiquons à propos des fragments de crâne d'*Ovis palæoægypticus*, à la partie inférieure du dépôt où ne se remarque aucune trace de métal ni de brique crue. Tous ces restes osseux, qui se trouvent mêlés à de nombreux instruments en silex, sont attribués à l'époque préhistorique ; ils appartiennent, d'après M. de Morgan, à la période qui a immédiatement précédé la conquête de l'Égypte par les Pharaons. Les tombeaux de Khozan, fouillés par M. E. Chantre, sont probablement du même âge que la zone supérieure du dépôt de Toukh, c'est-à-dire de l'époque de Négadah.

Hircus thebaicus se reconnaît aux particularités suivantes : taille moyenne ; chanfrein bombé, séparé du front par une dépression forte chez le mâle. Les cornes manquent quelquefois ; quand elles existent elles sont petites, légèrement recourbées en arrière et en bas. Pas de barbiche au menton. La lèvre supérieure laisse découvertes les incisives inférieures. Oreilles pendantes, longues comme la tête. Poils brun fauve, lissés et peu allongés ; courte crinière sur le cou. La femelle est comme le mâle, mais son chanfrein est un peu moins convexe.

Cette chèvre habite encore actuellement la Haute-Égypte, elle y est connue depuis la plus haute antiquité.

OISEAUX[1]

Plus de mille momies d'oiseaux, envoyées de diverses localités de l'Égypte par M. Maspero, Directeur général du Service des Antiquités égyptiennes, ont été ouvertes au Muséum de Lyon. Un nombre considérable de ces momies ne contenaient que les restes de très jeunes animaux, des débris de plumes et d'ossements indéterminables. Cependant il a été possible de recueillir et d'étudier le squelette de près de cinq cents oiseaux bien conservés. Quelques-uns, notamment des crécerelles, un ibis falcinelle, et surtout un rollier, au gracieux plumage vert et bleu, étaient dans un état de conservation tellement parfait, qu'on put les reconnaître au simple examen des plumes; mais la plupart furent déterminés d'après le squelette.

Dans ce grand nombre d'oiseaux momifiés, nous avons reconnu les espèces suivantes :

Milvus ægyptius, Gm.
Milvus regalis, Brisson.
Pernis apivorus, L.
Elanus cæruleus, Desf.
Buteo desertorum, Daudin.
Buteo ferox, Gm.
Buteo vulgaris, Linné.
Circaetus gallicus, Gm.
Aquila imperialis, Bechst.
Aquila maculata, Gm.
Aquila pennata, Gm.
Haliaetus albicillus, L.
Falco babylonicus, Gurney.
Falco barbarus, L.
Falco Feldeggii, Schl.
Falco subbuteo, L.
Hierofalco saker, Gm.
Cerchneis cenchris, Frisch.
Cerchneis tinnunculus, L.
Accipiter nisus, L.
Circus æruginosus, L.
Circus cyaneus, L.
Circus macrurus, L.
Circus pygargus, L.
Melierax gabar, Daudin.
Pandion haliaetus L.
Strix flammea, L.
Bubo ascalaphus, Savig.
Scops Aldrovandi, Willougby.
Asio otus, L.
Asio brachyotus, Gm.
Cuculus canorus, L.
Coracias garrulus, L.
Hirundo rustica, L.
Pteroclurus senegallus, L.
Œdicnemus crepitans, Temm.
Ibis æthiopica, Lath.
Plegadis falcinellus, L.

La plupart de ces espèces n'avaient pas encore été signalées parmi les momies d'animaux. Les plus communes sont, par ordre d'importance : la crécerelle, les buses *(Buteo desertorum* et *Buteo ferox)*, l'épervier, un aigle de petite taille *(Aquila maculata)* et le milan d'Égypte.

Les momies d'oiseaux forment deux catégories d'aspect distinct : celle des ibis et celle des rapaces. Nous ferons très sommairement : 1° la description des momies de rapaces; 2° celle des momies d'ibis; 3° l'étude systématique des espèces reconnues.

[1] Lortet et Gaillard, les Oiseaux momifiés de l'ancienne Égypte *(Comptes rendus de l'Académie des sciences*, Paris, p. 854, 1901).

MOMIES DE RAPACES

Les oiseaux de proie proviennent de Gîzé, Kom-Ombo et Rôda. Quelques ossements d'un rapace de la taille d'*Aquila maculata* ont été recueillis, en outre, par Daninos Pacha dans un puits de la nécropole d'Héliopolis. Les oiseaux de Gîzé ont été trouvés dans la plaine au pied du plateau des pyramides, au sud du sphinx; ils sont de l'époque ptolémaïque, peut-être de la XXVIe dynastie.

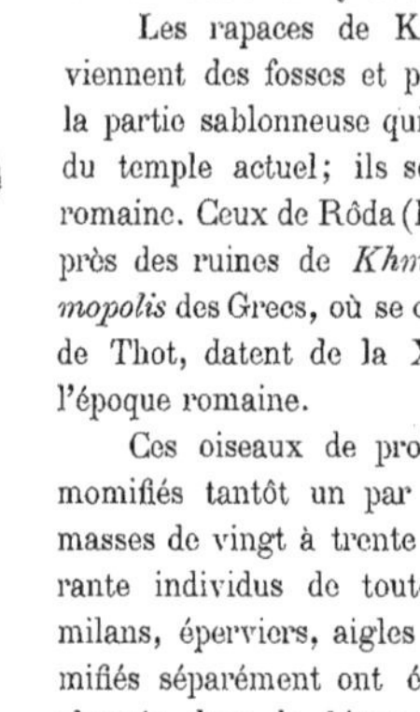

Fig. 59. Fig. 60.
OISEAUX DE PROIE MOMIFIÉS DE RÔDA. (gr. nat. 1/3)

Les rapaces de Kôm-Ombo proviennent des fosses et puits situés dans la partie sablonneuse qui s'étend à l'est du temple actuel; ils sont de l'époque romaine. Ceux de Rôda (Haute-Égypte), près des ruines de *Khmounou*, l'*Hermopolis* des Grecs, où se célébrait le culte de Thot, datent de la XXe dynastie à l'époque romaine.

Ces oiseaux de proie se trouvent momifiés tantôt un par un, tantôt par masses de vingt à trente et même quarante individus de toute espèce. Les milans, éperviers, aigles et faucons momifiés séparément ont été, en général, plongés dans le bitume liquide, puis enveloppés de bandes de toile; le corps est quelquefois entouré, en outre, d'une étroite bandelette vers le haut des ailes, les yeux sont figurés à l'extérieur par deux petits disques d'étoffe de ton différent (fig. 59). Leurs momies rappellent un peu la silhouette d'une momie humaine.

Lorsque l'oiseau est débarrassé de son enveloppe, il apparaît les ailes serrées contre le corps, les pattes allongées (fig. 60). D'autres fois, les tarses étant repliés sur les jambes, les doigts se trouvent ramenés au niveau du sternum entre le corps et les ailes.

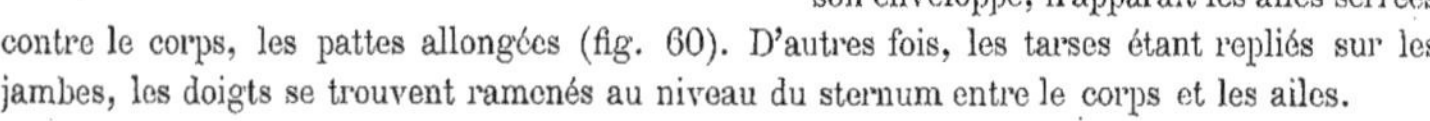

Les oiseaux de proie momifiés par groupes agglomérés ont la forme de grands fuseaux, plus étroits aux deux bouts qu'au milieu, longs de 1[m]50 environ et larges au plus de 0[m]40 (fig. 61). Les oiseaux qu'ils contiennent n'ont pas tous été momifiés à l'état frais, quelques-uns portent les traces de décomposition avancée. Sans doute ces grandes quantités d'oiseaux de proie ne pouvaient être réunies en une seule journée, ni par une seule personne. Ils étaient probablement apportés un à un, et à plusieurs jours d'intervalle, par les habitants du même village. Lorsque chacun avait participé à cette sorte d'offrande collective, on plaçait au milieu des rapaces un autre oiseau : ptéroclès, coucou, rollier ou quelques hirondelles. Parfois même on ajoutait soit une musaraigne, soit un rongeur de petite taille tel qu'*Acomys cahirinus*, avec une ou plusieurs dents de crocodile. Le tout était alors arrosé de bitume, puis enveloppé et serré fortement dans de larges bandes d'étoffe. Quelques baguettes de palmier, épaisses d'un doigt, étaient disposées dans le sens de la longueur par-dessus la première enveloppe, sur le pourtour de la momie, pour en augmenter la rigidité; enfin, on entourait l'en-

Fig. 61. — Oiseaux de proie momifiés de Gîzé. (1/8 gr. nat.)

semble d'une seconde et dernière enveloppe de bandelettes. L'offrande ainsi apprêtée était portée dans le voisinage du temple de la divinité dont on sollicitait les faveurs.

Les rapaces nocturnes, pas plus que les oiseaux divers indiqués dans la liste précédente, n'étaient pas momifiés isolément. Tous ont été trouvés à l'intérieur des groupes d'oiseaux de proie diurnes. Les hiboux et les chouettes étaient toujours, sauf une exception, déchirés ou décapités. Il se peut que ces animaux aient été momifiés par erreur, par suite de la similitude de leurs serres et de leurs pattes avec celles des rapaces diurnes. En ce qui concerne les autres oiseaux, coucou, rollier, ptéroclès, hirondelles, etc., la confusion n'était pas possible; leur présence est probablement due, comme celle de la musaraigne et des dents de crocodile, à une cause différente que les égyptologues sauront sans doute indiquer.

Fig. 62. — Oiseaux de proie momifiés de Gîzé. (1/8 gr. nat.)

Lorsqu'on a enlevé les diverses enveloppes des groupes de rapaces, les oiseaux se présentent placés sans ordre apparent (fig. 62); la tête et les pieds alternent seulement de manière à former une masse régulièrement arrondie. Les oiseaux entiers se trouvent, en général, vers l'extérieur, les spécimens déchirés et ceux qui portent des traces de décomposition ancienne sont au milieu.

Comment les Égyptiens pouvaient-ils capturer de pareilles quantités de rapaces? Où les trouvaient-ils? Il est difficile de l'expliquer maintenant. Les voyageurs qui vont chaque année passer l'hiver en Égypte ne remarquent partout, à part le milan, que de très rares oiseaux de proie. Il faut admettre qu'autrefois ces animaux étaient beaucoup plus communs que de nos jours. A en juger par les fractures des ailes et des pattes qu'on a observées fréquemment, ces rapaces étaient peut-être pris dans les pièges tendus aux autres oiseaux, puis achevés à coups de bâton. Quelques-unes des grandes momies renfermaient aussi de très jeunes milans à peine couverts de quelque duvet ; il est possible que le père et la mère aient été surpris la nuit et enlevés avec la couvée tout entière. Quoiqu'il en soit, la présence de ces jeunes oiseaux indique en tout cas que certaines momies, sinon toutes, étaient préparées vers le mois de mars ou d'avril. Il serait intéressant de savoir si ces oiseaux étaient momifiés à l'occasion de fêtes ou de cérémonies célébrées autrefois vers cette époque de l'année.

Ces oiseaux de proie symbolisaient, suivant les époques et les provinces, *Râ*, le soleil, *Horus* ou *Aroëris*, le ciel. Pendant une longue période de l'histoire égyptienne, ils représentaient également les âmes des morts.

Quelques savants, ayant pensé que les anciens Égyptiens adoraient une seule espèce de faucon ou d'épervier, ont recherché, d'après les figurations et les textes anciens, quelle pouvait être cette espèce.

Pour Wilkinson[1], le faucon sacré de Râ, adoré à Héliopolis et dans divers autres lieux, serait le hobereau, *Falco subbuteo,* qu'il nomme *Falco aroëris.*

Heuglin[2] donne le nom de *Falco horus* au *Falco concolor* de Temminck.

Hierofalco saker, qui est connu des Arabes sous le nom de *Sakkr-el-hor*[3] et utilisé à la chasse de la gazelle depuis une haute antiquité, a été aussi considéré, à cause de son nom, comme le faucon sacré d'Horus. Le nom de *saker,* et non pas *sacer,* vient du mot *sakkr* par lequel les Arabes désignent les faucons en général.

Pour M. le professeur V. Loret, le faucon sacré d'Horus serait le faucon pèlerin, *Falco peregrinus,* que les Arabes nomment, suivant Tristram, *Tir-el-hor*[4]. Ce faucon est facile à reconnaître, mais nous ne l'avons pas rencontré parmi les momies égyptiennes. « Si mes recherches dans les textes et dans les bas-reliefs ne m'abusent pas, écrit M. Loret, le faucon pèlerin était l'oiseau sacré d'Horus, que l'on a toujours pris pour un épervier. Cet oiseau d'Horus a le dos ou les ailes verts ou bleus, ce qui est la manière des Égyptiens de rendre le gris ardoisé cendré ; la tête, le cou, la poitrine, le ventre, les pattes sont blancs. Le ventre ordinairement moucheté de courtes rayures rougeâtres. Le dessus de la tête est gris et l'œil est entouré de taches noires[5]. »

Cette description se rapporte mieux à *Falco babylonicus* ou *F. Feldeggi,* ou encore à un jeune *Heriofalco saker* qu'à *Falco peregrinus.* Si l'on devait désigner le faucon d'Horus d'après les textes, il conviendrait donc de le choisir parmi les trois premières espèces, mais il est inutile d'augmenter d'un nom la série des faucons supposés sacrés. Du reste, ces espèces sont distinguées les unes des autres, non pas d'après la couleur de leur plumage qui varie entre les adultes et surtout du jeune à l'adulte, mais plutôt d'après les proportions relatives des tarses et des doigts.

La liste des oiseaux momifiés, dans laquelle on trouve presque tous les rapaces de l'Égypte

[1] Wilkinson, *the ancient Egyptians*, vol. III, p. 261, London, 1878.
[2] Heuglin, *in Ibis*, 1860, p. 409.
[3] Tristram, *the Fauna and Flora of Palestine*, p. 105.
[4] Tristram, *loc. cit.*, p. 104.
[5] Lettre manuscrite adressée à M. le professeur Lortet, décembre 1901.

actuelle, démontre jusqu'à l'évidence que les Égyptiens étaient beaucoup moins exclusifs qu'on ne le suppose. Peut-être pendant la basse époque, dans une localité donnée, une seule espèce de faucon a-t-elle été vénérée? Nous ne le savons pas. Mais, quand même ce fait serait établi, quand même un faucon serait désigné clairement par un texte, on aurait grand tort néanmoins de regarder ce rapace, adoré seul dans la Basse-Égypte et à l'époque ptolémaïque par exemple, comme l'oiseau sacré d'Horus ou de Râ de l'ancienne Égypte entière.

MOMIES D'IBIS

Les momies d'ibis étudiées à Lyon, ont été recueillies en majeure partie dans les hypogées de Sakkara; quelques spécimens seulement sont de la Haute-Égypte, de Kôm-Ombo, Rôda et Touné, une seule provient de Thèbes. Les unes et les autres datent de la XXe dynastie à l'époque grecque.

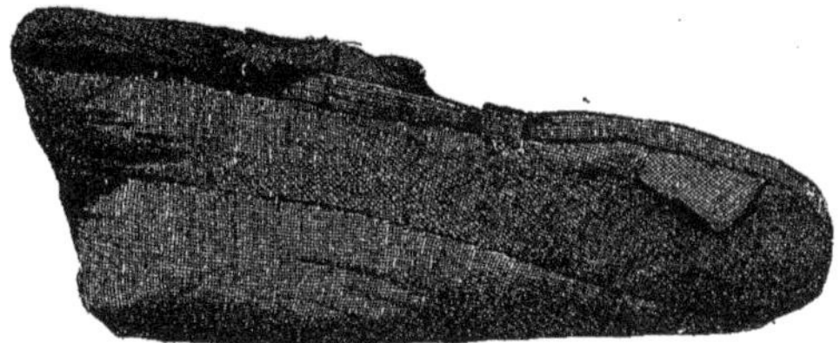

Fig. 63. — Momie d'ibis de Kôm-Ombo. (1/3 gr. nat.)

Ces momies ne contiennent toujours qu'un seul individu. Elles sont entourées de bandes d'étoffe, ou conservées dans des vases grossiers en terre cuite rouge. Lorsqu'elles sont protégées de bandelettes, elles ont, le plus souvent, la forme d'un cône arrondi aux extrémités, recouvert d'un réseau de fils entrelacés de manière à produire diverses ornementations. D'autres fois, les ibis sont enveloppés de simples bandes, sans

Fig. 64. — Ibis momifié de Kôm-Ombo. (1/3 gr. nat.)

aucun ornement, mais la tête, au lieu d'être maintenue dans sa position naturelle comme celle des oiseaux de proie, est ramenée sur le sternum, dans l'axe du corps (fig. 63). On voit alors le long bec recourbé se prolonger sous les bandelettes jusque près des pattes. Dans ce mode de momification, l'oiseau a été d'abord arrosé de bitume, puis, le cou étant replié en avant, la tête sur le sternum (fig. 64), on a enveloppé le corps de plusieurs bandes de toile, tantôt simples comme pour la momie représentée figure 63, tantôt ornées (fig. 65). Les momies de cette forme sont de Rôda, Thèbes et Kôm-Ombo.

A Sakkara, les ibis et les animaux de petites dimensions étaient conservés séparément dans un pot ou vase particulier. A Thèbes également. Les pots de Sakkara sont en terre cuite rouge d'une forme allongée, pouvant recevoir exactement une momie d'ibis. Ils sont

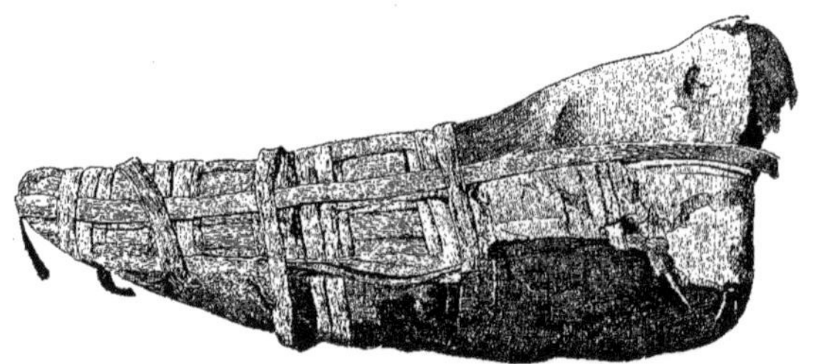

Fig. 65. — Momie d'ibis de Rôda (1/3 gr. nat.)

fermés par un couvercle de la même terre cuite scellé assez grossièrement avec du plâtre (fig. 66).

Nous n'avons pas reçu des pots d'ibis de Thèbes. Ils y sont, paraît-il, de différentes matières : en pierre commune, en faïence bleue, ou en pierre dure et polie. Leur forme est conique mais peu allongée. Ils tiennent debout sur leur fond, tandis que ceux de Sakkara ne peuvent tenir que couchés à terre [1].

Dans les hypogées de Sakkara, les pots d'ibis sont placés par rangées horizontales superposées sur toute la hauteur des galeries. Et. Geoffroy Saint-Hilaire [2] fait la description

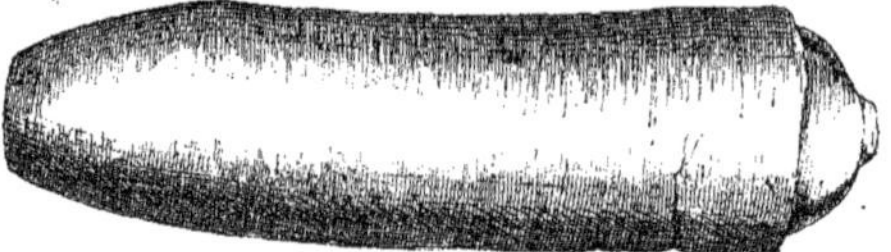

Fig. 66. — Pot renfermant une momie d'ibis, Sakkara. (1/4 gr. nat.)

suivante de ces entassements : « Nous sommes descendus dans les puits des oiseaux où, pour la première fois, j'ai trouvé des momies en place. Ces puits conduisent à des caves souterraines assez spacieuses auxquelles répondent à angles droits, à droite et à gauche, un très grand nombre de caveaux sans issue. Ce sont ces caveaux d'une assez grande profondeur que l'on a remplis de pots d'ibis, en les entassant sans autre attention que de les coucher horizontalement comme les bouteilles de vin dans nos caves de France, le premier lit présentant anté-

[1] *Description de l'Egypte*, vol. 3, p. 92, 5e vol., pl. XCII, pl. LXXVI, Paris, 1828.
[2] *Lettres d'Egypte* (recueillies et publiées par le Dr Haug), p. 149, Paris, 1901.

rieurement son ouverture, le deuxième son fond, et ainsi de suite, jusqu'à ce que les pots aient gagné le faîte du caveau. »

Les momies de Sakkara présentent un contenu des plus variés. On trouve, à l'intérieur, soit un amas de poussière et d'étoffe déchirée, soit des débris de bois et de lianes, ou bien des plumes blanches avec deux ou trois morceaux de brique, destinés à donner à la fausse momie le poids d'une momie véritable. D'autres fois on a conservé seulement le bec et les pattes d'un ibis, ou bien encore on a construit de toutes pièces un mannequin ayant la forme d'un oiseau dont la tête, modelée grossièrement avec des chiffons et des bandelettes, ressemble à une tête de faucon. Dans ces momies, qui renferment le plus souvent des ossements d'ibis, nous avons rencontré aussi, comme Ollivier[1], tantôt le corps d'une musaraigne, tantôt le crâne seulement d'un de ces petits mammifères.

L'ornementation des momies de Sakkara est des plus diverses et des plus ingénieuses. Elle consiste soit en étroites bandelettes croisées en diagonale et recouvertes par d'autres bandes enroulées en spirale (fig. 67), soit en réseaux de fils maintenus par de petites bandes de toile (fig. 68 et 69); quelques-unes sont ornées de fils entre-croisés obliquement sur des étoffes à deux tons brun clair et foncé (fig. 70 et 71).

Tous les égyptologues ont constaté que ces ibis, bien qu'on les eût protégés séparément dans des vases en terre, se trouvent toujours en très mauvais état de conservation. On ne peut recueillir un seul squelette entier. Le contenu de la momie tombe en poussière sous la plus légère pression. Mariette fait la même remarque dans la lettre suivante adressée du Caire, le 22 juin 1870, à l'un de nous, qui, à cette époque, tentait déjà de réunir les matériaux de la présente étude. « Je me sens un peu gêné, écrit Mariette, d'être obligé de faire une réponse négative à la lettre que vous avez bien voulu m'adresser en date du 25 mars. Effectivement, il y a aux environs du Caire, c'est-à-dire à Sakkara, des hypogées d'ibis. Mais, en premier lieu, ces hypogées sont, pour le moment, ensablés, et il serait difficile de les déblayer sans travaux considérables. En second lieu, en supposant même que les hypogées soient accessibles, on n'y trouve que des momies brûlées, calcinées, qui tombent en poussière au plus petit contact de la main. J'ai certainement vu des voyageurs briser plusieurs milliers des vases qui les contiennent sans en trouver une seule qui valût la peine d'être transportée. Consultez à ce sujet les ouvrages spéciaux et vous verrez que l'hypogée des ibis de Sakkara n'a jamais, depuis qu'il est connu, fourni un document digne de figurer dans une collection. Le Musée de Boulaq en possède deux à la vérité. Mais ils sont exposés pour la toile qui les recouvre, laquelle est exceptionnellement curieuse, et non pour l'oiseau momifié qui, à l'intérieur, n'est certainement qu'un amas de cendre. »

Les momies de Sakkara ouvertes à Lyon contenaient dans la plupart des cas, abstraction faite des fausses momies bourrées de débris de plumes ou de briques, des ossements d'*Ibis æthiopica;* quelques spécimens seulement, tout à fait semblables aux autres, renfermaient soit des restes de musaraignes, soit des os d'une seconde espèce d'ibis, l'*ibis noir* des anciens, *Plegadis falcinellus.*

A Touné, les ibis ont été embaumés séparément et conservés dans des vases en terre cuite rouge, ainsi qu'à Sakkara; mais les momies, au lieu d'être protégées chacune dans un

[1] Ollivier, *Voyage dans l'Empire Ottoman*, t. II, p. 94, 1804.

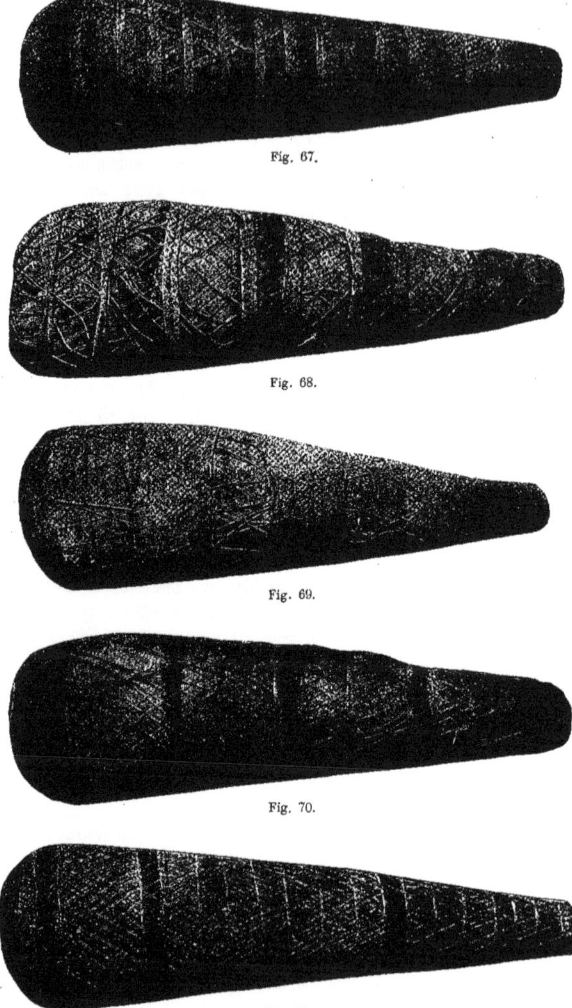

Fig. 67.

Fig. 68.

Fig. 69.

Fig. 70.

Fig. 71.

Momies d'ibis de Sakkara. (1/3 gr. nat.)

vase particulier, ont été réunies par quatre ou cinq exemplaires dans des vases de plus grandes dimensions.

Ces vases, fermés non par un couvercle, mais par une simple garniture de plâtre coulée sur l'orifice, sont de deux formes différentes : les uns coniques, à fond arrondi, sont évasés du côté de l'ouverture (fig. 72) ; les autres, arrondis également vers le fond, sont cylindriques et légèrement resserrés à l'orifice (fig. 73).

Des vases plus grands que les précédents, de forme plus allongée, étaient aussi en usage à Touné. Ceux-ci sont pleins d'ossements d'ibis de nombreux individus, sans aucune trace ni de bitume, ni de la matière noirâtre et cendrée qui entoure les petits animaux conservés dans les pots de Sakkara et les autres vases de Touné décrits plus haut. Ces ossements ne sont pas les restes d'oiseaux introduits entiers dans ces pots, puis détériorés peu à peu au cours des siècles ; ils proviennent probablement de momies

Fig. 72. (1/6 gr. nat.)

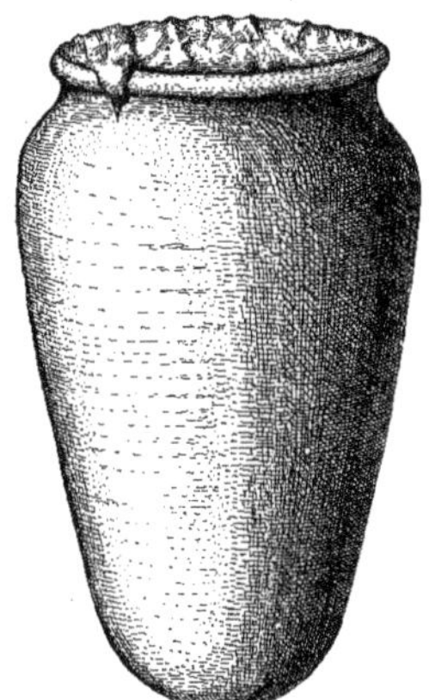

Fig. 73. (1/5 gr. nat.)

VASE EN TERRE CUITE RENFERMANT DES IBIS DE TOUNÉ.

brisées à une époque ancienne et dont on a recueilli alors, par grandes quantités, les débris osseux dans de nouveaux vases. Voici quel était le contenu de l'un d'eux ; il justifie bien, semble-t-il, notre supposition. Au milieu de plusieurs centaines d'os d'ibis plus ou moins brisés, il y avait 52 humérus et seulement 14 crânes d'*Ibis æthiopica*. On a trouvé, de plus, mêlés à ces restes, les ossements suivants : humérus droit d'*Herpestes ichneumon* L. ; fémur gauche d'un faucon de la taille de *Falco babylonicus;* deux humérus d'oiseaux de proie diurnes; extrémité distale d'un métatarsien gauche d'échassier plus grand que *Ciconia alba* (la trochlée du doigt interne est très courte, les dimensions et la structure de ce métatarsien paraissent se rapporter à *Tantalus ibis);* enfin une coquille de jeune gastropode, *Meladomus Boltenianus*, Chemnitz.

Ainsi, un seul vase de Touné renfermait, outre ces divers débris, des restes d'au moins vingt-six ibis. Lorsqu'on se rappelle que, dans plusieurs hypogées, les pots de momies sont entassés jusqu'au faîte des galeries, on peut se faire une idée de la prodigieuse quantité d'animaux qui a été amoncelée dans ce pays pendant la longue durée de la civilisation égyptienne.

Pourquoi l'ibis était-il adoré des Égyptiens ? Quelle divinité symbolisait-il à leurs yeux ?

L'ibis était, dès la plus haute antiquité, consacré à Isis. Cette divinité personnifiait la vallée du Nil, la Terre féconde de l'Égypte. L'ibis était donc l'emblème de l'Égypte.

Hérodote a rapporté qu'il y avait en Égypte deux sortes d'ibis, le blanc et le noir ; « le noir était proprement l'ennemi des serpents et faisait sa demeure à l'entrée des déserts, tandis que le blanc était un oiseau domestique ». Il raconte ensuite, d'après la légende égyptienne, les combats livrés aux serpents par les ibis, aux environs de la ville de Bouto. La plupart des historiens grecs et latins ont reproduit cette version. « Les ibis noirs combattant pour la terre dont ils sont les alliés, écrit Ellien, ne permettent pas aux légions pestiférées des serpents volants de passer de l'Arabie sur les confins de l'Égypte. Les autres ibis tuent les serpents que les alluvions du Nil y attirent de l'Éthiopie, allant d'abord au-devant de leurs tentatives ; voilà ce qui empêche les Égyptiens de périr par l'arrivée des serpents. »

On peut admettre, croyons-nous, que ce combat des ibis avec les serpents, pris à la lettre par les historiens, n'est sans doute autre chose qu'une métaphore égyptienne mal interprétée. Chaque année au printemps, les vents du sud soufflent des jours entiers sur l'Égypte, ils entraînent avec eux, et répandent sur tout le pays une poussière épaisse et brûlante ; peu à peu les plantes se dessèchent, les animaux languissent ; des épidémies se développent comme en ce moment, qui déciment la population. Si cet état de choses durait, la plupart des êtres seraient vite anéantis, le désert gagnerait la vallée. Mais bientôt, les pluies abondantes de la région des grands lacs rafraîchissent l'air ; le Nil, grossi de nouveau, rend à l'Égypte sa fécondité, c'est-à-dire la vie.

Les prêtres égyptiens s'exprimaient dans un langage imagé mais très concis et familier à tout le monde, écrit Savigny [1], « au lieu de dire, par exemple : les sables où vivent les cérastes sont emportés dans les airs ; ils nous arrivent avec de fâcheuses maladies, peut-être couvriront-ils nos champs cultivés ; peut-être qu'il nous faudra périr et que bientôt les serpents venimeux posséderont cette terre qui est notre patrie, comme ils possèdent aujourd'hui les déserts. Ils disaient simplement : *les serpents volants envahiront l'Égypte*. De même, quand, par l'effet du vent du nord, le pays s'était assaini et que leurs ibis sacrés avaient reparu avec des eaux fécondantes, on disait : *les ibis ont combattu les serpents volants*. »

En réalité, la première cause de la vénération de l'ibis vient de la croyance d'après laquelle la fécondité et la salubrité des terres étaient dues à l'ibis. Les Égyptiens ayant remarqué la coïncidence de la crue du Nil et de l'arrivée des ibis, s'étant aperçus qu'une terre rendue féconde et salubre par les eaux douces était aussitôt habitée par eux, crurent que la présence de ces oiseaux était liée à la fécondité, à la salubrité de leurs terres et à l'inondation du Nil. « Cette idée se rattachant au phénomène duquel dépendait leur conservation, je veux dire aux épanchements périodiques du fleuve, fut le premier motif de leur vénération pour l'ibis et devint le fondement de tous les hommages qui constituèrent ensuite le culte de cet oiseau [2] ».

Les historiens, voyageurs et naturalistes, ont tous, jusqu'au commencement du siècle dernier, donné pour véridique la légende du combat des serpents avec les ibis. C'est la raison

[1] Savigny, *Histoire naturelle et mythologique de l'ibis*, p. 94, Paris, 1805.
[2] Savigny, *ibid*, p. 70.

pour laquelle on fut si longtemps incertain sur l'identité de l'ibis égyptien qui était toujours recherché parmi les oiseaux se nourrissant de reptiles.

A cette époque, Bruce, Cuvier, Savigny purent identifier l'ibis sacré, l'ibis blanc des anciens à *Ibis æthiopica*. Dans son mémoire sur cet oiseau, Cuvier[1] prétendit bien avoir trouvé à l'intérieur d'une momie « des débris non encore digérés de peau et d'écailles de serpents », mais, depuis, les naturalistes et les voyageurs ont reconnu que l'ibis ne s'attaque pas aux serpents, qu'il se nourrit exclusivement de mollusques d'eau douce, ce qui explique pourquoi l'ibis sacré n'a jamais été vu auprès des grands lacs saumâtres, comme le lac Menzaleh, qui bordent la Méditerranée.

En ce qui concerne l'ibis noir, on a démontré qu'il ne pouvait s'agir que du falcinelle dont Ollivier avait déjà remarqué quelques débris parmi les momies de Sakkara. Le nom arabe actuel de cet ibis est du reste presque identique à celui que les anciens ont donné de l'ibis noir. Ayant recueilli de notre côté, des restes momifiés de plusieurs individus de *Plegadis falcinellus*, l'identité du falcinelle et de l'ibis noir ne paraît plus douteuse.

A l'origine, l'ibis fut adoré comme le symbole de la Terre et de l'Eau, ce mélange d'où naissaient, sous l'influence de la chaleur du soleil, tous les êtres organisés, les animaux et les plantes. Cette terre féconde, Isis, était la principale divinité des Égyptiens à laquelle ils vouaient les prémices de ses productions et surtout les brillantes fleurs de lotus. Isis avait pour époux Osiris. « Celui-ci était la force active et vivifiante, la partie mâle de l'univers. Isis était la force passive, partie femelle, féconde de tout temps. Dans l'ancienne tradition c'était Osiris qui avait donné l'ibis à l'Égypte. Osiris fit venir de grandes troupes d'ibis pour la délivrer des multitudes de serpents engendrés par la corruption du limon, qui était devenue dangereuse, à tel point que beaucoup de personnes y périrent, entre autres Canope, nautonier d'Osiris[2]. »

Plus tard, l'ibis devint le symbole du Nil en même temps que de Toth, dieu de la science et de la médecine, l'esprit personnifié. Les Égyptiens nommaient ce dieu Toth ou Téchouth, le *deux fois grand ;* les Grecs l'appelaient Hermès Trismégitos ou le *trois fois grand*. Toth-ibis et le Nil défendaient l'Égypte et les Égyptiens contre leurs ennemis. A cette époque, le soleil, qu'on l'appelât Râ ou Horus, constituait donc avec le Sol fécond de l'Égypte et Toth-ibis ou le Nil (père, fils, esprit), une sorte de trinité objective, matérielle, que le fellah, sinon le prêtre, interrogeait, invoquait l'année durant. Le peuple de la vallée du Nil adorait cette trinité charmante sous la protection et dans l'intimité de laquelle il vivait; en retour, elle lui prodiguait « les choses douces et pures » que l'Égyptien avait coutume de demander aux divinités jusque sur les sarcophages de ses morts.

[1] Cuvier, *Annales du Muséum*, p. 132.
[2] Savigny, *Hist. nat. et myth. de l'ibis*, p. 144, 1805.

RAPACES DIURNES

FAMILLE DES FALCONIDÉS

SOUS-FAMILLE DES MILVINÉS

GENRE MILVUS, BRISSON

MILVUS ÆGYPTIUS, Gmelin.
(Pl. II.)

Le Parasite, Levaillant, *Histoire naturelle des oiseaux d'Afrique*, p. 88, pl. XXII (Paris, 1799).
Milvus ætolius, Savigny, Système des oiseaux de l'Egypte et de la Syrie (*Description de l'Égypte*, 1828, vol. XXIII, p. 260, pl. III, fig. 1).
Milvus ægyptius, Gray, *Cat. accipitres*, p. 44 (1848) — Shelley, *Birds of Égypt*, p. 196 (1872). — B. Sharpe, *Cat. of the birds in the British Museum*, vol. I, p. 320 (1874).
Nom égyptien : *Haddâyeh*, d'après Savigny[1], *Hedaich*, suivant Shelley[2].

Milvus ægyptius, Gm., est des plus communs parmi les oiseaux momifiés de l'ancienne Égypte. Sur 500 oiseaux de proie examinés, nous avons reconnu 42 milans de cette espèce : 21 proviennent des hypogées de Kôm-Ombo, 18 des environs de Gizé et 3 de Rôda (Haute-Égypte).

Chez *Milvus ægyptius* les narines sont obliques et ovales.

Le tarse est emplumé en avant sur le tiers de sa longueur environ ; la partie nue du tarse est moindre que la longueur du doigt médian sans ongle. Le tarse, écailleux devant, est réticulé en arrière. Les doigts sont courts ; l'externe est légèrement plus long que le doigt interne.

La cire, le bec et les tarses sont jaunes.

Longueur du tarse : 54 à 56 mill. Longueur du doigt médian sans ongle : 35 à 38 mill.

Trois espèces de milans vivent actuellement en Afrique. Ce sont *Milvus niger*, Brisson, *Milvus regalis*, Brisson, et *Milvus ægyptius*. Celle-ci est la plus abondante des trois ; elle se

[1] Système des oiseaux de l'Egypte (*Descript. de l'Egypte*, vol. XXIII, p. 260, 1828).
[2] *Birds of Egypt*, p. 196, 1872.

distingue des deux autres par les proportions de ses tarses et de ses doigts, ainsi que par la couleur de son bec.

Milvus niger et *Milvus regalis* ont le bec noir ou brun, *Milvus ægyptius* adulte a le bec jaune.

La longueur moyenne du tarse est, d'après M. Fatio[1], de 49 à 50 pour le milan royal, de 49 à 53 pour le milan noir. Chez le milan égyptien, le tarse est un peu plus grand, il atteint toujours, d'après nos mensurations, de 54 à 56 millimètres comme l'a indiqué Shelley dans son étude sur les oiseaux de l'Égypte. Mais la longueur de ses doigts est au contraire relativement plus faible que chez *Milvus regalis* et *Milvus niger*.

Ses doigts courts et son tarse grêle font de *Milvus ægyptius* un oiseau moins fort et rapace que les autres espèces du même genre. En Égypte, le *Parasite* joue le même rôle que le milan noir dans l'Europe méridionale. Il rend service aux habitants en se nourrissant des débris organiques abandonnés sur le sol.

De nos jours, *Milvus ægyptius* se rencontre dans tous les villages de l'Égypte et de la Nubie où on l'aperçoit en grand nombre perché sur le sommet des maisons. Il fait son nid en mars, habituellement sur un arbre à peu de distance des habitations.

Wilkinson[2] cite le milan dans la liste des animaux momifiés par les Égyptiens, mais sans indication d'espèce.

Le squelette de *Milvus ægyptius* rappelle, dans son ensemble, celui de la bondrée, *Pernis apivorus*. Ces espèces se rapprochent l'une de l'autre par divers caractères qui les séparent de la plupart des autres rapaces diurnes : leur tête osseuse est allongée, comprimée latéralement en arrière ; l'aile est très grande comparativement à la patte dont le fémur et le tibia ont, dans ces deux rapaces, à peu près les mêmes proportions ; le tarse est également large et court chez le milan comme chez la bondrée, mais sa conformation est très différente, elle permet de distinguer les deux formes à première vue. Dans la bondrée, la crête interne du talon, en haut, à la face postérieure, est longue et oblique, elle s'avance en dehors pour se réunir presque à la crête externe et former en arrière, comme chez le balbuzard, la gouttière où coulisse le tendon. Chez les milans, la gouttière tendineuse est toujours ouverte par suite du développement parallèle des deux crêtes supérieures du talon.

Le bassin de *Milvus ægyptius* est assez développé en avant des cavités cotyloïdes, il est remarquable par ses trous sacrés toujours largement ouverts. Le fémur présente un grand orifice pneumatique situé à la base de la crête trochantérienne, à quelque distance de l'articulation, comme dans la plupart des oiseaux de proie diurnes, en exceptant les faucons chez lesquels il est placé tout à fait à l'extrémité supérieure du fémur.

Le squelette de *Milvus ægyptius* se distingue de celui de *Milvus regalis* par de légères différences dans les proportions des rayons osseux de ses membres, notamment par le très faible développement de ses doigts. Le doigt interne des espèces de milans offre une particularité que nous n'avons remarquée dans aucune autre, sauf chez le pygargue, *Haliaetus albicillus*. La phalange basale très réduite a été trouvée soudée à la seconde phalange chez tous les individus examinés.

[1] Fatio, *les Oiseaux de la Suisse*, Genève, 1899, vol. II, p. 46 et 49.
[2] G. Wilkinson, *the Manners of the ancient Egyptien*, London, 1878, vol. III, p. 261.

DIMENSIONS PRINCIPALES DU SQUELETTE

DE *MILVUS ÆGYPTIUS*, Gm.

Longueur de la colonne vertébrale, de la première vert. cervicale à l'extrémité de la queue	245mm
— de la tête osseuse	75
— — du frontal à l'occiput	45
Largeur maximum du crâne	40
Largeur interorbitaire	14
Longueur de la mandibule supérieure (en suivant la courbure du bec)	45
— du sternum (de l'apophyse épisternale au bord postérieur)	64
Largeur du sternum en avant	38
— — en arrière	42
Hauteur du bréchet	18
Longueur du coracoïdien	40
— de l'omoplate	57
— de l'humérus	115
— du cubitus	133
— du métacarpien	64
— du doigt principal	47
— du bassin	53
Largeur antérieure du bassin	28
— du bassin en arrière des cavités cotyloïdes	36
Longueur des vertébres caudales	48
— du fémur	63
— du tibia	82
— du tarso-métatarsien	54
— totale du doigt médian	46
— — externe	35
— — interne	33
— — pouce	32

MILVUS REGALIS, Brisson.

Milvus regalis, Briss. *Ornith.*, p. 414 (1760). — Shelley, *Birds of Egypt*, p. 195 (1872).
Milvus ictinus, Savigny, *Système des oiseaux de l'Egypte et de la Syrie* (Descript. de l'Egypte, 1828, t. XXIII, p. 259). — B. Sharpe, *Cat. of the Accipitres in the Brit Mus.*, p. 319 (1874). — Tristram, *the Fauna and Flora of Palestine*, p. 102 (1884).
Milvus vulgaris, Gould, *B. Europ.*, I. pl. XVVIII (1837).

Le milan commun n'est représenté dans la collection que par un seul spécimen provenant de la Basse-Égypte, des environs de Gizé.

Bien que tous les caractères anatomiques de cet oiseau correspondent à ceux de *Milvus regalis*, on ne doit signaler cette espèce qu'avec réserve et provisoirement, en attendant que d'autres exemplaires en aient été trouvés.

Le tarse est emplumé en avant sur la moitié de sa longueur; il est, ainsi que chez *Milvus ægyptius*, écailleux devant et réticulé en arrière, mais ses dimensions sont un peu plus faibles. La cire et les pieds sont jaunes. Le bec est brun.

Longueur du tarse : 50 centimètres. Longueur du doigt médian sans ongle : 41 millim.

Ces proportions s'écartent sensiblement de la limite des variations individuelles signalées pour *Milvus ægyptius*, Gm.; elles se rapportent tout à fait à celles indiquées par M. Fatio [1]

[1] Fatio, *Histoire naturelle des oiseaux de la Suisse*, Genève, 1899, vol. II, p. 46.

pour *Milvus regalis*, Br. Celui-ci a le tarse plus court, plus épais, les doigts un peu plus longs que le milan égyptien, et c'est précisément par tous ces caractères que le milan des environs de Gîzé se différencie des autres milans momifiés.

Les auteurs ne sont pas d'accord sur l'habitat de *Milvus regalis*. D'après Brehm, il vit dans toute l'Europe, de la Suède en Espagne et jusqu'en Sibérie. On le rencontre aussi, mais plus rarement, dans le nord-est de l'Afrique et en Égypte. Rüppell a prétendu qu'il était abondant dans la Basse-Égypte, mais Shelley[1], sans contester que cette espèce se rencontre en Égypte, croit que Rüppell est dans l'erreur : « *Milvus ægyptius* est, dit-il, le seul milan commun dans la contrée. » L'étude des oiseaux momifiés confirme l'opinion de Shelley.

Tristram signale *Milvus regalis* dans la faune actuelle de la Palestine, où il est connu des Arabes sous le nom d'*Essaf*. Il est probable que l'Asie Mineure et la Palestine sont les limites sud-orientales de l'aire de ce milan, de même que le nord de l'Afrique est sa limite méridionale.

GENRE PERNIS, CUVIER

PERNIS APIVORUS, Linné.

La Bondrée, Briss., *Ornith.*, p. 410 (1760).
Falco apivorus, Linné, *Syst. nat.*, p. 130 (1766).
Le Tachard, Levaillant, *Hist. nat. des oiseaux d'Afrique*, p. 82, pl. XVI (1799).
Pernis apivorus, Gould, *B. Europ.*, I. pl.XVI (1837). — Gray, *Gen. Birds*,pl.IX, fig. 3 (1845)— Shelley, *Birds of Egypt*, p. 149 (1872). — B. Sharpe, *Cat. Accipitres in the Brit. Mus.*, p. 344, vol. I (1874). — Tristam, *Fauna of Palestine*, p. 103 (1884)

Trois rapaces de cette espèce ont été reconnus parmi les oiseaux momifiés de l'ancienne Égypte. Deux viennent des hypogées de Gîzé, le troisième est de Kôm-Ombo.

Les bondrées se distinguent facilement des autres oiseaux de proie. Elles ont la tête allongée, très comprimée latéralement. Les narines sont elliptiques et grandes. Le bec est long, peu recourbé, avec une arête bien marquée et des bords faiblement ondulés. La cire est nue et longue. La longueur du bec et de la cire réunis est presque égale à la longueur du crâne.

Le tarse est épais, un peu plus court que le doigt médian avec l'ongle ; il est emplumé sur la moitié de sa longueur, mais en avant seulement ; sur les autres parties de sa surface, il est réticulé.

Les doigts ont une longueur moyenne, les ongles sont acérés et longs, surtout ceux du pouce, du médian et du doigt interne. Les doigts latéraux ont environ la même longueur : mesuré sans l'ongle, le doigt externe est un peu plus grand que l'interne ; avec l'ongle, c'est au contraire le doigt interne qui est le plus grand, par suite des dimensions plus faibles de l'ongle externe ;

Longueur du tarse : 53 mill. Longueur du doigt médian sans ongle : 44 mill.

Par l'ensemble de ses caractères, principalement par ses tarses courts, et sa tête étroite, la

[1] Shelley, *Birds of Egypt*, p. 196.

bondrée apivore est voisine des milans. Mais, chez ceux-ci, l'aspect du tarse et la longueur des doigts sont bien différents. Le tarse des milans est écailleux en avant, alors qu'il est entièrement réticulé chez les bondrées ; en outre, les doigts de *Pernis apivorus* sont proportionnellement bien plus longs que ceux des milans.

On ne connaît que trois espèces du genre *Pernis* : *Pernis ptilonorhynchus*, Temm., de la Malaisie et de l'Inde, *Pernis celebensis*, Walden, des Célèbes, et *Pernis apivorus*, L., qui se rencontre dans toute l'Europe, sauf l'extrême Nord, ainsi qu'en Afrique et à Madagascar pendant l'hiver. Ces formes ont toutes la même taille et des membres de mêmes proportions; elles ne se distinguent que par des différences peu importantes du plumage. On observe même en Syrie des spécimens présentant des particularités intermédiaires entre la forme européenne, *Pernis apivorus*, L., et la bondrée huppée de Java[1], *Pernis ptilonorhynchus*, Temm. Ces trois formes de bondrées ne sont peut-être que des variétés locales d'une seule espèce.

Quoi qu'il en soit, les bondrées de l'ancienne Égypte appartiennent bien à la variété ou à l'espèce d'Europe, *Pernis apivorus*, car il n'a pas été possible de trouver trace, chez ces oiseaux de proie, des quelques plumes raides et longues qui constituent la crête de *Pernis ptilonorhynchus* et caractérisent la bondrée de l'Inde.

Heuglin et Brehm reconnaissent que *Pernis apivorus* vit en Afrique, mais ils disent qu'elle ne se montre que dans l'ouest et qu'on ne la rencontre pas dans le nord-est du continent. Suivant Rüppell, la bondrée apivore serait, au contraire, commune en Égypte et en Arabie.

Nos observations établissent que *Pernis apivorus* vivait autrefois dans le nord-est de l'Afrique, mais le petit nombre qu'on en a trouvé ne permet pas de dire qu'elle y était commune.

Il est probable que la bondrée apivore, très sensible au froid, se rencontre encore en hiver, dans la vallée du Nil, mais elle n'y est sans doute pas plus fréquente qu'à l'époque ptolémaïque. Shelley la cite d'ailleurs au nombre des oiseaux de l'Égypte moderne.

DIMENSIONS PRINCIPALES DU SQUELETTE

DE *PERNIS APIVORUS*, L.

Longueur de la colonne vertébrale, de la 1re vertèbre cervicale à l'extrémité de la queue	260mm
— de la tête osseuse	81
— du frontal à l'occiput	49
Largeur maximum du crâne	39
— interorbitaire	12
Longueur de la mandibule supérieure en suivant la courbure du bec	42
— du sternum (de l'apophyse épisternale au bord postérieur)	72
Largeur du sternum en avant	36
— — en arrière	43
Hauteur du bréchet	16
Longueur du coracoïdien	42
— de l'omoplate	62
— de l'humérus	112
— du cubitus	125
— du métacarpien	62
— du doigt principal	51
— du bassin	60

[1] B. Sharpe, *Catal. of the Occipit. of the Brit. Mus.*, vol. I, 1874, p. 349.

Largeur antérieure du bassin		29mm
—	du bassin en arrière des cavités cotyloïdes	38
—	des vertèbres caudales	52
—	du fémur	60
—	du tibia	90
—	du tarso-métatarsien	53
—	totale du doigt médian	60
—	— externe	45
—	— interne	47
—	— du pouce	37

Genre ELANUS, Savigny

ELANUS CÆRULEUS, Desfontaines.

Falco cæruleus, Désf., *Mém. Acad. roy. des sciences*, 1787, p. 503, pl. XV.
Le Blac, Levaillant, *Hist. nat. des Oiseaux d'Afrique*, p. 147, pl. XXXVI, XXXVII (1799).
Elanus cæsius, Savigny, Syst. des Oiseaux de l'Egypte et de la Syrie *(Descript. de l'Égypte*, vol. XXIII, p. 276 (1828).
Elanus melanopterus, Gould, *the Birds of Europe*, I, pl. XXXI (1837).
Elanus cæruleus, Shelley, *Birds of Egypt*, p. 198 (1872).
Sharpe, *Cat. of Brit. Mus.* vol. I, p. 386 (1874).

Suivant Savigny, les Égyptiens actuels connaissent cet oiseau sous le nom de *konhyeh*.

Parmi les animaux momifiés, nous avons reconnu en totalité quatre individus de cette espèce : 3 de Kôm-Ombo et un seul de Rôda (Haute-Égypte).

Elanus cæruleus a le bec court et très crochu.

Les narines, de moyenne grandeur, sont sub-circulaires et horizontales.

Les tarses courts, épais, couverts de plumes en avant sur les deux tiers de leur longueur, sont réticulés sur les autres parties.

Dans l'Élane, le doigt médian avec ongle est plus grand que le tarse. Les ongles sont recourbés et forts, seuls l'ongle et le doigt externes sont faibles.

La queue est fourchue. Les ailes sont aiguës, un peu plus longues que la queue.

Elanus cæruleus a le front et les cils noirs, le dos bleu cendré, la cire et les pattes jaunes, le bec noir. Le plumage est mou comme celui des rapaces nocturnes.

Longueur du tarse, 33 millim. Longueur du doigt médian sans ongle, 26 millim.

Elanus cæruleus habite l'Afrique entière, la péninsule indienne et Ceylan. On le rencontre aussi en Syrie et dans le sud-est de l'Europe.

Suivant Shelley, ce petit rapace est peu commun dans la Basse-Égypte, mais il est très abondant au sud de Thèbes où il vit par paires ne s'associant jamais à ses semblables. Il niche vers la fin de février.

Brehm a remarqué que l'Élane ressemble par ses mœurs, d'un côté, à la buse, de l'autre au milan et au hibou. « C'est le matin et le soir surtout qu'il chasse : on le voit chassant encore au crépuscule, alors que les autres rapaces diurnes se sont déjà livrés au repos. On ne peut le méconnaître soit qu'il vole, soit qu'il perche. En volant il tient ses ailes relevées, de telle façon que la pointe est bien au-dessus du corps. Perché, on le reconnaît à son plumage éclatant, brillant aux rayons du soleil. En Égypte, il se repose sur les poutres des puits d'irrigation, de là le nom de *faucon des puits* qu'on lui a donné dans ce pays. Dans la Nubie, il se tient sur un arbre élevé, d'où il peut embrasser un vaste horizon. Il se nourrit de rongeurs et de sauterelles. Souvent il mange les sauterelles tout en volant; quant aux rongeurs, il les porte toujours sur les arbres. Un champ un peu étendu lui fournit de la nourriture en abondance. Les petits rongeurs forment le fond de tous ses repas, il ne mange de sauterelles qu'accessoirement. »

La tête osseuse d'*Elanus cæruleus* est triangulaire, très élargie dans la région post-orbitaire. Par ce caractère, l'Élane se différencie à première vue des milans, dont le crâne est au contraire comprimé sur les côtés vers l'occipital.

Les ailes sont bien plus faibles relativement que dans le genre *Milvus*. La fourchette est plus resserrée. Le sternum ne porte que six articulations costales. En outre, le bord supérieur du bréchet est oblique, de telle façon que son sommet est, comme chez les hiboux, à une plus grande distance de la fourchette que chez les oiseaux de proie diurnes.

Le bassin, le fémur et le tibia rappellent les particularités morphologiques des milans, mais le tarse est plus large et court que dans ces derniers, les doigts sont différents. La phalange basilaire du doigt interne est bien développée, elle n'est pas soudée à la seconde phalange comme chez *Milvus ægyptius* et *M. regalis*.

En résumé, la grande longueur du doigt interne, le faible développement des ailes, l'obliquité du bord supérieur du bréchet rapprochent nettement *Elanus cæruleus* des rapaces nocturnes, notamment des hulottes (genre *Syrnium*). L'Élane bleu est voisin des milans par les proportions de ses membres postérieurs, l'aspect extérieur de ses tarses et sa queue fourchue.

DIMENSIONS PRINCIPALES DU SQUELETTE

D'*ELANUS CÆRULEUS*, Desf

Longueur de la colonne vertébrale, de la première vertèbre cervicale à l'extrémité de la queue	174mm
Longueur de la tête osseuse	57
— du frontal à l'occiput	38
Largeur maximum du crâne	34
— interorbitaire	9
Longueur de la mandibule supérieure (en suivant la courbure du bec)	27
— du sternum (de l'apophyse épisternale au bord postérieur)	41
— du sternum en avant	25
— — en arrière	29
Hauteur du bréchet	13
Longueur du coracoïdien	31
— de l'omoplate	44
— de l'humérus	76
— du cubitus	90
— du métacarpien	43
— du doigt principal	35
— du bassin	38
Largeur intérieure du bassin	18
— du bassin en arrière des cavités cotyloïdes	27
Longueur des vertèbres caudales	32
— du fémur	49

Longueur du tibia	66mm
— du tarso-métatarsien	33
Longueur totale du doigt médian	40
— externe	26
— interne	32
Longueur totale du pouce	28

Genre HALIAETUS, Savigny

HALIAETUS ALBICILLUS, Linné.

Haliaëtus nisus, Savigny, Système des oiseaux de l'Egypte (*Description de l'Égypte*, XXIII, 1828, 255).
Haliaëtus albicilla, Gould, *Birds of Europe*, pl. X (1837) — Shelley, *Birds of Egypt*, p. 204 (1872). — B. Sharpe, *Cat. of Birds Brit. Mus.*, p. 302 (1874).

Haliaëtus albicillus est représenté par un seul individu provenant de la Haute-Égypte, de Kôm-Ombo.

Le bec de l'aigle pygargue est long, haut, très recourbé au bout, presque droit en arrière. Ses narines, de moyenne grandeur, obliques, s'ouvrent près du bord antérieur de la cire.

Tarse épais, long à peu près comme le doigt médian avec ongle, emplumé sur la moitié de sa longueur en avant seulement ; couvert d'écailles plus ou moins grandes, et hexagonales sur la face postérieure ; six grandes écailles transversales du côté antérieur. Doigts et ongles, longs et forts.

Longueur du doigt médian sans ongle : 59 mill. Longueur du tarse : 80 mill.

L'aigle pygargue habite actuellement l'Europe entière, le nord de l'Afrique et la plus grande partie de l'Asie.

D'après Shelley, *Haliaëtus albicillus* fréquente surtout la région des lacs, dans la Basse-Égypte. Il semble, suivant Brehm et Shelley, qu'il y ait, sinon deux espèces européennes de pygargue, du moins deux variétés. Le pygargue du nord atteint des dimensions bien plus considérables, en effet, que celui des régions méridionales de l'Europe ou du nord de l'Afrique. La tarse d'*Haliaëtus albicillus* mesure de 85 à 100 millimètres, d'après M. Fatio[1]. Suivant B. Sharpe[2] la longueur de cet os varie de 4 pouces 1 chez le mâle à 4 pouces 6 chez la femelle, c'est-à-dire de 104 à 116 millimètres.

L'aigle pygargue reconnue parmi les oiseaux momifiés de la Haute-Égypte a une taille beaucoup plus faible ; ses tarses n'atteignent que 80 millimètres de longueur. Ils ont donc des dimensions sensiblement inférieures à celle des plus petits individus observés par M. Fatio. Shelley considère la forme égyptienne comme une variété locale des pygargues d'Europe.

Le crâne de l'aigle pêcheur est remarquable par son allongement antéro-postérieur et sa faible largeur post-orbitaire ; par ce caractère il se rapproche des milans.

L'aile est bien développée ; l'humérus, le cubitus et le radius sont longs et forts.

[1] Fatio, *Faune des vertébrés de la Suisse : Oiseaux*, p. 105, Genève, 1899.
[2] B. Sharpe, *Catal. of the accip. Brit. Mus.*, p. 302, London, 1874.

Le sternum présente des proportions assez particulières : il est très allongé, avec une largeur aussi grande en avant qu'en arrière contrairement à ce qu'on remarque dans la plupart des rapaces diurnes chez lesquels le sternum est toujours élargi plus ou moins dans sa partie postérieure.

Le squelette du pygargue que nous avons sous les yeux offre, en outre, un cas assez rare de dyssymétrie. La face latérale gauche du sternum porte huit articulations costales, tandis que la face droite n'en a que sept ; il y a du côté gauche une côte supplémentaire placée en arrière des sept premières homologues de celles de la face droite.

Les rayons des membres postérieurs, le tarse et le tibia surtout, rappellent également beaucoup les formes et les proportions du genre *Milvus*. Les doigts sont plus puissants, mais le doigt interne offre les mêmes particularités que nous avons signalées chez *Milvus ægyptius* et *Milvus regalis*. La phalange basilaire très réduite est fusionnée en une seule avec la seconde phalange.

En résumé l'ensemble du squelette d'*Haliaëtus albicillus* présente de grands rapports avec celui des milans. Les nombreux caractères anatomiques communs aux genres *Haliaëtus* et *Milvus* autorisent, croyons-nous, à les rapprocher et à réunir le pygargue à la sous-famille des Milvinés.

DIMENSIONS PRINCIPALES DU SQUELETTE

DE *HALIAETUS ALBICILLUS*, Linné

Longueur de la colonne vertébrale, de la première vertèbre cervicale à l'extrémité de la queue.	352mm
Longueur de la tête osseuse	97
— du frontal à l'occiput	58
Largeur maximum du crâne	49
— interorbitaire	21
Longueur de la mandibule supérieure (en suivant la courbure du bec)	55
— du sternum (de l'apophyse épisternale au bord postérieur)	107
Largeur du sternum en avant	51
— en arrière	51
Hauteur du bréchet	23
Longueur du coracoïdien	60
Longueur de l'omoplate	78
— de l'humérus	167
— du cubitus	201
— du métacarpien	84
— du doigt principal	58
— du bassin	75
Largeur antérieure du bassin	38
— du bassin arrière des cavités cotyloïdes	47
Longueur des vertèbres caudales	58
— du fémur	97
— du tibia	142
— du tarso-métatarsien	80
— totale du doigt médian	81
— — externe	60
— — interne	60
Longueur totale du pouce	58

SOUS-FAMILLE DES BUTÉONINÉS

GENRE BUTEO, BECHST

BUTEO DESERTORUM, Daudin.

(Pl. III, 1 à 4, 6 à 8, 10 et 12.)

Le Rougri, Levaillant, *Hist. nat. des Oiseaux d'Afrique*, p. 77, pl. XVII (1799).
Falco desertorum, Daudin, *Ornith.*, II, p. 162 (1800).
Buteo desertorum, Shelley, *Birds of Egypt*, p. 201 (1872). — B. Sharpe, *Cat. of the Accip. Brit. Mus.*, vol. I, p. 179 (1874). — Tristam, *Fauna of Palestine*, p. 98 (1884).

La buse du désert se trouve momifiée aussi communément que *Milvus ægyptius*. Elle est surtout fréquente parmi les oiseaux de proie des hypogées de la Haute-Égypte. On en a compté 46 spécimens dans la collection du Muséum de Lyon : 11 sont des environs de Gîzé, 11 de Kôm-Ombo et 24 de Rôda (Haute-Égypte), près de Khmounou, l'*Hermopolis* des Grecs, où se pratiquait le culte de Thot.

La tête des buses est forte, assez élargie vers l'occipital. Le bec est comprimé de côté, très crochu, avec arête arrondie et des bords inférieurs ondulés.

Les narines ovales et obliques s'ouvrent vers le bord antérieur de la cire. Les lorums sont couverts de poils.

Le tarse, bien plus court que le tibia, est emplumé sur la moitié ou le tiers seulement de sa longueur. La partie nue du tarse est couverte de larges écailles devant et derrière ; les faces latérales sont réticulées.

Chez les buses, les doigts ont une longueur moyenne. Les ongles sont recourbés, assez forts, surtout ceux du pouce et du doigt interne.

Buteo desertorum se distingue des autres formes du même genre par sa petite taille, des tarses peu épais et des doigts courts. Elle a, en outre, un plumage plus mêlé de roux que celui de *Buteo vulgaris*, mais ce caractère ne peut être utilisé que pour la détermination du très petit nombre de spécimens momifiés chez lesquels les plumes ne sont pas décolorés ou couvertes de bitume.

Longueur du tarse de 68 à 73 mill. Longueur du doigt médian sans ongle de 32 à 34 mill.

Trois espèces de buses vivent actuellement en Égypte : *Buteo ferox*, *Buteo vulgaris* et *Buteo desertorum*. Celle-ci est la plus petite des trois ; elle habite l'Afrique entière, la péninsule indienne et le sud-est de l'Europe.

La buse vulgaire est voisine de *Buteo desertorum*. Cette forme se différencie par des dimensions sensiblement plus faibles, des tarses un peu plus grêles et surtout par des doigts bien plus courts.

Toutefois, les auteurs ont noté d'assez grandes variations chez la buse du désert. La forme typique se trouve dans le sud de l'Afrique. Vers le nord, dans les régions avoisinant la Méditerranée, on observe souvent des spécimens présentant des caractères intermédiaires à *Buteo desertorum* et à *Buteo vulgaris*.

Buteo desertorum se montre peu actuellement dans le voisinage des villes, elle habite de préférence les régions stériles et abandonnées. Tristram[1] dit qu'elle est très rare en Palestine. De son côté, Shelley[2] ne la cite qu'avec réserve parmi les oiseaux d'Égypte; il ajoute qu'elle est plus commune en Lybie.

Les nombreux exemplaires de *Buteo desertorum* qui ont été reconnus parmi les oiseaux de proie de l'ancienne Égypte prouvent que cette petite forme était beaucoup plus commune autrefois que de nos jours. Déjà, pourtant, elle était bien plus fréquente dans la Haute-Égypte que dans le Delta, puisque, sur une centaine environ d'oiseaux recueillis à Rôda, vingt-quatre appartiennent à cette espèce.

Buteo desertorum a été en partie remplacé dans la faune actuelle de l'Égypte par *Buteo ferox*, espèce plus forte et plus rapace.

Les buses n'avaient pas encore été signalées au nombre des animaux embaumés par les anciens Égyptiens.

Le squelette de *Buteo desertorum* est dans toutes ses parties bien moins robuste que celui de la buse commune. Les ailes, les pattes et les doigts sont relativement moins forts.

Dans sa région postérieure, le crâne a les mêmes proportions que chez *Buteo vulgaris*, mais le maxillaire, les os du nez et les lacrymaux sont moins développés.

Le sternum est pourvu d'une apophyse épisternale assez saillante et d'une carène médiane qui se termine un peu en avant du bord postérieur ondulé. Les deux ouvertures latérales voisines du bord postérieur manquent souvent. Le sternum porte sept articulations costales. Les apophyses hyosternale et hyposternale sont anguleuses. La face interne est percée sur la ligne médiane de plusieurs trous pneumatiques.

Les diverses pièces de l'aile sont semblables à ce qu'on voit chez *Buteo vulgaris*, mais toutes leurs proportions accusent une plus faible résistance. L'humérus et le cubitus en particulier ont un diamètre plus réduit.

Il en est de même pour le bassin et les membres postérieurs dont le tibia et le tarse sont moins épais que chez la buse de nos pays. Le fémur porte vers son extrémité proximale deux grands orifices pneumatiques; la ligne intermusculaire antérieure s'étend sur les deux tiers de la longueur du fémur, elle est bien plus courte chez les autres buses.

Sur le tarso-métatarsien, l'insertion du tibia antérieur se fait à une plus faible distance de l'articulation tibio-tarsienne, cette disposition indique une puissance de flexion un peu moindre. Les doigts sont courts et minces. Le doigt interne et le pouce, très forts chez la buse vulgaire, sont peu développés chez *Buteo desertorum*. Le trou de l'adducteur du doigt externe est petit.

En un mot, le squelette de la buse du désert ressemble beaucoup au squelette de la buse de nos pays, mais les différentes parties des membres sont moins fortes, moins spécialisées.

Le tableau suivant donne les dimensions du squelette de *Buteo desertorum*, momifié, de Gizé, et de *Buteo vulgaris* moderne, des environs de Lyon.

[1] Tristram, *Fauna and Flora of Palestine*, London, 1884, p. 98.
[2] Shelley, *Birds of Egypt*, London, p. 201.

DIMENSIONS PRINCIPALES DU SQUELETTE

DE *BUTEO DESERTORUM* ET *BUTEO VULGARIS*

	Buteo desertorum momifié	*Buteo vulgaris* moderne
Longueur de la colonne vertébrale, de la première vertèbre cervicale à l'extrémité de la queue	226mm	248mm
Longueur de la tête osseuse	71	79
— du frontal à l'occiput	48	50
Largeur maximum du crâne	43	45
— interorbitaire	13	14
Longueur de la mandidule supérieure (en suivant la courbure du bec)	34	39
— du sternum (de l'apophyse épisternale au bord postérieur)	62	67
Largeur du sternum en avant	32	37
— — en arrière	40	45
Hauteur du bréchet	16	16
Longueur du coracoïdien	36	38
— de l'omoplate	49	59
— de l'humérus	100	108
— du cubitus	113	120
— du métacarpien	58	60
— du doigt principal	35	38
— du bassin	48	57
Largeur antérieure du bassin	25	27
— du bassin en arrière des cavités cotyloïdes	34	37
Longueur des vertèbres caudales	40	43
— du fémur	73	76
— du tibia	100	103
— du tarso-métatarsien	73	75
— totale du doigt médian	45	49
— — externe	33	37
— — interne	33	38
— totale du pouce	31	36

BUTEO FEROX, Gmelin.

(Pl. IV.)

Falco rufinus, Cretzschmar, *Atlas zu der Reise im Nördlichen Africa von E. Rüppel*, p. 40, pl. XXVII (1826).

Buteo rufinus, Gray, *the Genera of Birds*, vol. I, p. 2 (1849).

Buteo ferox, Gray, *Handlist B.*, vol. I, p. 6 (1869) — Shelley, *Birds of Egypt*, p. 201, pl. IX (1872) — B. Sharpe, *Cat. of the Accipit.*, p. 176 (1874) — Tristram, *Fauna and Flora of Palestine*, p. 98 (1884).

Suivant Tristram, *Buteo ferox* est connu des Arabes sous le nom de *shahin*.

Buteo ferox est représenté par quinze individus provenant tous de la Haute-Égypte ; 9 de Rôda et 6 de Kôm-Ombo.

Chez cette buse, les formes de la tête, du tibia, du tarse et des doigts sont voisines de celles indiquées pour *Buteo desertorum*, mais sa taille est beaucoup plus élevée. Elle dépasse même notablement celle de *Buteo vulgaris*.

Le bec, très comprimé sur les côtés, est fortement crochu.

Les tarses sont emplumés sur le tiers de leur longueur et en avant seulement. Ils portent devant et derrière douze à treize larges plaques écailleuses transversales. Les doigts sont épais et relativement courts. Les ongles du pouce et du doigt interne sont bien plus développés que ceux des autres doigts.

Les plumes de la tête et des côtés sont de couleur jaune clair ; celles des parties inférieures du corps sont de couleur crème.

Longueur du tarse : 89 à 92 mill. Longueur du doigt médian sans ongle, 38 à 40 mill.

Les grandes dimensions de *Buteo ferox* la différencient bien des espèces de buses qui vivent en Afrique, notamment de *Buteo desertorum* et de *Buteo vulgaris*. Pourtant *Buteo ferox* présente, ainsi que la buse du désert, d'assez grandes variations, et il est parfois difficile d'après B. Sharpe, d'identifier certains individus dont la taille et le plumage offrent des particularités intermédiaires entre *Buteo ferox* et *Buteo vulgaris*.

Buteo augur, Rüppell, qui habite l'Abyssinie et les régions environnantes, est voisine de *Buteo ferox*. Elle se distingue de celle-ci par les plumes de la tête et des oreilles qui sont noires, tandis qu'elles sont jaunes ou roux clair chez *Buteo ferox*, comme nous avons pu l'observer sur plusieurs momies.

L'habitat de *Buteo ferox* est de nos jours assez étendu. Cette buse vit dans le nord de l'Afrique, le sud-est de l'Europe, en Perse, dans l'Inde et jusque dans les monts Himalaya[1]. On la trouve dans toute la vallée du Nil.

Suivant Shelley[2], *Buteo ferox* est bien plus commune sur le Haut-Nil et en Nubie que dans la Basse-Égypte. On ne l'observe que rarement dans le delta et en hiver seulement. Elle niche au mois d'avril.

L'étude des oiseaux anciens de l'Égypte montre à l'époque ptolémaïque une répartition toute différente des deux formes de buses : *Buteo ferox* et *Buteo desertorum*.

Autrefois, *Buteo desertorum* était l'espèce la plus répandue, on la trouve en effet en grand nombre parmi les oiseaux momifiés provenant de la Haute-Égypte, et même parmi ceux de Gîzé. Maintenant, la petite buse du désert est très rare dans la partie inférieure de la vallée du Nil, elle ne se voit que dans les régions reculées et désertes des bords du Haut-Nil.

Au contraire, la grande buse féroce qui, à l'époque ancienne, habitait la Haute-Égypte en petite quantité, devient peu à peu plus nombreuse et se montre de nos jours non seulement dans le delta, mais jusque dans le sud-est de l'Europe.

La tête osseuse de *Buteo ferox* est grande, ses dimensions relatives sont à peu près les mêmes que dans *Buteo desertorum*. La face inférieure du crâne présente aussi la même structure; l'extrémité antérieure des ptérygoïdiens s'articule à la fois avec le basisphénoïde et le palatin.

Le sternum est un peu plus élargi en arrière que chez la buse du désert, les apophyses hyposternales sont plus développées, elles s'étendent davantage en arrière et forment une légère concavité sur le prolongement de la carène médiane du sternum.

L'aile est très puissante : le coracoïdien, l'humérus et le cubitus sont fortement développés.

[1] *Catal. of Birds of Brit. Mus.*, London, 1874, vol. I, p. 178.

[2] Shelley, *the Birds of Egypt*, p. 201, London, 1872.

Dans le bassin la moitié antérieure est grande; la partie postérieure porte une profonde gouttière médiane sur sa face dorsale.

Les os de la patte ont les mêmes proportions relatives que ceux de l'aile, notamment le fémur et le tibia chez lesquels le diamètre est fort. Les doigts sont relativement plus courts que ceux de la buse vulgaire. Le doigt externe est le plus réduit.

DIMENSIONS PRINCIPALES DU SQUELETTE

DE *BUTEO FEROX*, GMELIN.

Longueur de la colonne vertébrale, de la première vertèbre cervicale à l'extrémité de la queue.	302mm
— de la tête osseuse	88
— du frontal à l'occiput	57
Largeur maximum du crâne	51
— interorbitaire	18
Longueur de la mandibule supérieure (en suivant la courbure du bec)	53
— du sternum (de l'apophyse épisternale au bord postérieur)	80
Largeur du sternum en avant	40
— — en arrière	51
Hauteur du bréchet	19
Longueur du coracoïdien	48
— de l'omoplate	70
— de l'humérus	131
— du cubitus	148
— du métacarpien	74
— du doit principal	50
— du bassin	65
Largeur antérieure du bassin	31
— du bassin en arrière des cavités cotyloïdes	43
Longueur des vertèbres caudales	60
— du fémur	89
— du tibia	125
— du tarso-métatarsien	92
— totale du doigt médian	54
— — — externe	38
— — — interne	42
— totale du pouce	40

BUTEO VULGARIS, Linné.

(Pl. III, 5, 9 et 11.)

Buteo vulgaris, Gould, *Birds of Europe*, pl. XIV (1837) — Shelley, *Birds of Egypt*, p. 200 (1872). — B. Sharpe, *Cat. of the Accipitres of the Brit. Mus.*, vol I, p. 186 (1874). — Tristram, *Fauna and Flora of Palestine*, p. 98 (1884).

La buse vulgaire se trouve momifiée en plus petit nombre que les deux buses précédentes. Il en a été reconnu 10 spécimens seulement : 4 des environs de Gizé, 5 de Kôm-Ombo et 1 de Rôda.

Le tarse est emplumé sur près de la moitié de sa longueur du côté antérieur. Il porte en avant et en arrière 9 à 10 plaques transversales.

Les doigts sont épais et de longueur moyenne, le médian et l'externe plus grands relativement que dans *Buteo ferox* et *Buteo desertorum*. Les ongles sont recourbés et forts, surtout ceux du pouce et du doigt interne.

La face supérieure du corps est brune, la face inférieure est variée de roux et de brun.

En ce qui concerne les autres caractères ayant trait à la forme de la tête, du bec, au rapport de longueur du tibia et du tarse, ils sont communs à toutes les espèces du même genre.

Longueur du tarse : 71 à 80 mill. Longueur du doigt médian sans ongle : 34 à 39 mill.

Buteo vulgaris habite actuellement la plus grande partie de l'Europe ainsi que l'Asie Mineure et l'Asie centrale. On la trouve aussi, suivant Shelley et Brehm, dans le nord de l'Afrique, mais rarement et seulement en hiver.

A l'époque ptolémaïque ou gréco-romaine, cette buse n'était pas beaucoup plus fréquente en Égypte que de nos jours : elle s'y montrait sans doute au moment des migrations, comme le font encore la plupart des oiseaux de proie de l'Europe.

Genre CIRCAETUS, Vieillot

CIRCAETUS GALLICUS, Gmelin.

Le Jean-le-Blanc, Brisson, *Ornith.*, I, p. 443 (1770).
Falco Gallicus, Gmelin, *Syst. nat.*, I, p. 295 (1788).
Circaëtus Gallicus, Gould, *Birds of Europe*, I. pl. XIII (1837) — Shelley, *Birds of Egypt*, p. 202 (1872). — B. Sharpe, *Cat. of Accipitres Brit. Mus.*, p. 280 (1874) — Tristram, *Fauna and Flora of Palestine*, p. 101 (1884).

Le Jean-le-Blanc est représenté dans la collection par trois spécimens provenant de Kôm-Ombo : un individu adulte complet, un jeune en mauvais état de conservation, et une patte d'un troisième individu.

La tête de *Circaëtus Gallicus* est large et grosse, les orbites sont très grandes.

Le bec est crochu, comprimé sur les côtés, à arête arrondie, et bords inférieurs presque droits. Les narines ovales, peu obliques, ossifiées chez l'adulte, s'ouvrent sur le bord antérieur de la cire. Les lorums sont couverts de poils, la cire est courte.

Le tarse peu épais, d'un tiers plus long que le doigt médian avec l'ongle, est emplumé en avant sur un quart à peine de sa longueur, sa surface nue est entièrement réticulée. Les doigts sont courts, les latéraux environ de même longueur.

Circaëtus Gallicus a des ongles peu recourbés, relativement faibles. La face externe de l'ongle du doigt médian est un peu concave.

La cire et les jambes sont bleuâtres, le bec est brun.

Longueur du tarse : 89 mill. Longueur du doigt médian sans ongle : 52 mill.

Le Jean-le-Blanc est un rapace particulier aux contrées méridionales de l'Europe et du nord de l'Afrique. Il vit dans toutes les régions avoisinant la Méditerranée, dans la péninsule indienne et plus rarement dans l'Europe centrale.

D'après Shelley [1], *Circaëtus Gallicus* est assez commun de nos jours en Égypte et en Nubie, où il fréquente les régions montagneuses.

B. Sharpe [2] mentionne quelques autres formes du genre *Circaëtus* dans la faune africaine actuelle, mais elles ne sont connues que dans les parties plus méridionales et centrales du continent.

Le crâne de *Circaëtus Gallicus* se reconnaît à ses cavités orbitaires très grandes, à ses narines complètement ossifiées chez l'adulte. La convexité sus-nasale très accusée chez les buses est bien plus faible chez le Jean-le-Blanc.

Les ailes sont fortes, les humérus en particulier sont beaucoup plus grands que dans le le genre *Buteo*. Le sternum est moins élargi en arrière, la carène médiane ne le traverse pas dans toute sa longueur, elle se termine à une distance un peu plus grande que chez les buses du bord postérieur.

En ce qui concerne les os de la jambe, leurs proportions sont environ les mêmes que chez les buses. La face dorsale du bassin présente des fosses iliaques profondes. Le fémur, le tibia et le tarse ont la même forme que chez *Buteo ferox*. Toutefois l'empreinte tibiale est, chez le Jean-le-Blanc, plus rapprochée de l'articulation tibio-tarsienne; le doigt interne et le pouce sont plus faibles.

Comparé à un squelette actuel de la même espèce, le squelette du *Circaëtus Gallicus* momifié paraît présenter en plusieurs points des formes plus lourdes, moins spécialisées. Le bassin et le sternum par exemple sont plus volumineux chez l'individu ancien, alors que l'humérus au contraire est plus grand chez l'individu moderne. Ces différences et quelques autres moins appréciables font apparaître le squelette du *Circaëtus Gallicus* de l'ancienne Égypte comme représentant un type moins évolué, semble-t-il, que le Jean-le-Blanc actuel. Il ne s'agit peut-être là que de variations individuelles et sexuelles, mais il est néanmoins intéressant de les noter en attendant qu'on puisse rechercher leur signification par des observations répétées sur un grand nombre d'individus.

Le tableau suivant met en regard les dimensions du squelette de deux individus de cette même espèce, l'un momifié, l'autre moderne.

DIMENSIONS PRINCIPALES DU SQUELETTE

DE *CIRCAETUS GALLICUS*, GMELIN.

	Circaetus Gallicus Momifié	*Circaetus Gallicus* Moderne
	—	—
Longueur de la colonne vertébrale, de la première vertèbre cervicale à l'extrémité de la queue	325mm	314mm
— de la tête osseuse	102	99
— du frontal à l'occiput	63	62
Largeur maximum du crâne	65	64
— interorbitaire	28	25
Longueur de la mandibule supérieure en suivant la courbure du bec	62	57
— du sternum (de l'apophyse épisternale au bord postérieur)	85	84
Largeur du sternum en avant	51	48
— — en arrière	58	49

[1] Shelley, *Birds of Egypt*, p. 202 (1872).
[2] Sharpe, *Catal. of Birds of the Brit. Mus.*, vol. I (1874).

	Circaëtus Gallicus Momifié	*Circaëtus Gallicus* Moderne
Hauteur du bréchet	19mm	20mm
Longueur du coracoïdien	53	53
— de l'omoplate	73	70
— de l'humérus	160	163
— du cubitus	189	190
— du métacarpien	79	79
— du doigt principal	57	55
— du bassin	77	77
Largeur antérieure du bassin	34	35
— du bassin en arrière des cavités cotyloïdes	45	40
Longueur des vertèbres caudales	60	55
— du fémur	80	79
— du tibia	123	124
— du tarso-métatarsien	86	85
— totale du doigt médian	68	64
— — externe	50	46
— — interne	52	50
— totale du pouce	45	40

SOUS-FAMILLE DES AQUILINÉS

GENRE AQUILA, BRISSON

AQUILA IMPERIALIS, Bechstein.

Falco imperialis, Bechst., *Taschenb. Vög. Deutschland*, III, p. 553 (1801).
Aquila heliaca, Savigny, *Description de l'Egypte*, t. XXIII, p. 319 (1828). — Gould, *Birds of Europe*, pl. V (1837).
— Sharpe, *Cat. of. the Accip. Brit. Mus.*, p. 238 (1874).
Aquila imperialis, Shelley, *Birds of Egypt*, p. 205 (1872). — Tristram, *Fauna of Palestine*, p. 99 (1884).

L'aigle de Thèbes n'est représenté dans la collection que par deux individus provenant l'un de Rôda, l'autre de Kôm-Ombo.

Chez *Aquila imperialis* le bec long, peu crochu, est très comprimé sur les côtés. La cire est un peu moins longue que dans l'aigle fauve.

Les narines sont ovales, presque verticales, avec un repli à leur bord antérieur; elles s'ouvrent à une faible distance de l'étui corné du bec. Les lorums sont couverts de poils.

Le tarse, entièrement emplumé jusqu'aux doigts, est robuste et un peu plus long que le doigt médian avec l'ongle.

Les doigts sont épais, peu allongés, réticulés plus ou moins finement sauf vers leur extrémité où ils portent, en arrière de l'ongle, le doigt médian: quatre à cinq larges écussons ; les latéraux: deux ou trois seulement.

Longueur du tarse: 92 mill. Longueur du doigt médian sans ongle: 58 à 60 mill.

Extérieurement *Aquila imperialis*, Bechst., diffère d'*Aquila fulva* par la forme des narines, la couleur des plumes de la nuque et surtout par les proportions des tarses et des doigts.

D'après M. Fatio[1] *Aquila fulva* à des narines subarrondies ou ovales et légèrement

[1] Fatio, *Oiseaux de la Suisse*, vol. II, p. 75 et 81, fig. 11, Genève, 1899.

obliques, les plumes effilées de la nuque d'un brun roussâtre ou d'un roux jaunâtre chez l'adulte; la longueur du tarse varie de 90 à 105 millimètres, la longueur du doigt médian sans ongle est de 63 à 80 millimètres».

Chez *Aquila imperialis*, suivant le même auteur, « les narines sont elliptiques, allongées et quasi verticales, avec un pli rentrant généralement bien accentué au bord antérieur. Ongles un peu moins forts que chez *Aquila fulva*. Plumes effilées de l'occiput et de la nuque roussâtre pâle ou d'un blanc jaunâtre. Tarse de 88 à 98 millimètres. Doigt médian sans ongle de 59 à 68 millimètres ».

Aquila imperialis habite le sud-est de l'Europe, le nord de l'Afrique et une partie de l'Asie. Pendant l'hiver on le rencontre assez fréquemment dans la Basse-Égypte ; il est plus rare au sud du Caire. Si l'on en juge d'après le petit nombre de spécimens reconnus parmi les oiseaux de l'ancienne Égypte, cet aigle était autrefois aussi rare dans la vallée du Nil qu'à notre époque.

Comparé au squelette d'*Aquila fulva*, celui d'*Aquila imperialis* se distingue par plusieurs caractères assez nets.

La tête osseuse a les mêmes dimensions environ dans les deux formes, mais le bec et toute la région maxillaire sont plus développés chez *A. imperialis* que chez *A. fulva*. La partie postérieure de la tête, le crâne proprement dit, est au contraire plus grand dans *A. fulva* que dans *A. imperialis*.

Les rayons osseux de l'aile, très grands dans les deux espèces, sont plus robustes chez *fulva* que chez *imperialis*. L'humérus de *fulva*, par exemple, présente un diamètre minimum de 12 millimètres pour une longueur de 118, alors que dans le spécimen momifié d'*A. imperialis*, cet os n'a que 10 millimètres de diamètre pour une longueur de 122.

Relativement aux membres postérieurs, les différences sont encore plus tranchées. Le fémur, le tibia et le tarse ont des dimensions plus faibles chez *A. imperialis*. Les doigts en particulier, dont la longueur peut, pour ainsi dire, servir à mesurer le degré de rapacité, l'aptitude à prendre des oiseaux de proie, sont bien plus longs et forts chez *fulva*.

En résumé, les diverses parties du squelette d'*A. imperialis* momifié semblent indiquer une forme beaucoup moins évoluée, moins spécialisée qu'*A. fulva* actuel.

Le tableau suivant met en parallèle les dimensions du squelette dans ces deux formes.

DIMENSIONS PRINCIPALES DU SQUELETTE

D'*AQUILA IMPERIALIS* MOMIFIÉ ET D'*AQUILA FULVA* MODERNE

	Aquila imperialis	*Aquila fulva*
Longueur de la colonne vertébrale, de la première vertèbre cervicale à l'extrémité de la queue	420mm	420mm
Longueur de la tête osseuse	115	114
— du frontal à l'occiput	63	69
Largeur maximum du crâne	62	63
— interorbitaire	25	25
Longueur de la mandibule supérieure en suivant la courbure du bec	76	73

	Aquila imperialis	Aquila fulva
Longueur du sternum (de l'apophyse épisternale au bord postérieur).	122mm	118mm
Largeur du sternum en avant	63	66
— — en arrière.	72	72
Hauteur du bréchet	26	29
Longueur du coracoïdien	68	68
— de l'omoplate	94	97
— de l'humérus	188	183
— du cubitus.	219	211
— du métacarpien	99	100
— du doigt principal.	64	60
— du bassin	99	92
Largeur antérieure du bassin	46	47
— du bassin en arrière des cavités cotyloïdes	60	62
Longueur des vertèbres caudales	77	78
— du fémur	113	124
— du tibia	150	168
— du tarso-métatarsien.	92	104
— totale du doigt médian.	85	93
— — externe	63	68
— — interne.	67	72
Longueur totale du pouce	65	75

AQUILA MACULATA, Gmelin.

(Pl. V.)

Falco maculatus, Gmelin, *Syst nat.*, I, p. 258 (1788).
Aquila melanaëtos, Savigny, Système des Oiseaux de l'Egypte *(Description de l'Egypte*, t. XXIII, p. 253, 1828).
Aquila nævia, Gould, *Birds of Europe*, I, pl. VIII (1837) — Shelley, *Birds of Egypt*, p. 206 (1872).
Aquila maculata, Sharpe, *Catal. of the. Accip. Brit. Mus.*, vol. I, p. 246 (1874).
Aquila clanga (maculata s. sp.), Sharpe, *Cat. of the Accip. Brit. Mus.*, vol, I, p. 248 (1874).

Suivant Savigny, les Égyptiens nomment *O'qâb*, les aigles en général, mais *Aquila maculata* est pour eux l'*O'qâb* proprement dit.

Cet aigle est des plus communs parmi les oiseaux momifiés de l'Égypte ancienne. On en a compté 27 individus : 14 proviennent de Kôm-Ombo, 12 de Rôda, 1 de Gizé.

La tête est allongée, peu large dans la région postorbitaire. Le bec est faiblement élevé et recourbé.

Les narines sont de grandeur moyenne, obliques et ovales, à bord antérieur non plissé.

Chez *A. maculata*, le tarse, emplumé sur toute sa longueur, est étroit et haut. Les doigts et les ongles sont faibles.

Dans cette espèce, les dimensions des membres varient beaucoup. Les chiffres suivants indiquent les limites des variations que nous avons observées.

Longueur du tarse : 89 à 96 mill. Longueur du doigt médian sans ongle : 46 à 51 mill.

Sous le nom d'*Aquila maculata* sont réunis ici des aigles appartenant aux variétés nommées par M. Fatio : *A. nævia minor* et *A. nævia major*. Il n'a pas été possible de distinguer ces deux variétés, car entre les plus petits individus et les plus grands nous avons trouvé tous les intermédiaires. Il ne s'agit là, peut-être, que de variations individuelles ou sexuelles.

Chez les individus de grande taille, la longueur des tarses est quelquefois la même que chez l'aigle oriental (*A. clanga*, Pallas, ou *Mogilnick*, Gm.) et chez *A. imperialis*. Mais dans ces deux dernières espèces, la tête, les ailes, les doigts et les ongles, sont toujours beaucoup plus grands. De plus, si les tarses des grands spécimens d'*Aquila maculata* ont souvent la même longueur que ceux des petits individus d'*Aquila clanga*, Pallas, ou d'*A. imperialis*, si parfois même ils sont plus grands, ils ont, par contre, toujours un diamètre bien moindre. Ainsi des tarses de 96 millimètres de longueur ont une épaisseur minimum de 6,5 millimètres dans *A. maculata*, alors que, chez *A. imperialis*, les tarses de 92 millimètres seulement de longueur mesurent 9 millimètres d'épaisseur. Le doigt médian de celui-ci est long de 58 millimètres, tandis qu'il n'a que 49 millimètres chez l'individu à tarses plus longs d'*A. maculata*.

L'aigle Bonelli (*Nisaetus fasciatus*, Vieillot), dont les tarses ont la même longueur environ que ceux de l'aigle maculé, se distingue également par des doigts et des ongles bien plus allongés.

La tête osseuse d'*A. maculata* se différencie des autres formes du même genre par son diamètre antéro-postérieur relativement élevé, et la faible largeur de son occipital (pl. V).

Dans son ensemble, le squelette de cet aigle est peu robuste. Les divers rayons des ailes et des pattes présentent une gracilité remarquable, particulièrement l'humérus, le tibia et le tarse. La structure des différentes parties des membres n'offre rien de spécial.

Le sternum est allongé d'avant en arrière, sa face interne est criblée de trous pneumatiques, les fenêtres postérieures manquent souvent.

Le bassin a environ les mêmes proportions que dans *A. imperialis ;* toutefois, sur sa face dorsale, la gouttière médiane de la région cotyloïdienne-postérieure est un peu plus profonde et rappelle davantage ce qu'on voit chez les buses.

Le tableau suivant donne les dimensions du squelette chez des individus momifiés des deux formes, *A. maculata* et *A imperialis*.

DIMENSIONS PRINCIPALES DU SQUELETTE

D'*AQUILA MACULATA* ET *A. IMPERIALIS*

	Aquila maculata	*Aquila imperialis*
Longueur de la colonne vertébrale, de la première vertèbre cervicale à l'extrémité de la queue	312mm	420mm
Longueur de la tête osseuse	92	115
— du frontal à l'occiput	60	63
Largeur maximum du crâne	50	62
— interorbitaire	16	25
Longueur de la mandibule supérieure en suivant la courbure du bec	45	76
— du sternum (de l'apophyse épisternale au bord postérieur)	82	122
Largeur du sternum en avant	44	63
— — en arrière	48	72
Hauteur du bréchet	19	26
Longueur du coracoïdien	50	68
— de l'omoplate	70	94
— de l'humérus	137	188
— du cubitus	168	219
— du métacarpien	72	99
— du doigt principal	48	64
— du bassin	67	99
Largeur antérieure du bassin	31	46

	A. maculata	A. imperialis
	—	—
Largeur du bassin en arrière des cavités cotyloïdes	41mm	60mm
Longueur des vertèbres caudales	58	77
— du fémur	83	113
— du tibia	127	150
— du tarso-métatarsien	90	92
— totale du doigt médian	59	85
— — externe	43	63
— — interne	45	67
— Longueur totale du pouce	38	65

AQUILA PENNATA, Gmelin.

Falco pennatus, Gmelin, *Syst. nat.*, I, p. 272 (1788.)
Aquila minuta, Brehm, *Vogel Deutschl.*, p. 29 (1831.)
Aquila pennata, Gould, *Birds of Europe*, I, pl. IX (1837). — Shelley, *Birds of Egypt*, p. 207 (1872). — Tristram, *Fauna and Flora of Palestine*, p. 100 (1884.)
Nisaetus pennatus, Sharpe, *Cat. of Birds of Brit Mus.*, vol. I, p. 253 (1874.)

L'aigle botté a été reconnu parmi les oiseaux momifiés de l'Egypte, d'après quatre individus : trois des hypogées de Gizé, un seul de Kôm-Ombo.

Aquila pennata est caractérisé par son bec court, recourbé, ses narines obliques et rapprochées du bord antérieur de la cire.

Les tarses, emplumés devant et derrière jusqu'à la base des doigts comme chez les autres aigles, sont courts et trapus. Le doigt médian, avec l'ongle, est environ aussi long que le tarse.

Aquila pennata est une forme de petite taille.

Longueur du tarse : 55 à 60 mill. Longueur du doigt médian sans ongle : 40 à 44 mill.

Ce petit aigle a une aire de dispersion étendue. On le trouve dans tous les pays bordant la Méditerranée, dans l'Inde entière et à Ceylan. Il n'est pas rare en Égypte et en Nubie où Shelley et Brehm l'ont toujours observé par paires et par familles, jamais seul. L'aigle botté est un vrai rapace, il poursuit tous les petits oiseaux. En Égypte on le voit surtout chasser les tourterelles dans les forêts de palmiers.

Par les proportions de ses tarses et de ses doigts, *Aquila pennata* ne peut être confondu avec les autres espèces d'aigles, pas plus qu'avec la buse pattue, *Archibuteo lagopus*, Gmelin, dont le tarse atteint environ la même longueur que celui de l'aigle botté, mais qui en diffère par sa face postérieure écailleuse au lieu d'être emplumée.

La tête osseuse d'*Aquila pennata* est moins allongée dans le sens antéro-postérieur que le crâne des aigles de grande taille, beaucoup moins notamment que celui d'*Aquila maculata*. Par son diamètre occipital relativement grand, le crâne d'*Aquila pennata* rappelle la forme propre aux faucons, mais dans sa région antérieure il présente tous les caractères des aquilinés, c'est-à-dire des maxillaires de faible hauteur avec des lacrymaux courts et larges.

Les os de l'aile ont les mêmes proportions que chez les autres aigles; seul l'humérus est plus fort, surtout vers son extrémité proximale.

Dans la région hyposternale, le sternum est plus élargi que chez *A. maculata*, mais sa carène médiane se termine, comme dans le sternum de ce dernier, un peu en avant du bord postérieur.

Le fémur et le tibia ont la même forme que chez l'aigle tacheté ; c'est par le tarse et les doigts que l'aigle botté s'écarte le plus des grandes espèces d'aigles. Le tarse, épais et court, de la même longueur environ que le doigt médian avec l'ongle, rappelle en effet les proportions qu'on remarque chez les faucons, quoique sa structure soit identique à ce qu'elle est chez les Aquilinés. Dans ces deux groupes le métatarsien présente des différences ostéologiques constantes : chez tous les Faucons que nous avons examinés, le fléchisseur du métatarsien s'insère près de la face interne de l'os, immédiatement au-dessous du pertuis interne supérieur ; chez les aigles, les buses, et quelques autres oiseaux de proie, il s'insère au contraire, près de la face externe à une plus grande distance de l'articulation tibiale. Ce caractère permet de distinguer à première vue les métatarsiens d'un aigle de ceux d'un faucon.

DIMENSIONS PRINCIPALES DU SQUELETTE

D'*AQUILA PENNATA*, Gmelin

Longueur de la colonne vertébrale, de la première vertèbre cervicale à l'extrémité de la queue	225mm
— de la tête osseuse	71
— du frontal à l'occiput	48
Largeur maximum du crâne	43
— interorbitaire	15
Longueur de la mandibule supérieure en suivant la courbure du bec	35
— du sternum (de l'apophyse épisternale au bord postérieur)	61
Largeur du sternum en avant	32
— — en arrière	40
Hauteur du bréchet	16
Longueur du coracoïdien	37
— de l'omoplate	50
— de l'humérus	98
— du cubitus	124
— du métacarpien	54
— du doigt principal	35
— du bassin	47
Largeur antérieure du bassin	26
— du bassin en arrière des cavités cotyloïdes	34
Longueur des vertèbres caudales	51
— du fémur	68
— du tibia	95
— du tarso-métatarsien	57
— totale du doigt médian	55
— — externe	38
— — interne	40
Longueur du pouce	38

SOUS-FAMILLE DES FALCONINÉS

Genre FALCO, Linné

FALCO FELDEGGII, Schlegel.

(Pl. VI, de 1 à 8.)

Falco Feldeggii, Schlegel, *Abhand. Geb. Zool.*, 1841, p. 3, pl. X, XI. — B. Sharpe, *Catalogue of the Accipitres of the B. M.*, 1874, p. 389. — Gurney, Notes on a Catalogue of the Accipitres of the B. M. by B. Sharpe, 1874 *(Ibis*, 1882, p. 439). — Dresser, on the Synonymy of some palæarctic Birds *(Ibis*, 1893, p. 377).

Falco tanypterus, Schl., *Abhandl. Geb. Zool.*, 1841, p. 8, pl. XII, XIII. — Gray, *Handlist*, 1869, vol. I, p. 20. — B. Sharpe, *Cat. of the Accipit. of the B. M.*, 1874, p. 391.

Falco lanarius, Gould, *the Birds of Asia*, 1850-1883, vol. I, pl. VI. — Gray, *Handlist of gen. and spec. of Birds*, 1869, vol. I, p. 19, nº 171. — Shelley, *A Handbook to the Birds of Egypt*, 1872, p. 188.

D'après Tristram *Falco Feldeggii* est connu des Arabes de la Palestine sous le nom de *sakkr shaheen*, mais, suivant Sharpe et le Dr Arbel[1], le *shaheen* est *Falco peregrinator*. Il est très probable que ces deux formes de faucons sont le plus souvent confondues par les Arabes et désignées sous le même nom.

Falco Feldeggii est représenté par 6 individus : 1 de Gizé, 2 de Kôm-Ombo et 3 de Rôda.

Bec court à arête arrondie avec une dent latérale aiguë.

Tarse emplumé sur une très faible partie de sa longueur et en avant seulement. Aspect réticulé devant et derrière.

Le doigt externe est sensiblement plus long (30 millim. sans ongle) que le doigt interne (25 millim.) ; médian un peu plus court que le tarse.

Longueur du tarse : 49 millimètres ; longueur du doigt médian sans ongle : 43 millimètres.

Parmi les faucons de l'ancien monde, trois espèces du genre *Falco* ont seules des caractères se rapprochant de ceux exposés plus haut. Ce sont : *Falco babylonicus*, Gurney[2], qui habite le nord-est de l'Afrique, la Mésopotamie, l'Asie Centrale, le Turkestan et le Népal, *Falco Feldeggii*, Schlegel, connu dans les régions bordant la Méditerranée et dans le nord-est de l'Afrique ; *Falco tanypterus*, Schl., de la Nubie et du bassin du Niger.

D'après Shelley[3], qui a pu étudier sur place ces faucons, la longueur du tarse de *Falco babylonicus* est de 51 millimètres, c'est-à-dire très voisine de ce qu'elle est chez *F. Feldeggii* (49 millim.). Mais, dans cette dernière espèce, la brièveté du doigt médian est bien plus accentuée (43 millim. sans ongle) que dans *Falco babylonicus* (51 millim. sans

[1] Dr Arbel, Compte rendu d'une mission scientifique aux Indes anglaises *(Bulletin Muséum Paris*, p. 168, 1902).

[2] Gurney, Notes on Birds observed in Oudh and Kumaon *(Ibis*, 1861, pl. VII, p. 218).

[3] Shelley, *Birds of Egypt*, 1882, p. 189 et 190.

ongle). Cette particularité permet de distinguer *Falco Feldeggii* de la plupart des espèces du même genre. Chez les autres *Falco* et notamment chez *F. peregrinus*, que l'on rencontre en Égypte comme dans presque toutes les parties de l'hémisphère arctique, le doigt médian sans ongle est toujours sensiblement plus long que le tarse, ainsi qu'il résulte des observations faites par M. Gurney [1], sur de nombreux spécimens de *F. peregrinus* de l'ancien monde, et par M. Ridgway [2] sur cinquante-sept Faucons pèlerins d'Amérique. Chez *F. Feldeggii*, le doigt médian sans ongle est au contraire plus court que le tarse.

Par la faible longueur de son doigt médian *F. Feldeggii* se rapproche des formes appartenant au genre *Hierofalco*, mais chez celles-ci, et entre autres chez *Hierofalco saker*, Gmelin, voisine par la taille de *F. Feldeggii*, les doigts externe et interne ont à peu près la même longueur. Elles diffèrent donc nettement par ce côté de *F. Feldeggii* dont le doigt interne est, comme dans tous les *Falco*, bien plus court que le doigt externe.

En ce qui concerne *Falco tanypterus*, une étude comparative faite par M. Gurney [3] sur vingt mâles et vingt femelles attribués les uns à *Falco tanypterus*, les autres à *F. Feldeggii*, établit que *F. tanypterus* ne peut être distingué spécifiquement de *F. Feldeggii*. Pour M. Gurney, *F. tanypterus* n'est qu'une variété intertropicale de l'espèce *F. Feldeggii* qui est sujette à des variations considérables de la taille et de la livrée.

Ainsi, d'après l'ensemble de ces caractères physiques et par les proportions de ses membres, ce grand faucon de l'ancienne Égypte se rapporte tout à fait au faucon de l'Égypte actuelle, à *F. Feldeggii*.

Shelley cite, dans *Handbook to the Birds of Egypt*, *F. Feldeggii* sous le nom de *Falco lanarius*, il dit : « C'est le plus abondant des grands Faucons de l'Égypte, il habite toute l'année l'Égypte et la Nubie, niche annuellement sur les pyramides. »

M. J. Gardner Wilkinson [4] ne mentionne qu'une seule espèce, du genre *Falco* proprement dit, reconnue parmi les oiseaux momifiés de l'Égypte ancienne : *Falco Aroëris?* M. Wilkinson suppose qu'il s'agit de *Falco subbuteo*, le hobereau. On sait que cette petite espèce n'a aucun rapport avec *F. Feldeggi*.

Le squelette de *F. Feldeggii* est dans son ensemble un peu moins robuste que celui de *F. peregrinus*; les ailes et les pattes surtout sont bien plus faibles que celles du Faucon pèlerin.

Le crâne de *F. Feldeggii* est, dans sa partie postérieure, relativement large : l'espace interorbitaire du frontal est étroit. Les os lacrymaux sont très divergents; les prémaxillaires et les os du nez sont courts : aussi, l'angle formé en menant de l'extrémité antérieure des prémaxillaires deux lignes tangentes aux arcs jugaux est-il plus ouvert que chez *F. peregrinus*. Cette différence est beaucoup plus sensible lorsque la tête osseuse de *F. Feldeggii* est comparée à celles d'oiseaux appartenant à quelques autres genres de rapaces diurnes et même nocturnes, comme le montrent les mensurations suivantes : *F. Feldeggii* (momifié) 56°; *F. peregrinus*, 52°; *Cerchneis tinnuncula* 52°; *Accipiter nisus* (momifié) 43°; *Aquila*

[1] H. Gurney, Notes on a catalogue of the Accip. in the Brit. Mus., 1874, (*Ibis*, 1882, p. 290).
[2] Ridgway, *Land Birds of North America*, vol. III, p. 137.
[3] Gurney, Notes on a Catalogue, etc, (*Ibis*, 1882, p. 436).
[4] Wilkinson, *The ancient Egyptians*, London, 1878, v. III, p. 261.

fulva 42°; *Buteo ferox* (momifié) 42°; *Circus æruginosus* (momifié) 41°; *Buteo desertorum* (momifié) 40°; *Bubo maximus*, 52°; *Asio brachyotus* 51°; *Syrnium aluco* 48.

La face inférieure du crâne a la même conformation que chez les autres Faucons; l'extrémité antérieure des ptérygoïdiens s'articule en avant avec le palatin seulement, sans s'appuyer contre le basisphénoïde comme chez les aigles et les buses.

Le sternum est pourvu d'une très forte carène médiane, elle le traverse dans toute sa longueur, de l'apophyse épisternale au bord postérieur, au delà duquel elle fait une légère saillie. Le bord postérieur est épais, mais, au lieu d'être presque droit comme chez *F. peregrinus* et quelques autres faucons, il est fortement ondulé. Près de son bord postérieur, le sternum est percé de deux grands trous ovales. Les bords latéraux portent six facettes d'articulations costales. Les apophyses hyosternale et hyposternale sont arrondies. Sur la face interne le sternum est percé de plusieurs trous pneumatiques. Les rainures coracoïdiennes sont très profondes et se croisent sur l'axe du sternum.

L'os furculaire, les omoplates et les coracoïdiens sont bien développés. Ils sont plus petits, mais ils ont la même structure et les mêmes proportions que dans le faucon pèlerin. Toutefois le canal formé par l'apophyse sous-claviculaire du coracoïdien, où coulisse le moyen pectoral, est moins grand comparativement; la crête d'insertion de ce muscle s'étend moins en arrière sur le sternum.

Les os de l'aile sont moins forts que dans le faucon commun, principalement l'humérus et le cubitus. Le carpe, le métacarpe et les phalanges ne présentent rien de particulier. L'extrémité proximale de l'humérus est peu élargie par suite du moindre développement de la crête d'insertion du grand pectoral. Dans la fosse sous-trochantérienne s'ouvrent quelques trous pneumatiques, mais ils sont petits et peu nombreux. L'extrémité inférieure de l'humérus est plus épaisse d'avant en arrière que chez *F. peregrinus*.

Le bassin de *F. Feldeggii* est court, surtout dans sa moitié antérieure, où il est également le plus étroit. Sa largeur augmente brusquement en arrière des cavités cotyloïdes: elle atteint le maximum au-dessus des trous ischiatiques. Les ischions, au lieu d'avoir une direction divergente sur toute leur longueur, s'infléchissent légèrement en dedans près de leur extrémité postérieure. Les os pubiens sont très minces et allongés, ils se prolongent presque jusque vers l'axe du bassin.

Le fémur, le tibia et le métatarsien ont un diamètre plus faible que dans le faucon pèlerin.

Le tibia est plus aplati dans le sens antéro-postérieur; son extrémité distale porte en avant, à la partie inférieure de la gouttière qui sert à loger le tendon extenseur des doigts, deux ponts osseux au lieu d'un seul comme la plupart des oiseaux. Cette disposition du tibia est particulière à tout le groupe des faucons, si l'on sépare de ce groupe les rapaces appartenant au genre *Baza*.

Dans son catalogue des rapaces diurnes du Muséum de Londres, M. B. Sharpe[1] réunit les *Baza* à la sous-famille des *Falconinæ*, en s'appuyant principalement sur la présence de deux dents à chacun des côtés de leur mandibule supérieure. Mais les autres parties du squelette des *Baza* offrent une grande ressemblance avec le squelette des milans et des bondrées. Aussi, MM. Milne Edwards et Grandidier proposent-ils, dans leur savant ouvrage sur les oiseaux

[1] B. Sharpe, *Catal. of the Accipitres : diurnal Birds of prey, in the col. B. M.*, 1874, vol. I, p. 351.

de Madagascar[1], de placer les Bazas, non dans la sous-famille des Falconinés, mais dans celle des Milvinés telle que l'a constituée M. Gray, dans *Handlist of genera and species of Birds*[2].

Le tarso-métatarsien de *F. Feldeggii* est, comparativement au tibia, bien plus allongé que celui du faucon pèlerin. Ses extrémités sont un peu plus comprimées d'avant en arrière. Les deux pertuis supérieurs qui rappellent la séparation primitive des métatarsiens sont grands. Vers l'extrémité distale, le trou de l'adducteur du doigt externe est situé plus haut, à une plus grande distance des trochlées digitales. Celles-ci ont la même forme que chez *F. peregrinus*, sauf la poulie du doigt interne qui est moins recourbée en dedans. L'empreinte tibiale est plus rapprochée de l'extrémité supérieure.

Ainsi, chez *F. Feldeggii*, la puissance de flexion du métatarsien est faiblement développée, par rapport à ce qu'elle est chez *F. peregrinus*, à cause des dispositions anatomiques suivantes : le métatarsien étant relativement plus long, le muscle fléchisseur de cet os doit, pour soulever le même poids, exercer un effort plus grand proportionnel à la longueur de l'os ; en outre, l'insertion du muscle tibial antérieur se trouvant à une distance plus courte de l'articulation tibio-tarsienne, la force de ce muscle est diminuée en raison directe de la réduction de son bras de levier.

Comparée à la longueur du métatarsien, la longueur des doigts est très faible, mais ces doigts ont entre eux à peu près les mêmes proportions relatives que chez tous les rapaces du genre *Falco*.

Le tableau suivant indique les dimensions des diverses pièces du squelette de *F. Feldeggii* momifié et de *F. peregrinus* actuel ; il permet de se rendre compte des différences de rapports de membre à membre qui existent entre ces deux formes de Faucons.

DIMENSIONS PRINCIPALES DU SQUELETTE

DE *FALCO FELDEGGII* ET DE *F. PEREGRINUS*

	Falco Feldeggi	*Falco peregrinus*
Longueur de la colonne vertébrale, de la 1re vertèbre cervicale à l'extrémité de la queue	215mm	242mm
Longueur du crâne, de l'extrémité du bec à l'occiput	62	68
— — du frontal à l'occiput	43	45
Largeur maximum du crâne	38	39
— interorbitaire	14	18
Longueur du bec (en suivant la courbure supérieure)	27	32
— du sternum (de l'apophyse épisternale du bord post.)	58	76
Largeur du sternum en avant	29	37
— — en arrière	37	48
Hauteur du bréchet	20	23
Longueur du coracoïdien	38	45
— de l'omoplate	50	62
— de l'humérus	74	84
— du cubitus	86	95
— du métacarpien	51	59
— du doigt principal	38	46
— du bassin	45	56
Largeur antérieure du bassin	20	25
— du bassin en arrière des cavités cotyloïdes	35	40

[1] Milne Edwards et Grandidier, *Histoire physique, naturelle et politique de Madagascar : Oiseaux*, 1879, vol. XII, p. 71.

[2] G. Gray, *Handlist, etc.*, London, 1869, part. I, p. 24.

	Falco Feldeggi	*Falco peregrinus*
Longueur des vertèbres caudales	44mm	50mm
— du fémur	60	69
— du tibia	76	87
— du tarso-métatarsien	49	52
— totale du doigt médian	48	64
— — externe	39	51
— — interne	34	46
— totale du pouce	28	38

FALCO BABYLONICUS, Gurney.

(Pl. VI, de 9 à 16.)

Falco babylonicus, Gurney, Notes on Birds observed in Oudh and Kumaon *(Ibis*, p. 218, pl. VII, 1861). — Gould, *Birds of Asia*, t. XX, pl. IV (1868). — Shelley, *Birds of Egypt*, p. 189 (1872). — B. Sharpe, *Cat. of the Accipitres Brit. Mus.*, p. 387 (1874.)

Ce faucon n'est pas rare parmi les oiseaux momifiés. La collection en compte 15 individus : 6 sont de Rôda, 6 de Kôm-Ombo et 3 de Gizé.

Falco babylonicus a le bec court, épais, à crête peu arrondie, armé d'une dent latérale aiguë. Narines rondes avec un tubercule central.

Tarse trapu, emplumé sur les 2/5 de sa longueur environ, réticulé devant et derrière.

Doigt médian bien plus long que les latéraux, à peu près égal au tarse. Doigt externe sensiblement plus grand que le doigt interne.

Falco babylonicus a la tête et la nuque rousses; les faces supérieures gris bleu, les inférieures roux clair, ponctuées seulement au-dessous de la gorge. Cire et tarses jaunes.

Longueur du tarse : 50 à 52 millimètres.

Longueur du doigt médian sans ongle : 51 à 53 millimètres.

Suivant Shelley, ce faucon est assez commun actuellement en Égypte et en Nubie. On le rencontre dans les plantations de palmiers, autour des pyramides et des temples en ruines.

Falco babylonicus est un faucon de grande taille, un peu plus fort que *Falco Feldeggii;* il se distingue de celui-ci par son plumage bleu sur le dos dans les deux sexes, sa poitrine peu ponctuée et surtout par son doigt médian bien plus long, relativement, que celui de *F. Feldeggii.*

Le squelette de *Falco babylonicus* ne présente aucune particularité importante (pl. VI). Les os des ailes et des pattes sont plus grands, mais ils ont la même structure que ceux de *Falco Feldeggii.* Le sternum et le tarse diffèrent un peu. Chez *F. babylonicus* le bord postérieur du sternum est très élargi, les articulations costales occupent en arrière un espace beaucoup moins étendu que celles de *F. Feldeggii.* En ce qui concerne le tarse, les pertuis supérieurs sont plus réduits, la trochlée du doigt externe est plus grande. Les doigts externe et médian sont plus développés relativement que dans *F. Feldeggii,* mais un peu plus faibles que chez *F. peregrinus.* Par son squelette, *Falco babylonicus* offre des caractères intermédiaires à ces deux derniers faucons.

Sur le métacarpien gauche reproduit planche VI, figure 12, on remarque, à l'extrémité du pouce, une sorte de griffe acérée que nous n'avons rencontrée chez aucun autre oiseau.

L'aile droite manquant, il n'a pas été possible de savoir si cette griffe existait des deux côtés ou s'il s'agit seulement d'une anomalie dyssymétrique.

FALCO BARBARUS, Linné

Falco barbarus, Linné, *Syst. Nat.*, I, p. 125 (1766). — Shelley, *Birds of Egypt*, p. 187. — B. Sharpe, *Cat. of the Accipit. Brit. Mus.*, vol. I, p. 386 (1874).
Falco pelegrinoïdes, Temminck, *Recueil de planches coloriées*, pl. CDLXXIX (1838).

Falco barbarus n'a été reconnu que d'après un seul spécimen provenant de Kôm-Ombo.

Ce faucon a le bec très crochu, avec une dent latérale aiguë et forte.

Narines de forme circulaire, à tubercule médian bien apparent.

Tarse plus court que le doigt médian sans ongle, emplumé en avant sur le tiers de sa longueur, réticulé sur les autres parties. Doigt externe plus long que le doigt interne.

Face inférieure du corps blanc crème, avec de petites taches triangulaires noirâtres sur l'abdomen et les flancs. Cire et pieds jaunes. Bec brun bleuâtre.

Longueur du tarse : 41 mill. Longueur du doigt médian sans ongle : 44 mill.

Le faucon de Barbarie habite tout le nord de l'Afrique, du Sénégal à la côte orientale. On le rencontre également dans le nord-ouest de l'Inde et jusque dans l'Himalaya.

Suivant Shelley[1], *Falco barbarus* est rare en Égypte et en Nubie.

Le squelette de *F. barbarus* est conforme dans son ensemble au squelette des faucons de grande taille, tels que *F. babylonicus* et *F. peregrinus*. Le crâne, le sternum et les membres postérieurs ont dans ces diverses espèces la même structure et environ les mêmes dimensions relatives. L'aile seule présente des proportions différentes ; elle est, chez *F. barbarus*, bien plus courte que dans les deux autres formes. L'humérus par exemple mesure 64 millimètres de longueur chez le premier, alors qu'il atteint 83 millimètres chez un *F. babylonicus* dont le tarse n'est que de 7 ou 8 millimètres supérieur à celui de *F. barbarus*.

Comparé à un squelette de *F. barbarus* moderne, le squelette ancien de cette espèce ne paraît offrir aucune différence notable. Les dimensions respectives de chacun sont indiquées dans le tableau suivant.

DIMENSIONS PRINCIPALES DU SQUELETTE

DE *FALCO BARBARUS*, Linné

	Momifié	Moderne
Longueur de la colonne vertébrale, de la première vertèbre cervicale à l'extrémité de la queue	191mm	201mm
Longueur de la tête osseuse	61	62
— du frontal à l'occiput	40	41
Largeur maximum du crâne	36	36
— interorbitaire	15	15
Longueur de la mandibule supérieure en suivant la courbure du bec	33	33
— du sternum (de l'apophyse épisternale au bord postérieur)	60	60
Largeur du sternum en avant	30	31
— — en arrière	40	39
Hauteur du bréchet	18	17

[1] Shelley, *Birds of Egypt*, p. 187, London, 1872.

	Momifié	Moderne
Longueur du coracoïdien	37mm	39mm
— de l'omoplate	46	50
— de l'humérus	64	68
— du cubitus	75	81
— du métacarpien	45	48
— du doigt principal	37	39
— du bassin	40	42
Largeur antérieure du bassin	20	20
— du bassin en arrière des cavités cotyloïdes	33	36
Longueur des vertèbres caudales	38	38
— du fémur	54	58
— du tibia	67	74
— du tarso-métatarsien	41	45
— totale du doigt médian	52	55
— — externe	38	40
— — interne	33	38
— totale du pouce	29	31

FALCO SUBBUTEO, Linné.

Falco subbuteo, Gould, *Birds of Europe*, 1, pl. XXII (1837). — Shelley, *Birds of Egypt*, p. 192 (1872). — B. Sharpe, *Cat. of the Accip. Brit. Mus.*, p. 395 (1874).

Le hobereau n'est pas commun parmi les oiseaux momifiés; on en a reconnu seulement 3 spécimens : 1 de Rôda, 3 de Gîzé.

Falco subbuteo a l'arête médiane du bec bien marquée.

Le tarse court est emplumé en avant sur les deux cinquièmes environ de sa longueur.

Doigts peu épais, allongés. Médian avec ongle plus grand que le tarse. Doigt externe sensiblement plus long que l'interne.

Première rémige seule échancrée au bord interne, un peu plus courte que la seconde.

Cire et pieds jaunes; bec noir bleuâtre, jaune à la base chez le mâle adulte.

Longueur du tarse : 33 à 36 millimètres.

Longueur du doigt médian sans ongle : 33 à 35 millimètres.

Le hobereau habite l'Europe entière; on le rencontre aussi dans l'Inde et jusqu'en Chine. L'hiver il fait des incursions en Afrique. Heuglin et Shelley ont constaté la présence de ce rapace en Égypte au mois d'avril, mais il y est toujours rare.

G. Wilkinson [1] mentionne ce faucon au nombre des animaux sacrés des anciens Égyptiens. Ce savant croit que le hobereau était le faucon sacré de Râ, *Falco Aroëris*, adoré à Héliopolis et dans diverses localités.

Falco subbuteo se distingue des faucons de petite taille, entre autres de la crécerelle, *Cerchneis tinnunculus*, L., par plusieurs parties de son squelette. Outre les proportions des doigts et du tarse, dont les différences ont servi de base aux classificateurs pour établir les

[1] J.-G. Wilkinson, *the ancient Egyptians*, vol. III, p. 261, London, 1878.

genres *Cerchneis* et *Falco*, on trouve chez le hobereau l'aile et le sternum notablement plus forts que chez la crécerelle.

Les mensurations indiquées dans le tableau suivant ont été prises sur le squelette d'individus de ces deux formes. Le sternum du hobereau mesure 44 millimètres de longueur d'avant en arrière, tandis que celui de la crécerelle n'atteint que 38 millimètres. Chez le hobereau, le cubitus a 68 et l'humérus 59 millimètres de long, alors que chez la crécerelle ces os ont respectivement 63 et 56 millimètres de longueur.

Ces différences sont importantes en elles-mêmes; elles le sont bien davantage si l'on tient compte des dimensions des membres postérieurs qui se trouvent au contraire sensiblement moins élevées chez le hobereau que chez la crécerelle.

DIMENSIONS PRINCIPALES DU SQUELETTE

DE *FALCO SUBBUTEO*, L., ET *CERCHNEIS TINNUNCULUS*, L.

	Falco subbuteo Momifié —	*Cerchneis tinnunculus* Momifié —
Longueur de la colonne vertébrale, de la première vertèbre cervicale à l'extrémité de la queue	168mm	159mm
Longueur de la tête osseuse	50	48
— du frontal à l'occiput	34	34
Largeur maximum du crâne	30	30
— interorbitaire	11	11
Longueur de la mandibule supérieure en suivant la courbure du bec	26	24
— du sternum (de l'apophyse épisternale au bord postérieur)	44	38
Largeur du sternum en avant	25	22
— — en arrière	31	29
Hauteur du bréchet	14	12
Longueur du coracoïdien	31	28
— de l'omoplate	40	37
Longueur de l'humérus	59	56
— du cubitus	68	63
— du métacarpien	39	35
— du doigt principal	30	26
Longueur du bassin	35	31
Largeur antérieure du bassin	17	16
— du bassin en arrière des cavités cotyloïdes	28	27
Longueur des vertèbres caudales	33	34
— du fémur	45	45
— du tibia	59	60
— du tarso-métatarsien	35	38
— totale du doigt médian	40	36
— — externe	30	28
— — interne	25	27
— — du pouce	20	22

GENRE HIEROFALCO, CUVIER.

HIEROFALCO SACER, Brisson.

Falco sacer, Brisson, *Ornith.*, I, p. 337 (1760). — Gray, *Gen. Birds*, III, p. 2 (1849). — Gould, *Birds of Asia*, t. XX, pl. V (1868). — Shelley, *Birds of Egypt*, p. 190 (1872). — Tristram, *Fauna of Palestine*, p. 105 (1884).
Falco lanarius, Gould, *Birds of Europe*, I, pl. XX (1837).
Hierofalco saker, B. Sharpe, *Cat. of Accip. Brit. Mus.*, vol. I, p. 417 (1874).

Tristram et Shelley disent que ce faucon est connu des Arabes de l'Égypte et de la Palestine sous le nom de *saker el hor* ou *sakkr el hor*. Il est représenté, dans notre collection d'oiseaux de l'ancienne Égypte, par deux spécimens provenant l'un de Rôda (Haute-Égypte), l'autre de Gizé.

Bec court, très recourbé, à dos et côtés arrondis.

Narines légèrement ovales avec tubercule médian.

Tarse épais, emplumé en avant sur la moitié de sa longueur, finement réticulé sur la moitié inférieure et derrière dans toute sa longueur. Doigts épais, peu allongés, médian sans ongle, plus court que le tarse, doigts externe et interne environ égaux.

Faces supérieures brun cendré. Faces inférieures blanc un peu jaunâtre avec taches brunes allongées verticalement.

Longueur du tarse : 52 à 54 mill. Longueur du doigt médian sans ongle : 44 à 47 mill.

Hierofalco sacer habite le sud-est de l'Europe et le nord-est de l'Afrique, il est commun dans l'Asie centrale et jusqu'en Chine. C'est une espèce plutôt asiatique.

Ce faucon a été observé en Égypte, mais il y est rare. Shelley l'a décrit d'après deux spécimens capturés, l'un à Kôm-Ombo, l'autre dans les environs de Siouth. *Hierofalco saker* est encore de nos jours dressé par les Arabes pour la chasse de la gazelle. Le Dr L. Arbel[1] en a vu plusieurs spécimens au cours d'une visite qu'il fit, cette année même près du Caire, à l'équipage de fauconnerie du prince Hussem Kemal-ed-din. « Le prince chasse presque exclusivement la gazelle, et il se sert pour cette chasse de Faucons sacres, pris de passage au mois de novembre. Ces sacres m'ont paru de plus petite taille que ceux des Indes, mais les autres caractères spécifiques sont identiques dans les deux pays.

« Dans un de mes précédents voyages en Algérie, j'avais eu l'honneur d'être reçu chez le grand fauconnier arabe de Biscra, Ben Gana, aga des Zibans. Dans la conversation il m'avait signalé, comme étant très apprécié par les fauconniers, un faucon qui vient en Algérie au moment du passage des étourneaux et que, pour cette raison, les Arabes appellent le faucon des étourneaux. La marque distinctive de cet oiseau consiste en quatre points blancs ovalaires visibles sur les plumes du dos, lorsque l'oiseau se tient en repos, les ailes fermées. Cette conversation avec Ben Gana m'est revenue à la mémoire en examinant attentivement les sacres du prince Kemal-ed-din. L'un de ces rapaces était un oiseau *sors* (1 an); l'autre avait trois mues (3 ans). Sur celui des trois mues existaient deux taches ovalaires très nettes, sur les plumes

[1] Compte rendu d'une mission scientifique aux Indes anglaises (*Bulletin du Muséum d'Histoire naturelle*, Paris, 1902, p. 161).

rémiges tertiaires et en écartant légèrement les plumes voisines, on voyait deux autres taches semblables qui formaient avec les deux premières un carré parfait. Le vieux fauconnier du prince me dit que c'était là uniquement une question d'âge, et que l'an prochain, lorsque l'oiseau aurait quatre ans, les quatre taches seraient entièrement apparentes. »

Hierofalco saker est donc recherché par les fauconniers aussi bien en Algérie et en Égypte que dans les Indes, quoique, suivant le Dr Arbel, plusieurs autres oiseaux de proie soient dans l'Hindoustan également employés à la chasse, notamment *Falco peregrinus*, *Falco peregrinator*, l'autour et l'épervier *nisus*.

Schlegel[1] a fait remarquer, à propos du faucon sacre, que le nom de *saker*, sous lequel ce rapace est connu en Europe depuis le moyen âge, est évidemment d'origine arabe. C'est par ce nom que les Arabes désignent les faucons en général. C'est donc une erreur de traduire le mot arabe *saker* ou plus exactement *sakkr*, par le mot latin *sacer*. L'erreur a été commise par divers auteurs, elle en a conduit quelques-uns à regarder *Hierofalco saker* comme le faucon sacré des anciens Égyptiens.

La seule raison qu'on pourrait avoir de considérer *Hierofalco saker* comme le faucon sacré de Horus, c'est le nom de Hor, *Sakkr-el-Hor*, qu'on lui retrouve dans la tradition arabe. Mais les Arabes ne donnent pas le nom de Hor seulement à *Hierofalco saker* : le faucon pèlerin est, suivant Tristram[2], également appelé *Tir-el-Hor*. Ces deux faucons ont donc sans doute été le plus souvent confondus et adorés comme les symboles du soleil, de Horus, simultanément avec tous les autres oiseaux de proie diurnes, ainsi qu'en témoigne la liste des espèces momifiées par les Égyptiens du temps des Pharaons.

Le squelette de *Hierofalco saker* ne se distingue par aucun caractère important du squelette de *Falco peregrinus*. Le crâne et les ailes ont la même structure dans les deux espèces. Le sternum est un peu plus élargi en arrière que celui du faucon pèlerin, son bord postérieur, au lieu d'être presque droit, comme chez celui-ci, est fortement ondulé. Il se rapproche par ce caractère de *F. babylonicus* et de *F. Feldeggii*.

Le saker nous semble différer des faucons de grande taille du type *F. peregrinus*, uniquement par les proportions de ses tarses et de ses doigts qui sont indiquées, avec les dimensions des diverses parties de son squelette, dans le tableau suivant :

DIMENSIONS PRINCIPALES DU SQUELETTE

DE *HIEROFALCO SACER*

Longueur de la colonne vertébrale, de la première vertèbre cervicale à l'extrémité de la queue	245mm
Longueur totale de la tête osseuse	70
— du frontal à l'occiput	48
Largeur maximum du crâne	42
— interorbitaire	17
Longueur de la mandibule supérieure (en suivant la courbure du bec)	34
— du sternum (de l'apophyse épisternale au bord post.)	71
Largeur du sternum en avant	35
— — en arrière	51
Hauteur du bréchet	24

[1] Gould, *Birds of Asia*, vol. I, London, 1850-1883.
[2] Tristram, *Fauna and Flora of Palestine*, p. 104, London, 1884.

Longueur du coracoïdien	47mm
— de l'omoplate	60
— de l'humérus	91
— du cubitus	105
— du métacarpien	60
— du doigt principal	47
— du bassin	53
Largeur antérieure du bassin	28
— du bassin en arrière des cavités cotyloïdes	42
Longueur des vertèbres caudales	53
— du fémur	73
— du tibia	90
— du tarso-métatarsien	54
Longueur totale du doigt médian	54
— — externe	43
— — interne	41
— du pouce	33

GENRE CERCHNEIS, BOIE

CERCHNEIS TINNUNCULUS, Linné.

Falco tinnunculus, Linné, *Syst. nat.*, p. 127 (1758). — Gould, *Birds of Europe*, I, pl. XXVI (1837). — Shelley, *Birds of Egypt*, p. 194 (1872).
Tinnunculus alaudarius, Gray, *Gen. of Birds*, p. 21 (1849).
Cerchneis tinnuncula, Sharpe, *Cat. of the Accipit. Brit. Mus.*, vol. I, p. 425 (1874).

Suivant Tristram[1], la crécerelle est connue des Arabes de la Palestine sous le nom de *bashik*.

Dans une série de 500 oiseaux momifiés, nous avons compté 91 individus de cette espèce : 48 de Kôm-Ombo, 22 de Rôda et 21 de Gizé. *Cerchneis tinnunculus* est l'espèce la mieux représentée, elle constitue à elle seule près d'un cinquième de la collection.

Le bec de la crécerelle est épais à la base, à arète un peu arrondie, avec une dent latérale aiguë.

Tarse emplumé devant sur le tiers environ de sa longueur, réticulé sur les autres parties, avec trois ou quatre grandes écailles transversales vers l'extrémité inférieure en avant.

Doigts courts ; latéraux à peu près égaux ; médian sans ongle beaucoup plus court que le tarse. Ongles de longueur moyenne. Cire et pieds jaunes. Longueur du tarse : 37 à 40 mill. Longueur du doigt médian sans ongle : 27 à 30 mill.

Cerchneis tinnunculus habite l'Europe entière, une partie de l'Asie et le nord-est de l'Afrique. En hiver, elle émigre dans la péninsule indienne ; on la rencontre même jusque dans le sud et l'ouest de l'Afrique.

La crécerelle est le faucon le plus commun de l'Égypte moderne. Shelley[2], qui le décrit

[1] Tristram, *the Fauna and Flora of Palestine*, p. 106, 1884.
[2] Shelley, *The Birds of Egypt*, p. 194, London, 1872.

sous le nom de *Falco tinnunculus*, en aperçut « un cent pour le moins dans une seule plantation de palmiers, où ces oiseaux étaient attirés par un vol abondant de sauterelles ».

Il est possible, ajoute Shelley, que ce soit à la destruction de cet insecte par la crécelle que le faucon doit d'avoir été placé, par les anciens Égyptiens, parmi les animaux sacrés.

Cerchneis tinnunculus est assez variable de taille et de couleur. Voici la longueur du tarse relevée par plusieurs auteurs[1] sur des spécimens modernes provenant de différentes localités.

	Longueur du tarse en pouces	Longueur du tarse en millim.
	—	—
Mâle, jeune, Égypte (Shelley)	1,5	38
— adulte, Asie septentrionale (Montairo)	1,6	40
Femelle, adulte, Nazareth (Tristram)	1,6	40
Mâle, adulte, Adigrat (Blanford)	1,45	37
— — Népal (Hodgson)	1,6	40
— jeune, Saint-Iago (Bouvier)	1,6	40
Femelle — Saint-Iago (Bouvier)	1,6	40

Les crécerelles momifiées présentent des variations individuelles qui ne dépassent pas les limites indiquées par les mensurations précédentes. Les longeurs des diverses parties du squelette de cette espèce ont été indiquées plus haut comparativement avec celles relevées sur le squelette de *F. subbuteo*.

Bien que *Cerchneis tinnunculus* soit l'oiseau qu'on trouve le plus communément momifié, il n'avait pas encore été signalé parmi les nombreux animaux sacrés de l'ancienne Égypte.

CERCHNEIS CENCHRIS, Frisch.

Falco cenchris, Cuvier, *Règne animal*, I, p. 322 (1829). — Shelley, *Birds of Egypt*, p. 195 (1872).
Falco tinnunculoides, Gould, *Birds of Europe*, I, pl. XXVII (1837).
Tinnunculus cenchris, Gray, *Gen. of Birds*, I, p. 21 (1844).
Cerchneis Naumanni, Sharpe, *Cat. of Accip. Brit. Mus.*, vol. I, p. 435 (1874).

Cette crécerelle est représentée par 5 individus : 3 proviennent de Gizé, 2 de Kôm-Ombo.

Le bec de *Cerchneis cenchris* est, comme celui de l'espèce précédente, épais à la base et pourvu d'une dent latérale aiguë.

Le tarse, emplumé sur le tiers de sa longueur, est réticulé devant et derrière, avec deux ou trois écailles transversales, en avant, à l'extrémité inférieure.

Doigts courts, latéraux égaux; ongles faibles.

Face dorsale rouge brun chez le mâle, rousse tachée de brun chez la femelle et les jeunes.

Cire et pieds jaunes.

Longueur du tarse : 30 à 33 mill. Longueur du doigt médian sans ongle : 22 à 25 mill.

Cerchneis cenchris habite le sud et l'orient de l'Europe, le nord de l'Afrique et l'Asie

[1] B. Sharpe, *Cat. of Birds of the Brit. Mus.*, vol. I, p. 428, London, 1874.

occidentale. En hiver, cette petite crécerelle émigre jusque dans le sud de l'Afrique. On la rencontre dans toute l'Égypte et la Nubie; mais, suivant Shelley, elle est abondante surtout aux environs d'Alexandrie.

Cerchneis cenchris se rapproche beaucoup d'une autre crécerelle, *Cerchneis vespertinus,* assez commune dans la faune actuelle de l'Égypte. A ne considérer que les proportions de leurs membres, il est assez difficile de les distinguer l'une de l'autre. Elles ont toutes les deux à peu près les mêmes dimensions, seuls les doigts de *Cerchneis cenchris* sont, en général, un peu plus courts que ceux de *Cerch. vespertinus.* Mais ces deux formes se différencient très bien par la couleur de leur plumage. Dans *Cerch. cenchris* les faces dorsales du corps sont brun roux chez le mâle, roux maculé de noir chez la femelle et les jeunes. Au contraire, dans *Cerchneis vespertinus,* les faces dorsales sont gris bleu chez le mâle et gris clair barré de noir chez la femelle. En outre, la cire et les pieds sont jaunes chez *Cerch. cenchris,* alors qu'ils sont rouges dans l'autre espèce.

SOUS-FAMILLE DES ACCIPITRINÉS

GENRE ACCIPITER, BRISSON

ACCIPITER NISUS, Linné.

L'Epervier, Brisson, *Ornith.*, I, p. 310 (1760).
Dædalion fringillarius, Savigny, Oiseaux d'Egypte (*Descript. de l'Egypte*, t. XXIII, p. 270 (1828).
Accipiter nivus, Gray, *Gen. Birds*, I, p. 29, pl. X, fig. 4 (1849). — Shelley, *Birds of Egypt*, p. 185 (1872). — B. Sharpe, *Cat. Brit. Mus.*, I, p. 132 (1874).
Accipiter fringillarius, Gould, *Birds of Europe*, I, pl. XVIII (1837).

D'après Savigny, les Égyptiens d'Alexandrie et du Caire connaissent l'épervier sous les noms de *beydaq* et de *bâcheiq*.

Accipiter nisus se trouve momifié presque aussi communément que la crécerelle ; 52 exemplaires de cette espèce ont été reconnus, 22 sont de Kôm-Ombo, 15 de Gizé, 15 de Rôda.

Bec très crochu, à bords latéraux ondulés. Narine ovale, sans tubercule.

Tarse long et mince, emplumé en avant sur le quart de sa longueur, couvert de larges écailles transversales devant et derrière, réticulé sur les côtés.

Doigts longs et grêles, médian beaucoup plus long que les latéraux; doigt externe sans ongle, aussi grand que les deux phalanges de base du doigt médian.

Faces supérieures gris ardoisé plus ou moins brunes. Faces inférieures blanches ou rousses barrées de taches transversales brunes.

Longueur du tarse : 52 à 63 mill. Longueur du doigt médian sans ongle : 35 à 43 mill.

L'épervier habite actuellement l'Europe entière et une partie de l'Asie. On le trouve aussi en Algérie, dans le nord-est de l'Afrique, la péninsule indienne et jusqu'en Chine.

Il est, de nos jours, très commun dans toute l'Égypte et la Nubie[1]. Plusieurs formes du même genre vivent dans d'autres contrées de l'Afrique, mais la plupart sont beaucoup plus petites que l'*Accipiter nisus* et ne sauraient être confondues avec lui. Telles sont : *Accipiter Hartlaubi*, Verr., du Gabon ; *Accipit. rufiventris* Smith ; *Accipit. minullus*, Dandin ; et *Accipit. erythropus* du sud et de l'est africain. *Accipiter melanoleucus*, Smith, vit aussi en Afrique dans l'ouest et le sud, mais cette espèce est au contraire plus grande que le *nisus*. La longueur de son tarse est de 72 à 82 millimètres, alors qu'elle atteint au plus 63 millimètres chez les femelles adultes de l'épervier commun.

Le tableau suivant indique les dimensions du squelette, relevées sur des spécimens momifiés d'*Accipiter nisus*, mâle et femelle, et de *Melierax gabar*.

DIMENSIONS PRINCIPALES DU SQUELETTE

D'*ACCIPITER NISUS* ET DE *MELIERAX GABAR*, DAUDIN.

	Accipiter nisus		*Melierax gabar*
	femelle	mâle	
Longueur de la colonne vertébrale, de la première vertèbre cervicale à l'extrémité de la queue	172mm	133mm	155mm
Longueur totale de la tête osseuse	50	42	50
— du frontal à l'occiput	35	31	35
Largeur maximum du crâne	28	25	28
— interorbitaire	7	6	8
Longueur de la mandibule supérieure (en suivant la courbure du bec)	28	23	28
— du sternum (de l'apophyse épisternale au bord post.)	54	42	45
Largeur du sternum en avant	23	18	21
— — en arrière	30	23	28
Hauteur du bréchet	14	11	12
Longueur du coracoïdien	32	25	27
— de l'omoplate	45	37	39
— de l'humérus	62	50	55
— de cubitus	73	60	65
— du métacarpien	39	32	32
— du doigt principal	25	22	23
Longueur du bassin	32	29	29
Largeur antérieure du bassin	18	14	15
— du bassin en arrière des cavités cotyloïdes	27	22	24
Longueur des vertèbres caudales	34	27	32
— du fémur	55	43	47
— du tibia	75	59	64
— du tarso-métatarsien	63	52	48
— totale du doigt médian	55	43	38
— totale du doigt externe	40	30	27
— — interne	40	30	23
— totale du pouce	35	28	23

[1] Shelley, *Birds of Egypt*, p. 185, London, 1872.

GENRE MELIERAX, GRAY

MELIERAX GABAR, Dandin.

Le Gabar, Levaillant, *Histoire naturelle des oiseaux d'Afrique*, p. 136, pl. XXXIII (1799).
Accipiter gabar, Gray, *Gen. Birds*, I, p. 29 (1849). — Shelley, *Birds of Egypt*, p. 186 (1872).
Melierax gabar, B. Sharpe, *Cat. Brit. Mus.*, vol. I, p. 89 (1874).

Melierax gabar est signalé ici d'après 5 spécimens : 4 de Kôm-Ombo et 1 de Gîzé.

Bec crochu à bords latéraux ondulés.

Narines ovales et obliques, ouvertes sur le bord antérieur de la cire.

Tarses moyennement longs et minces, emplumés en avant sur le tiers de leur longueur, écailleux devant et derrière, réticulés sur les côtés.

Doigts externe et médian longs, pouce et doigt interne épais et courts.

Faces supérieures gris brun ardoisé ; gorge gris cendré ; poitrine et abdomen blanchâtres coupés de taches transversales brunes. Cire, tarses et pieds rouges. Bec et ongles noirs.

Longueur du tarse : 48 mill. Longueur du doigt médian sans ongle : 30 mill.

Le gabar se rencontre dans toute l'Afrique, excepté sur la côte occidentale, de Sierra Leone à Angola. Il se montre exceptionnellement dans le sud de l'Europe.

Les naturalistes ne sont point du même avis sur la fréquence de cette espèce dans la vallée du Nil et les environs. D'après Shelley, *Melierax gabar* est aussi rare en Égypte qu'en Nubie. Suivant Schlegel, ce rapace serait commun aux alentours de Suez.

Le petit nombre de gabars trouvé parmi les animaux anciens indique que cette forme était rare autrefois dans la Haute-Égypte comme dans la région du delta.

Melierax gabar rappelle beaucoup par ses caractères extérieurs et par son squelette l'épervier commun, *Accipiter nisus*. Chez ces deux rapaces la tête osseuse a la même structure : aplatie par dessus dans la région frontale, proéminente vers l'occiput, avec une légère convexité sus-nasale. La tête du gabar est proportionnellement un peu plus forte que celle du *nisus*.

Les ailes et le sternum ont la même forme dans les deux espèces. L'apophyse épisternale du gabar, est comme celle du *nisus*, très développée. Seuls les membres postérieurs présentent des proportions un peu différentes. Le tarse est plus court, les doigts externe et médian sont moins longs que chez *Accipiter nisus*, mais les trochlées digitales offrent les mêmes particularités.

Les proportions des membres et la structure du squelette font de *Melierax gabar* une forme intermédiaire entre l'épervier et les *circus*.

Les dimensions du squelette de *Melierax gabar* ont été indiquées dans le tableau précédent avec celles d'*Accipiter nisus*.

Genre CIRCUS, Lacépède

CIRCUS ÆRUGINOSUS, Linné.

Falco æruginosus, Linné, *Syst. nat.*, I, p. 130 (1766).
Circus æruginosus, Sevigny, Système des oiseaux de l'Égypte (*Descrip. de l'Egypte*, vol. XXIII, p. 263, 1828). Shelley, *Birds of Egypt*, p. 181 (1872). — B. Sharpe, *Cat. Brit. Mus.*, I, p. 169 (1874).
Circus rufus, Savigny, Système des oiseaux de l'Egypte (*Description*, vol. XXIII, p. 264, 1828). — Gould, *Birds of Europe*, pl. XXXII (1837).

Le busard des marais est connu des Égyptiens du Delta sous le nom de *hidm*, à Mataryeh ils le nomment *gerràh*[1].

Circus æruginosus est assez fréquent parmi les oiseaux momifiés, notamment parmi ceux de la Basse-Égypte : trois spécimens proviennent de Kôm-Ombo, deux de Rôda et dix de Gìzé.

Bec crochu, incliné dès la base, à bords latéraux légèrement ondulés.

Cire grande. Larges narines ouvertes sur le bord antérieur de la cire.

Tibia un peu plus long que le tarse, différence entre les deux moins grande que la longueur de l'ongle postérieur. Tarse long, peu épais, emplumé en avant sur le tiers environ de sa longueur, écailleux devant, réticulé sur les côtés latéraux. Doigts courts et forts, surtout le pouce, l'interne et le médian.

Dessus de la tête roux avec taches brunes longitudinales chez le mâle, entièrement jaunâtre chez la femelle. Faces inférieures brunes chez la femelle et les jeunes, blanchâtres avec taches verticales brunes chez le mâle.

Pieds jaunes ; cire jaune verdâtre. Longueur du tarse : 83 à 89 mill. Longueur du doigt médian, sans ongle : 41 à 43 mill.

Le busard des marais habite une partie de l'Asie et l'Europe entière, sauf les régions septentrionales. En hiver on le trouve dans l'Inde et le nord-est de l'Afrique.

En Egypte, *Circus æruginosus* se rencontre dans tout le pays, mais c'est dans le Delta et le Fayoum qu'il est le plus abondant. Il fréquente les lieux humides, les bords des lacs, des étangs couverts de roseaux. Au début de l'hiver, dit Brehm, « on en voit arriver des masses aux Indes et en Égypte ; *Circus æruginosus* est alors l'oiseau de proie le plus commun de ces régions. »

CIRCUS CYANEUS, Linné.

Falco cyaneus, Linné, *Syst. nat.*, I, p. 126 (1766).
Circus gallimarius, Savigny, Oiseaux d'Egypte (*Description de l'Egypte*, p. 264, t. XXIII, 1828).
Circus cyaneus, Gould, *Birds of Europe*, I, pl. XXXIII (1837). Gray, *Gen. of Birds*, I, p. 32, pl. 11, fig. 1 (1840). — Shelley, *Birds of Egypt*, p. 182 (1872). — B. Sharpe, *Cat. Brit. Mus.*, I, p. 52 (1874).

Circus cyaneus est l'*abou-haouâm* des Égyptiens d'Alexandrie et du Caire, le *saqr-el-fyrân* des Arabes de Mataryeh[2].

[1] Savigny, *Description de l'Egypte*, vol. XXIII, p. 263 (1828).
[2] Savigny, *ibid.*, p. 266 (1828).

Dans la collection d'oiseaux momifiés on compte 6 individus de cette espèce : 1 de Gîzé, 3 de Kôm-Ombo et 2 de Rôda.

Bec crochu, courbé dès la base, bords latéraux ondulés.

Narines ovales, ouvertes vers le bord antérieur de la cire.

Tarse long et grêle, emplumé sur le tiers de sa longueur en avant, réticulé sur les côtés, avec sept à huit écailles transversales sur la moitié inférieure en arrière.

Doigts courts, ongles peu épais.

Mâle adulte : faces supérieures, tête et cou cendré bleuâtre ; poitrine et gorge gris cendré clair ; ventre blanchâtre, taché plus ou moins de roux, queue gris cendré.

Femelle adulte : faces supérieures brunes, faces inférieures rousses avec taches brunes longitudinales. Queue gris foncé avec bandes transversales brunes. Les jeunes ressemblent à la femelle. Longueur de tarse, 68 à 74 mill. Longueur du doigt médian sans ongle : 31 à 34 mill.

L'habitat du busard Saint-Martin est très étendu, il comprend toute l'Europe, une grande partie de l'Asie et les régions de l'Afrique bordant la Méditerranée. En Égypte, cette espèce est actuellement moins connue que *Circus macrourus* : Shelley l'a observée dans la basse Égypte surtout pendant les mois d'hiver.

CIRCUS MACROURUS, Gmelin.

Falco macrourus, Gmelin, *Syst. nat.*, I, p. 269 (1788).
Circus pallidus, Gould, *Birds of Europe*, I, pl. 34 (1837). — Shelley, *Birds of Egypt*, p. 183 (1872).
Circus macrourus, Scharpe, *Cat. Brit. Mus.*, p. 67 (1874).

Cette espèce n'est représentée que par deux individus, l'un provenant de Kôm-Ombo, l'autre de Gizé.

Bec et narines comme dans l'espèce précédente.

Tarse long et mince, emplumé sur le quart de sa longueur en avant, écussonné devant et derrière, réticulé sur les côtés. Doigts et ongles moyens.

Mâle adulte : faces supérieures gris bleuâtre pâle ; faces inférieures blanchâtres, gris pâle sur la poitrine.

Femelle adulte : faces supérieures brunes, mêlées de roux sur la nuque ; faces inférieures roux clair, avec ou sans taches brunes. Jeunes semblables à la femelle.

Dans les deux sexes la queue est barrée de larges bandes brunes. Longueur de la queue : 250 millimètres. Longueur du tarse : 68 millimètres.

Longueur du doigt médian sans ongle 30 millimètres.

Lorsque les spécimens momifiés ne sont pas dans un très bon état de conservation, il est difficile de reconnaître s'ils appartiennent à *Circus macrourus* ou à *Circus cyaneus*. Ces deux formes, très voisines l'une de l'autre, ont été souvent confondues. De jeunes *Circus macrourus* ont parfois également été attribués par erreur à *Circus pygargus*.

Circus macrourus, le busard blafard, se rencontre en Europe dans les mêmes régions que *Circus cyaneus*, c'est-à-dire jusqu'en Scandinavie et en Irlande. Il habite aussi une partie de l'Afrique, l'Inde entière et la Chine.

Cette espèce réside toute l'année en Égypte et en Nubie. Suivant Shelley, on l'y observe quelquefois en compagnie de *Circus cyaneus*.

CIRCUS PYGARGUS, Linné.

Falco pygargus Linné, *Syst. nat.*, I p. 148 (1766).
Circus cineraceus Gould, *Birds of Europe*, I, pl. XXXV (1837). — Shelley, *Birds of Egypt*, p. 184 (1872).
Circus pygargus, Sharpe, *Cat. Brit. Mus.*, p. 64 (1874).

Ce busard est signalé d'après un seul exemplaire trouvé parmi les rapaces momifiés isolément à Rôda (Haute-Egypte).

Bec crochu, moins courbé que dans *Circus cyaneus* et *Cir. macrourus*. Collerette accusée derrière les joues.

Tarse mince, peu allongé, emplumé sur un tiers environ de sa longueur. Doigts et ongles relativement faibles.

Mâle adulte : faces supérieures gris bleu foncé; faces inférieures grises sur la poitrine, blanches avec taches longitudinales sur l'abdomen.

Femelle adulte : faces supérieures brunes et rousses ; faces inférieures rousses avec longues taches brunes. Jeunes semblables aux femelles.

Longueur du tarse : 58 mill. Longueur du doigt médian sans ongle : 28 mill.

Le *Circus pygargus* ou busard montagu habite l'Europe jusqu'au 60e degré de latitude nord; il habite également l'Inde, l'Asie Centrale et la Chine. En hiver, on le retrouve dans la vallée du Nil, en Abyssinie et presque dans le sud de l'Afrique.

Le tableau suivant indique les dimensions du squelette dans les quatre formes de *Circus* de l'Égypte ancienne.

DIMENSIONS PRINCIPALES DU SQUELETTE

CHEZ *CIRCUS ÆRUGINOSUS, CYANEUS, MACROURUS* ET *PYGARGUS*

	Circus æruginosus	*Circus cyaneus*	*Circus macrourus*	*Circus pygargus*
Longueur de la colonne vertébrale, de la 1re vertèbre cervicale à l'extrémité de la queue	235mm	218mm	183mm	180mm
Longueur totale de la tête osseuse	82	63	60	57
— — du frontal à l'occiput	53	40	40	38
Largeur maximum du crâne	48	37	35	35
— interorbitaire	16	8	8	7
Longueur de la mandib. supér. (en suiv. la courb. du bec)	39	34	30	30
— du stern. (de l'apophyse épistern. du bord post.)	64	55	53	»
Largeur du sternum en avant	36	31	27	»
— — en arrière	39	36	36	»
Hauteur du bréchet	18	16	15	»
Longueur du coracoïdien	43	35	32	»
— de l'omoplate	56	50	46	»
— de l'humérus	108	89	80	84
— du cubitus	130	108	98	102
— du métacarpien	62	57	51	52

	Circus æruginosus	*Circus cyaneus*	*Circus macrourus*	*Circus pygargus*
	—	—	—	—
Longueur du doigt principal.	43mm	44mm	35mm	35mm
— du bassin	49	44	40	39
Largeur antérieure du bassin	28	22	20	»
— du bassin en arrière des cavités cotyloïdes . . .	35	32	31	30
Longueur des vertèbres caudales	50	47	40	35
— du fémur	81	68	60	»
— du tibia.	109	98	90	79
— du tarso-métatarsien.	83	74	68	58
Longueur totale du doigt médian.	59	50	45	40
— — — externe.	47	41	34	32
— — — interne.	52	39	36	32
— — du pouce	50	39	37	28

FAMILLE DES PANDIONIDÉS

GENRE PANDION, SAVIGNY

PANDION HALIAETUS, Linné.

Falco haliaëtus, Linné, *Syst. nat.*, I, p. 129 (1766).
Pandio fluvialis, Savigny, *Description de l'Egypte*, *Syst. des oiseaux*, t. XXIII, p. 272 (1828).
Pandion haliaëtus, Gould, *Birds of Europe*, pl. XII (1837). — Gray, *Gen. Birds*, I, p. 17, pl. VII, fig. 5. — Shelley, *Birds of Egypt*, p. 203, 1872. — B. Sharpe, *Cat. Brit. Mus.*, vol. I, p. 449 (1874).

Aux environs du lac de Menzaleh, le balbuzard fluviatile est connu des Égyptiens sous le nom de *nâcoury* [1].

Ce rapace est représenté par deux individus provenant des hypogées des environs de Gizé.

Bec peu élevé, large, arrondi sur les faces latérales.

Narines grandes, ouvertes un peu en arrière du bord de la cire.

Tarse épais, court, moins long que la moitié du tibia. Emplumé en avant sur le tiers de sa longueur environ, couvert de petites écailles hexagonales sur les autres parties.

Doigts longs et forts finement écailleux, avec trois ou quatre écussons en arrière des ongles. Face inférieure des doigts épineuse. Doigt externe reversible; médian avec ongle bien plus long que le tarse. Ongles longs, acérés, développés à peu près également à tous les doigts.

Faces supérieures brun noirâtre, avec plumes bordées de gris ou de blanc; faces inférieures blanchâtres, larges taches brun roussâtre vers le haut de la poitrine.

[1] Savigny, *Syst. des oiseaux de l'Egypte*, p. 274, Paris, 1828.

Bec et ongles noirs, cire et pieds gris bleuâtre.
Longueur du tarse : 53 mill. Longueur du doigt médian sans ongle : 48 mill.

Le balbuzard habite presque toutes les parties du monde : l'Europe entière, l'Afrique, le nord de l'Asie, l'Inde, la Chine, l'Amérique du Nord, les Antilles, ainsi que les parties septentrionales de l'Amérique du Sud.

Pandion haliaëtus est commun en Égypte pendant l'hiver. Dans le Fayoun il est, suivant Shelley, extrêmement abondant. Il ne se nourrit que de poissons, aussi le rencontre-t-on toujours auprès des étangs ou des cours d'eau.

Le squelette du balbuzard présente plusieurs caractères qui le distinguent très nettement des oiseaux de proie diurnes et le rapprochent des nocturnes. M. Milne Edwards a déjà signalé, dans son ouvrage sur les oiseaux fossiles, quelques-unes de ces affinités[1]. « Le tarso-métatarsien de balbuzard est, dit-il, très remarquable en ce qu'il a plusieurs caractères communs avec celui des strigidés ; il est, en effet, court et trapu, et la gouttière de l'extenseur commun des doigts s'engage sous un pont osseux, large et très arqué : aucun autre rapace ne nous a offert une disposition analogue. Les crêtes du talon offrent un mode de conformation particulier, elles se réunissent en arrière sur la ligne médiane, de façon à clore complètement en arrière la gouttière tendineuse. Les trochlées digitales ressemblent plus à celles des strigidés qu'à celles des rapaces ordinaires : elles sont petites, très rapprochées les unes des autres, et leur bord postérieur se recourbe en dedans, comme chez ces derniers oiseaux. »

On doit ajouter que les membres postérieurs offrent dans leur ensemble une grande analogie avec ceux du *Bubo maximus*. Le fémur, le tibia, le tarse et les doigts ont environ les mêmes dimensions relatives ; la section des phalanges unguéales est régulièrement ovalaire au lieu d'être anguleuse à la face inférieure, comme chez la plupart des rapaces diurnes. Les tubérosités où s'insèrent les muscles extenseurs des doigts sont très saillantes, notamment sur l'interne et le médian. Le fémur est faiblement recourbé ; il n'a pas d'orifice pneumatique vers son extrémité proximale. Toutes ces particularités rapprochent *Pandion haliaëtus* des rapaces nocturnes.

Par son crâne resserré latéralement dans la région occipitale, par son sternum étroit en arrière, le balbuzard rappelle les milans et la bondrée. Mais il diffère de tous les oiseaux de proie aussi bien diurnes que nocturnes, par la conformation tout à fait particulière de son bassin. Celui-ci est très développé dans la partie ischiatique, en arrière des cavités cotyloïdes ; sa largeur en ce point est aussi forte que le diamètre antéro-postérieur du bassin, alors que, chez les rapaces et presque chez tous les oiseaux, elle est toujours plus faible. Le bassin présente en outre sur sa face dorsale, dans la région iliaque, deux canaux parallèles à l'axe vertébral qui s'ouvrent sous les crêtes iliaques supérieures et débouchent, en avant, à droite et à gauche des apophyses épineuses dorsales. Cette disposition existe aussi chez *Bubo maximus*, quelques autres nocturnes et diverses espèces non rapaces.

Pandion haliaëtus a six vertèbres caudales seulement au lieu de sept ou huit qu'on trouve chez la plupart des oiseaux.

[1] *Recherches anatomiques et paléontologiques pour servir à l'histoire des oiseaux fossiles*, p. 413, Paris, 1869-1871.

DIMENSIONS PRINCIPALES DU SQUELETTE

DE *PANDION HALIAETUS*

Longueur de la colonne vertébrale de la 1re vertèbre cervicale à l'extrémité de la queue	299mm
Longueur totale de la tête osseuse	76
— — — du frontal à l'occiput	48
Largeur maximum du crâne	44
— interorbitaire	10
Longueur de la mandibule supérieure (en suivant la courbure du bec)	44
— du sternum (de l'apophyse épisternale au bord postérieur)	79
Largeur du sternum en avant	48
— — en arrière	42
Hauteur du bréchet	25
Longueur du coracoïdien	47
— de l'omoplate	71
— de l'humérus	144
— du cubitus	185
— du métacarpien	87
— du doigt principal	73
— du bassin	67
Largeur antérieure du bassin	44
Largeur du bassin en arrière des cavités cotyloïdes	65
Longueur des vertèbres caudales	53
— du fémur	79
— du tibia	125
— du tarso-métatarsien	53
Longueur totale du doigt médian	65
— — externe	57
— — interne	49
— du pouce	47

RAPACES NOCTURNES

FAMILLE DES BUBONIDÉS

GENRE BUBO, CUVIER

BUBO ASCALAPHUS, Savigny.

Bubo ascalaphus, Savigny, Système des oiseaux de l'Egypte (*Description de l'Egypte*, pl. III, fig. 2, p. 295, t. XXIII, 1828, Paris). — Gould, *Birds of Europe*, I, pl. XXXVIII. — Shelley, *Birds of Egypt*, p. 180 (1872). — B. Sharpe, *Cat. of the Striges of the Brit. Mus.*, t. II, p. 24 (1875).

Le hibou d'Égypte est connu des habitants du Caire sous le nom de *bouh*[1].

Nous le signalons au nombre des oiseaux de l'Égypte ancienne, d'après un simple spécimen incomplet, trouvé au milieu d'un groupe de rapaces diurnes provenant des environs de Gizé. Il n'a pas été momifié isolément, pas plus que les rapaces nocturnes cités plus loin. Ces nocturnes étaient disséminés à l'intérieur de quelques séries d'oiseaux de proie diurnes. Ils étaient tous en mauvais état de conservation, déchirés et décapités, sauf un seul, *Asio brachyotus*, dont le squelette complet a pu être préparé.

Tarse épais, environ égal au doigt médian avec ongle; emplumé sur toute sa longueur. Doigts couverts de plumes dessus seulement, avec un ou deux écussons à la base des ongles.

Faces supérieures brunes avec taches blanches et lignes verticales noires; faces inférieures jaune clair coupé de lignes brunes ondulées transversalement. Disques faciaux jaune clair. Bec et ongles noirs.

Longueur du tibia : 132 mill. Longueur du tarse : 75 mill. Longueur du doigt médian sans ongle : 51 mill.

Bubo ascalaphus habite tout le nord et le nord-est de l'Afrique. Il est commun en Égypte et en Nubie pendant l'année entière. Le hibou égyptien fréquente surtout les montagnes et les ruines.

[1] Savigny, *Description de l'Egypte*, p. 297, vol. XXIII, Paris, 1828.

Genre SCOPS, Savigny

SCOPS ALDROVANDI, Willughby.

Scops Aldrovandi, Willughby, *Ornith.*, p. XLI (1876). — Gould, *Birds of Europe*, pl. XLI, vol. I (1837).
Scops ephialtes, Savigny, Système des oiseaux de l'Égypte *(Description*, p. 291, vol. XXIII, 1828, Paris.
Scops giu, Shelley, *Birds of Egypt*, p. 178 (1872). — B. Sharpe, *Cat.of Brit. Mus.*, p. 47, vol. II (1875).

Les Égyptiens connaissent le petit-duc sous le nom de *boum*, mais, suivant Savigny[1], ce nom est plutôt générique que spécifique.

Scops Aldrovandi est représenté par 3 spécimens dans notre collection d'oiseaux momifiés : 1 provient de Gizé, 2 sont de Kôm-Ombo.

Bec épais, comprimé latéralement, incliné dès la base.

Tarse de longueur moyenne, égal à peu près au doigt médian avec ongle, emplumé en avant et sur les côtés, écailleux derrière.

Doigts nus avec quatre ou cinq demi-anneaux en arrière des ongles.

Plumage gris mêlé de roux avec taches verticales noires et fines stries horizontales brunes. Faces inférieures semblables aux faces supérieures, mais un peu plus claires.

Longueur du tibia : 46 à 49 mill. Longueur du tarse : 26 à 28 mill. Longueur du doigt médian sans ongle : 18 à 19 mill.

Scops Aldrovandi se rencontre dans le centre et le sud de l'Europe, dans le nord-est de l'Afrique et une partie de l'Asie.

Shelley dit qu'on le trouve de nos jours dans toute l'Égypte et la Nubie où il vit généralement par couples. Il est assez fréquent aux environs d'Alexandrie et du Caire. Au mois d'octobre, Brehm en a vu des troupes sur les bords du Nil, effectuant leurs migrations.

Genre ASIO, Brisson

ASIO OTUS, Linné.

Strix otus, Linné, *Syst. nat.*, I, p. 132 (1766).
Bubo otus, Savigny, *Description de l'Égypte*, t. XXIII, p. 293 (1828).
Otus vulgaris, Gould, *Birds of Europe*, pl. XXXIX, vol. I (1837).
Asio otus, Shelley, *Birds of Egypt*, p. 178 (1872). — B. Sharpe, *Cat. of the Brit. Mus.*, vol. II, p. 227 (1875).

Le moyen-duc ou hibou des forêts est cité ici d'après un exemplaire trouvé à l'intérieur d'un groupe d'oiseaux de proie de Kôm-Ombo.

Disques faciaux complets descendant plus bas que le bout du bec. Aigrettes frontales allongées.

Bec long un peu incliné dès la base.

Tarse emplumé, égal au médian avec ongle.

[1] Savigny. *Description de l'Égypte*, p. 292, vol. XXIII, Paris, 1828.

Doigts couverts de plumes moins un demi-anneau à la base des ongles.

Plumage gris mêlé de roux avec taches verticales noires coupées de légères stries transversales brunes. Tarses et doigts jaune roussâtre. Bec et ongles bruns. Longueur du tibia : 77 mill. Longueur du tarse : 39 mill. Longueur du doigt médian sans ongle : 29 mill.

Le hibou vulgaire ou des forêts habite l'Europe, l'Asie Centrale, les monts Himalaya, la Chine, le Japon et la Sibérie. Au sud on le trouve jusque dans les Indes et le nord-est de l'Afrique. Heuglin[1] et Taylor l'ont observé en Égypte vers la fin de mars, mais il y est toujours rare.

ASIO BRACHYOTUS, Gmelin.

Stryx brachyotus, Gmelin, *Syst. nat.*, I, p. 280.
Otus brachyotus, Gould, *Birds of Europe*, vol. I, pl. XL (1837).
Asio accipitrinus, Shelley, *Birds of Egypt*, p. 179 (1872). — B. Sharpe, *Cat. of the Brit. Mus.*, vol. II, p. 234 (1875).

Le hibou brachyote ou des marais est représenté par 4 spécimens : 3 sont des environs de Gîzé, 1 provient de Kôm-Ombo.

Disques fasciaux complets, descendant jusqu'au bout du bec, aigrettes frontales courtes.

Tarse un peu plus grand que le doigt médian avec ongle.

Doigts emplumés moins deux demi-anneaux en arrière des ongles.

Plumage roux jaunâtre, larges taches verticales brunes sur les faces supérieures, faces inférieures plus claires avec taches brunes verticales et étroites. Tarses et doigts roux clair. Bec et ongles noirs.

Longueur du tibia : 80 à 83 mill. Longueur du tarse : 44 à 45 mill. Longueur du doigt médian sans ongle : 30 et 31 mill.

Le hibou des marais se rencontre sur toute la surface de la terre, excepté en Australie. Il est très commun dans les marais et les tourbières de la Sibérie et du nord de l'Europe.

Jerdon rapporte qu'on le voit arriver aux Indes tous les hivers.

Dans l'Égypte actuelle on l'observe également en hiver. Brehm dit l'avoir vu « en grand nombre dans les steppes du bassin supérieur du Nil[2] ».

[1] Heuglin, *Ornith. N.-O. Afr.*, I, p. 107.
[2] Brehm, *la Vie des animaux : les oiseaux*, p. 509.

FAMILLE DES STRIGIDÉS

GENRE STRIX, LINNÉ

STRIX FLAMMEA, Linné.

Strix flammea, Linné, *Syst. nat.*, I, p. 133. — Savigny, *Description de l'Egypte*, vol. XXIII, p. 300 (1828). — Gould, *Birds of Europe*, I, pl. XXXVI (1837). — B. Sharpe, *Cat. of the Brit. Mus.*, vol. II, p. 291 (1875).
Aluco flammea, Shelley, *Birds of Egypt*, p. 176 (1872).

La chouette effraye est connue des Égyptiens du Caire et d'Alexandrie sous le nom de *massâçah*[1]. Elle est signalée ici au nombre des oiseaux momifiés, d'après deux spécimens provenant de Gîzé.

Disques fasciaux triangulaires, développés à peu près également au-dessus et au-dessous de l'œil.

Tarses grêles, longs environ deux fois comme le doigt médian sans ongle, légèrement emplumés. Doigts écailleux avec quelques poils disséminés sur la face supérieure ; interne et médian égaux en longueur. Bord interne de l'ongle du doigt médian dentelé.

Plumage roux sur les faces supérieures, avec petites taches verticales blanches et noires : faces inférieures blanches ou légèrement rousses parsemées parfois de quelques points bruns. Bec et doigts jaunâtres.

Longueur du tibia : 95 mill. Longueur du tarse : 63 mill. Longueur du doigt médian, sans ongle : 28 mill.

Les chouettes effrayes varient beaucoup de plumage et de dimensions. Elles sont répandues sur toute la surface du globe, excepté dans les régions excessivement froides.

En Égypte *Strix flammea* est assez fréquente, on la rencontre généralement dans le voisinage des ruines.

[1] Savigny, Système des oiseaux de l'Égypte *(Description*, p. 301, vol. XXIII).

IBIS

GENRE IBIS, CUVIER

IBIS AETHIOPICA, Lath.

(Pl. VII et VIII, fig. 74 et 75.)

Numenius Ibis, Cuvier, *Annales du Muséum de Paris*, p. 116, pl. LII, LIV (1804). — Savigny, *Histoire naturelle de l'Ibis*, p. 15, pl. I, III (1805).
Ibis religiosa, Cuvier, *Règne animal*, I, p. 483 (1817). — Savigny, Système des oiseaux de l'Egypte *(Description*, vol. XXIII, p. 397, pl. VII, fig. I, 1828).
Ibis æthiopica, Shelley, *Birds of Egypt*, p. 261 (1872). — B. Sharpe, *Cat. of the Brit. Mus.*, p. 4, vol. XXVI, (1898).

Les momies d'Ibis se trouvent en nombre excessivement grand dans quelques hypogées de l'ancienne Égypte, à Sakkara notamment, mais elles y sont presque toujours incomplètes,

Fig. 74. — *Ibis æthiopica*, DESSINÉ D'APRÈS NATURE PAR M. LE PROFESSEUR WALTER INNES.

ou dans un très mauvais état de conservation : elles tombent en poussière au plus léger contact; le plus souvent on ne reconnaît l'ibis que d'après quelques fragments du crâne ou des parties les plus résistantes du squelette. Nous avons eu sous les yeux plusieurs centaines de ces momies desquelles il a été possible d'extraire de nombreux crânes, humérus, tarses et ossements divers de l'ibis sacré, mais ce n'est que très difficilement qu'on est parvenu à préserver cinq squelettes complets de cet oiseau. L'un de ces squelettes provient d'une momie de Thèbes, quatre sont de Rôda.

Nous avons la bonne fortune de pouvoir mettre à l'appui de la description sommaire d'*Ibis æthiopica* un dessin de cet oiseau fait d'après nature, sur les bords même du Nil, à Fashoda, par M. le professeur Walter Innes du Caire. Ce naturaliste a été frappé de rencontrer constamment l'ibis sacré dans une attitude qui ne correspond pas du tout à celle indiquée par les ouvrages d'histoire naturelle. L'oiseau n'a pas, en effet, la tête relevée ou ramenée au-dessus du corps, il la porte toujours un peu en avant, le cou légèrement recourbé, le bec, presque vertical, étant dirigé vers le sol (fig. 74). Avec cet aspect l'ibis justifie bien le nom d'*abou-mengel*[1] qui signifie la faucille ou, à la lettre, le *père de la faucille*, sous lequel il était connu en Égypte au siècle dernier. En Ethiopie on le nomme *abou hannès*.

Les principaux caractères spécifiques d'*Ibis æthiopica* sont les suivants :

Bec long et recourbé ; rainure nasale se prolongeant jusqu'au bout du bec.

Tarse un peu plus long que le doigt médian avec ongle, couvert de nombreuses écailles hexagonales (fig. 75). Doigts écailleux, ongles recourbés.

Mâle et femelle adultes : plumage blanc, extrémités des rémiges et scapulaires noir bleuâtre ; tête et cou nus, peau noir velouté. Pas de plumes allongées en avant du cou.

Jeunes : cou et tête couverts de plumes noires bordées de blanc (les plumes de la tête et du cou ne tombent que pendant la troisième année).

Longueur du tarse, 96 à 124 mill. Longueur du doigt médian avec ongle, 88 à 96 mill. Du culmen au bout du bec, 152 à 190 mill.

Les mesures qui précèdent, sont celles des ibis momifiés. Voici les dimensions relevées au Caire par M. Walter Innes et l'un de nous, sur quatre ibis éthiopiens modernes tués, au cours de l'expédition Jägerskiöld, sur le Nil Blanc, de 100 à 200 milles au sud de Khartoum.

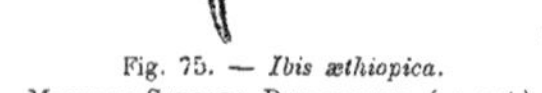

Fig. 75. — *Ibis æthiopica*.
MOMIE DE SAKKARA. PIED GAUCHE. (gr. nat.)

[1] Savigny, *Histoire naturelle et mythologique de l'Ibis* p. 13, Paris, 1805.

N° 1 (femelle). Longueur du tarse, 80 mill. Du culmen au bout du bec 140 mill.
N° 2 (femelle). Longueur du tarse, 105 mill. Du culmen au bout du bec, 188 mill.
N° 3 (jeune). Longueur du tarse, 94 mill. Du culmen au bout du bec, 150 mill.
N° 4 (mâle). Longueur du tarse, 90 mill. Du culmen au bout du bec, 161 mill.

De plus M. le professeur Jägerskiöld a eu la grande obligeance de relever pour nous, sur les ibis modernes conservés à Upsala, les mensurations suivantes :

MUSÉUM D'UPSALA. — N° 1 (femelle) du Nil Blanc. Longueur du tarse 89 mill. Du culmen au bout du bec, 135 mill.

N° 2 (femelle) du Nil Blanc. Longueur du tarse 89 mill. Du culmen au bout du bec, 148 mill.

N° 3 (jeune) de Port-Natal. Longueur du tarse 96 mill. Du culmen au bout du bec, 184 mill.

Trois spécimens modernes adultes d'*Ibis æthiopica*, de la collection du Muséum de Lyon, ont les dimensions suivantes :

N° 1 du Nil Blanc. Longueur du tarse, 98 mill. Long. du doigt médian avec ongle, 88 mill. Du culmen au bout du bec, 150 mill.

N° 2 de Nubie. Longueur du tarse, 95 mill. Long. du doigt médian avec ongle, 88 mill. Du culmen au bout du bec, 168 mill.

N° 3 de Nubie. Longueur du tarse, 95 mill. Long. du doigt médian avec ongle, 87 mill. Du culmen au bout du bec, 155 mill.

D'après ces diverses observations, l'ibis momifié a une taille sensiblement plus forte que l'ibis blanc qui vit de nos jours dans le sud de la Nubie et sur les bords du Haut Nil, au-dessus de Khartoum. Pour celui-ci, la longueur des tarses varie, suivant Shelley, Sharpe[1] et les observations précédentes, de 80 à 105 millimètres, alors qu'elle atteint de 96 à 124 millimètres chez le premier. Il ne s'agit point pourtant de formes différentes, car nous avons pu recueillir, dans plusieurs momies, des rémiges blanches terminées par la tache noire caractéristique de l'ibis éthiopien actuel. C'est donc toujours la même espèce, mais, dans la suite des siècles, elle a probablement subi des modifications anatomiques notables. Cette diminution des membres postérieurs, chez un animal dont la domestication n'est pas certaine, est chose importante à signaler. Il est à désirer qu'elle soit confirmée par de nouvelles et nombreuses observations. Quelle peut en être la cause? Il est difficile de l'indiquer d'une manière positive.

Peut-être le plus grand développement des membres postérieurs chez l'ibis ancien était-il dû à l'existence particulière de cet oiseau dans l'Égypte pharaonique. D'après les récits des historiens, l'ibis vivait alors respecté de tous les habitants. Confiant dans la sécurité complète dont il jouissait, ils s'avançait, se multipliait jusque dans les villes, se nourrissant sur le bord des canaux et peut-être de quelques lacs disparus depuis. L'ibis s'était peu à peu habitué à cette vie au point de rester en Égypte, paraît-il, dans un état de demi-domesticité. Chez cet

[1] Shelley, *Birds of Egypt*, p. 271, London, 1872. — Sharpe, *Cat. of the Brit. Mus.*, vol. XXVI, p. 6, 1898.

oiseau pourvu d'une nourriture abondante, marchant plus qu'il ne volait, il semble naturel de trouver les membres postérieurs, et peut-être même le corps entier, plus développés que chez les ibis actuels traqués par les chasseurs, obligés de se déplacer constamment à la recherche de leur nourriture.

Suivant le zoologiste Savigny, l'ibis descendait encore, au commencement du siècle dernier, jusque dans la Basse-Égypte où les Arabes lui faisaient la chasse au moyen de filets. « Pendant l'automne, dit-il, on voit sur les marchés de la Basse-Égypte, surtout dans celui de Damiette, quantité de ces ibis auxquels on a retranché la tête. *On m'a souvent apporté l'ibis noir vivant et une seule fois l'ibis blanc*[1]. »

Quelques années plus tard l'explorateur Cailliaud ne trouvait plus *Ibis æthiopica*, l'*ibis blanc et noir*, ainsi qu'il l'appelle, que sur le Haut-Nil : « on ne voit plus, affirme-t-il, aujourd'hui en Égypte aucun individu vivant de cette couleur[2] ».

Ibis æthiopica se rencontre actuellement en Afrique depuis Khartoum jusqu'au Transvaal et dans l'extrême sud africain, mais on ne le trouve plus en Égypte. Au dire des voyageurs, il ne se montre que dans le sud de la Nubie, annonçant la crue du Nil. « Jamais, dit Brehm[3], je ne l'ai rencontré au-dessous de la ville de Mucheroff, sous le 18e degré de latitude nord, mais déjà quelques couples nichent à Khartoum et il est commun plus au sud. Dans le Soudan, il arrive au commencement de la saison des pluies, vers le milieu ou la fin de juillet, il y niche et disparait avec ses petits au bout de trois ou quatre mois, mais il ne paraît pas émigrer bien loin.

« Dans un voyage au sein des forêts vierges des bords du Nil Bleu, je rencontrai, le 16 et 17 septembre, une telle quantité d'ibis sacrés, qu'en deux jours je pus en prendre plus de vingt. Je ne connus que plus tard la cause de ce rassemblement d'ibis : une partie de la forêt était inondée, et ces prudents oiseaux l'avaient choisie pour y établir leurs nids.

« Quelque temps auparavant j'avais visité un pareil emplacement, mais d'un accès bien plus facile. C'était une ile du Nil Blanc, couverte de hauts mimosas, inondée par les hautes eaux et assez pour qu'on pût, du bateau, monter sur les arbres. Je vis là que l'ibis sacré nichait sur une espèce de mimosa appelée par les Arabes *harahsi*, c'est-à-dire « qui se protège » et dont les branches épaisses, entrelacées et épineuses forment un fourré impénétrable. Les nids étaient aplatis et formés de branches de *harahsi*; l'intérieur en était tapissé de brindilles et de quelques tiges d'herbes, mais le tout était très lâchement construit. Les œufs, au nombre de trois ou quatre par couvée, blancs, d'un grain assez grossier, ont à peu près le volume d'un œuf de poule ou de canard. »

A l'intérieur de quelques vases grossiers en terre cuite rouge, provenant des hypogées de Rôda et de Touné, dont la plupart contenaient des momies et des ossements d'ibis, nous avons trouvé des œufs en partie écrasés, de grandes quantités de coquilles. Ce sont très probablement des œufs d'ibis. Ils se rapportent assez bien à la description de Brehm. Toutefois, ceux que nous avons recueillis sont un peu moins volumineux que les œufs ordinaires de poule ; ils ont aussi une forme plus allongée (grand diam. 54 mill. ; petit diam. 35 mill.).

[1] Savigny, *Histoire nat. et myth. de l'ibis*, p. 49 et 50, Paris, 1805.
[2] Cailliaud, *Voyage à Méroé, au fleuve Blanc*, p. 212, Paris, 1826.
[3] Brehm, *la Vie des animaux: les oiseaux*, p. 619.

Le squelette de l'ibis sacré des temps pharaoniques correspond parfaitement, dans son ensemble, à celui d'*Ibis æthiopica* actuel. Rien ne paraît les distinguer. Toutes les particularités morphologiques de l'un se retrouvent chez l'autre. On ne peut signaler, dans les exemplaires momifiés, que l'aspect plus fort de quelques parties de la charpente osseuse, notamment du sternum et des membres postérieurs (pl. VII), mais nous n'avons pu comparer à ces squelettes anciens qu'un seul squelette d'ibis moderne. Les différences qu'on remarque entre eux ne dépassent peut-être pas les limites ordinaires des variations individuelles et sexuelles. On doit donc attendre que de nombreuses observations aient été faites sur l'ibis éthiopien actuel, pour être fixé sur la valeur des différences signalées.

Le tableau suivant met en regard les dimensions du squelette d'*Ibis æthiopica* relevées sur un spécimen momifié et sur un individu moderne.

DIMENSIONS PRINCIPALES DU SQUELETTE

D'IBIS ÆTHIOPICA

	Ancien	Moderne
Longueur de la colonne vertébrale, de la 1re vert. cerv. à l'extrémité de la queue.	430mm	382mm
Longueur totale de la tête osseuse	250	206
— totale du frontal à l'occiput	64	54
Largeur maximum du crâne	33	31
Largeur interorbitaire	22	22
Du culmen au bout du bec	186	152
Longueur du sternum (de l'apophyse épisternale au bord postérieur)	87	88
Largeur du sternum en avant	46	43
— — en arrière	44	43
Hauteur du bréchet	32	32
Longueur du coracoïdien	54	52
— de l'omoplate	72	67
— de l'humérus	127	124
— du cubitus	146	145
— du métacarpien	71	68
— du doigt principal	55	53
— du bassin	84	77
Largeur antérieure du bassin	36	36
Largeur du bassin en arrière des cavités cotyloïdes	45	44
Longueur des vertèbres caudales	41	38
— du fémur	77	71
— du tibia	163	146
— du tarso-métatarsien	114	98
Longueur totale du doigt médian	90	87
— — externe	75	73
— — interne	68	66
— — du pouce	42	41

Genre PLEGADIS, Kaup

PLEGADIS FALCINELLUS, Linné.

(Fig. 76.)

Tantalus falcinellus, Linné, *Syst. nat.*, I, p. 241 (1766).
Ibis noir, Savigny, *Histoire naturelle et mythologique de l'ibis*, p. 36, fig. 4 (1805).
Ibis falcinellus, Gould, *Birds of Europe*, IV, pl. CCCI (1837). — Savigny, *Description de l'Egypte*, p. 401, vol. XXIII, pl. VII, fig. 2 (1828). — Shelley, *Birds of Egypt*, p. 262 (1872).
Plegadis falcinellus, Kaup, *Natur. Syst.*, p. 82 (1829). — B. Sharpe, *Cat. of the Brit. Mus.*, vol. XXVI, p. 29 (1898).

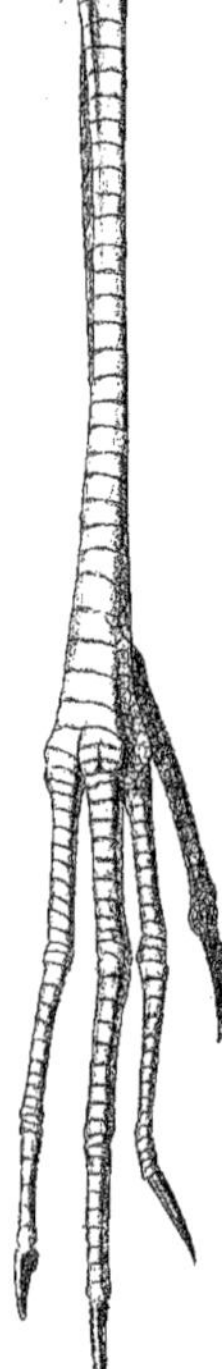

Fig. 76.
Plegadis falcinellus
Momie de Sakkara
Pied droit. (gr. nat.)

Les Arabes actuels désignent l'ibis falcinelle par le nom d'*el hereis*.

Nous avons remarqué 4 spécimens de cet ibis : 3 momifiés isolément parmi les oiseaux en pots des hypogées de Sakkara, 1 à l'intérieur d'un groupe d'oiseaux de proie de Kôm-Ombo. Tous les quatre ont été trouvés incomplets ou brisés.

Plegadis falcinellus se reconnaît aux caractères suivants : bec long et recourbé, rainure nasale se prolongeant jusqu'au bout du bec.

Tarse grêle, beaucoup plus long que le doigt médian; face antérieure du tarse couverte de larges écailles transversales (fig. 76). Doigts écailleux; ongles effilés et pointus, celui du doigt médian à peu près droit.

Mâle et femelle adultes : plumage marron foncé sur le cou, la poitrine, le ventre, les cuisses et la partie supérieure des ailes; le sommet de la tête, le dos, les rémiges et les rectrices brun noir avec reflets métalliques verts et violets.

Les jeunes ont le plumage d'hiver des adultes, c'est-à-dire plumes noires bordées de blanc à la partie inférieure du cou; dos couleur cuivrée avec reflets verdâtres ; ventre et poitrine gris brun.

Longueur du tarse : 102 mill. Longueur du doigt médian avec ongle : 75 mill. Du culmen au bout du bec : 131 millimètres.

Plegadis falcinellus habite le sud de l'Europe et les régions bordant la Méditerranée. On le trouve aussi, mais plus rarement, dans l'Asie Centrale, la péninsule Indienne, la Chine et le Siam.

En Afrique, on le rencontre dans le nord-est ainsi que dans le sud. Suivant Shelley et Brehm, il habite toute l'année l'Égypte et la Nubie, on le voit surtout aux abords des lacs et des marais. « En Égypte, dit Brehm[1], c'est un oiseau sédentaire. Sur les bords du lac Menzaleh, les falcinelles que j'ai eu l'occasion d'observer, quittaient le matin la place où ils avaient passé la nuit, se rendaient, en tenant le haut des airs, vers des endroits où ils se trouvaient à l'abri des attaques de tout ennemi et d'où ils pouvaient découvrir un vaste horizon ; ils res-

[1] Brehm, *les Oiseaux*, p. 619.

taient là toute la journée, puis, au crépuscule, ils revenaient pour dormir sur des arbres, dans des îles formées au milieu du lac ou des marais avoisinants. »

Le facinelle fait son nid dans les marais enchevêtrés de roseaux où se trouvent disséminés quelques saules. C'est sur ces arbres, dans l'Europe méridionale, que nichent les falcinelles, en nombre souvent considérable. Ils s'emparent volontiers, au dire de Lœbenstein, des nids de hérons abandonnés et les tapissent avec des tiges de roseaux. Les œufs, au nombre de trois ou quatre, ont à peu près la grosseur des œufs de poule. Ils sont allongés, à coquille épaisse, d'un beau vert bleu, tirant parfois sur le vert clair.

De son côté, Savigny[1] a rencontré, en Égypte, le falcinelle en grand nombre. Il suppose, avec raison, que l'ibis noir des anciens Égyptiens, dont parlent les historiens grecs, devait être l'ibis falcinelle. Pour justifier son opinion, Savigny montre l'ancien nom égyptien de l'ibis noir, *heheras*, d'après Aristote, se retrouvant presque sans altération dans le mot arabe, *el hereis*, de l'ibis falcinelle. Cette identité ne saurait faire aucun doute, maintenant que nous avons trouvé momifiés plusieurs spécimens de cette dernière espèce.

[1] J.-C. Savigny, *Histoire naturelle et mythologique de l'ibis*, p. 39, Paris, 1805.

OISEAUX DIVERS

Genre CUCULUS, Linné

CUCULUS CANORUS, Linné.

Cuculus canorus, Linné, *Syst. nat.*, I, p. 168 (1766). — Gould, *Birds of Europe*, III, pl. CCXL (1837). — Shelley, *Birds of Egypt*, p. 162 (1872). — Shelley, *Cat. of the Brit. Mus.*, p. 245, vol XIX (1891).

A propos des quelques espèces d'oiseaux divers citées ici au nombre des animaux anciens de l'Égypte, on doit répéter ce qui a été dit relativement aux oiseaux de proie nocturnes. Ceux-ci comme ceux-là n'ont jamais été trouvés momifiés séparément, entourés de bandelettes, ils étaient disséminés avec de petits rongeurs, des musaraignes et des dents de crocodiles, à l'intérieur de quelques-uns des groupes d'aigles, faucons, éperviers, etc., de Kôm-Ombo et de Gîzé. Le coucou est signalé d'après deux individus, accompagnant des séries d'oiseaux de proie de Kôm-Ombo.

Le bec de *Cuculus canorus* est un peu plus court que la tête, légèrement arqué et comprimé, un peu plus large que haut à la base. Narines arrondies, un peu saillantes.

Tarses en partie emplumés, à peine plus longs que le doigt externe reversible en arrière.

Faces supérieures gris cendré plus ou moins foncé, ventre gris blanc avec lignes noires ondulées transversalement.

Longueur du bec au front : 22 mill. Longueur du tarse : 21 mill. Longueur du doigt externe sans ongle : 18 mill.

Cuculus canorus habite l'Europe, l'Asie et l'Afrique. C'est un oiseau très migrateur. Shelley l'a observé en Égypte à plusieurs reprises dans diverses localités. Il y arrive du mois de mars au mois de mai, et s'en retourne en août.

Genre CORACIAS, Linné

CORACIAS GARRULA, Linné.

Coracias carrula, Linné, *Syst. nat*,, I, p. 159 (1766). — Gould, *Birds of Europe*, II, pl. LX (1837). — Shelley, *Birds of Egypt*, p. 168 (1872). — B. Sharpe, *Cat. of the Brit. Mus.*, p. 15, vol. XVII (1892).

Le rollier a été reconnu d'après un seul exemplaire parfaitement conservé à l'intérieur d'une masse d'oiseaux de proie de Kôm-Ombo. Il a été identifié très facilement, le plumage ayant gardé intactes presque toutes ses couleurs.

Bec robuste à arête peu convexe, crochu à l'extrémité. Narines fendues obliquement, ouvertes à la base du bec.

Tarse épais, plus court que le doigt médian, à peu près égal au doigt externe sans ongle.

Ongles comprimés latéralement, un peu recourbés.

Couleur dominante du plumage vert brillant, rémiges bleu indigo sur leur face supérieure, bleu azuré à la face inférieure.

Le rollier a été rencontré dans la plupart des régions de l'Europe jusqu'au sud de la Scandinavie, mais il n'est commun que dans l'Europe méridionale et orientale, ainsi que dans le nord de l'Afrique et l'Asie occidentale.

Suivant Shelley, *Coracias garrula* est de passage en Égypte et en Nubie vers la fin du mois d'avril.

GENRE HIRUNDO, LINNÉ

HIRUNDO RUSTICA, Linné.

Hirundo rustica, Linné, *Syst. nat.* I, p. 343 (1766). — Gould, *Birds of Europe*, II, pl. LIV (1837). — Shelley, *Birds of Egypt*, p. 120 (1872). — B. Sharpe *Cat. of the Brit. Mus.*, p. 128, vol. X (1885).

Plusieurs hirondelles ont été trouvées mêlées aux oiseaux de proie, mais elles sont, en général, entièrement brûlées on agglutinées par le bitume et par conséquent indéterminables. Une seule, mieux protégée que les autres, a pu être déterminée. Par ses principaux caractères elle correspond à *Hirundo rustica*. L., l'hirondelle de cheminée. La couleur des faces inférieures n'est pas assez assez bien conservée pour pouvoir dire si cette hirondelle appartient en propre à la variété européenne ou si elle se rapporte à la variété méridionale *(Hirundo Savignyi*, Steph., syn. *Hirundo cahirica*, Licht.), qui est actuellement plus commune en Egypte. De l'avis de la plupart des naturalistes, les différences qui séparent ces hirondelles n'ont pas une importance spécifique, elles ne constitnent que des variétés ou des races locales de notre hirondelle de cheminée, *Hirundo rustica*.

Bec court, aplati et large à la base.

Tarses et doigts nus. Tarse de la longueur du doigt médian sans ongle.

Faces supérieures noir bleu. Front et gorge roux. Ventre blanc (variété européenne) ou roux (var. méridionale, *Hir. cahirica)*. Queue profondément échancrée.

Longueur de tarse : 11 millimètres.

L'hirondelle de cheminée habite toute l'Europe pendant la belle saison. En hiver, elle se retire dans les régions chaudes de l'Afrique et de l'Asie ; elle est alors abondante sur le littoral méditerranéen.

GENRE ŒDICNEMUS, TEMMINCK

ŒDICNEMUS ŒDICNEMUS, Linné.

Charadrius œdicnemus, Linné, *Syst. nat.*, I, p. 255 (1766).
Œdicnemus crepitens, Gould, *Birds of Europe*, IV, pl. CCLXXXVIII (1837). — Shelley, *Birds of Egypt*, p. 230 (1872).
Œdicnemus œdicnemus, B. Sharpe, *Cat. of the Brit. Mus.*, p. 4, vol. XXIV (1896).

L'œdicnème criard n'est représenté que par une tête, en connexion avec quelques vertèbres du cou, trouvée au milieu d'un groupe de rapaces de Kôm-Ombo. La forme très particulière du bec et du crâne de cet oiseau ne laisse aucun doute sur sa détermination.

L'œdicnème se rencontre dans le centre et le sud de l'Europe, ainsi que dans l'Asie Centrale et la péninsule Indienne. Il est commun dans toutes les régions bordant la Méditerranée. En Égypte il est assez fréquent, on le trouve par paires dans les parties broussailleuses de la vallée du Nil. Suivant Brehm [1], il se rencontrerait même dans les villages. « Il arrive en Égypte, dit-il, jusque dans l'intérieur des villes et va parfois nicher sur le toit des habitations. Les Arabes m'ont assuré que le *karanan* (nom qu'ils donnent à l'œdicnème) se tenait le jour sur le toit des mosquées, des bâtiments où l'homme ne va à peu près jamais, et y construisait même son nid : ce que j'ai vu ne me permet pas de douter de la réalité du fait. »

GENRE PTEROCLURUS, BONAP

PTEROCLURUS SENEGALLUS, Linné.

Tetrao Senegallus, Linné, *Syst. nat.*, p. 127 (1766).
Pterocles Senegallus, Shelley, *Birds of Egypt*, p. 220 (1872).
Pterocles guttatus, Gould, *Birds of Asia*, VI, pl. LXII (1851).
Pteroclurus Senegallus, Ogilvie-Grant, *Cat. of the Brit. Mus.*, p. 14, vol. XXII (1893).

Cette espèce est signalée d'après un individu incomplet (la tête manque), trouvé avec des oiseaux de proie de Kôm-Ombo.

Métatarsiens épais, courts et emplumés, à peine plus longs que le doigt médian.

Doigts nus; pouce présent mais rudimentaire.

Deux plumes médianes de la queue allongées et pointues. Ailes longues.

Plumage de la gorge, de la poitrine et du ventre jaune pâle.

Longueur du tarse : 24 mill. Longueur du doigt médian avec ongle : 23 mill.

Pteroclurus Senegallus habite le nord de l'Afrique et le sud-est de l'Asie ; on le rencontre jusqu'au sud du Sahara et au nord-ouest de l'Inde. Il est commun en Égypte ; Shelley l'a souvent remarqué sur le marché d'Alexandrie.

[1] Brehm, *la Vie des animaux : les oiseaux*, p. 555.

REPTILES

Les reptiles de l'ancienne Égypte ne comptent qu'un nombre peu élevé de représentants : Quelques crocodiles de divers hypogées et un spécimen momifié de *naja haje* sur lequel on ne possède pas d'indication d'origine précise.

Outre ces deux espèces on doit citer un lézard de petite taille *(Mabuia quinquetæniata)* dont nous avons recueilli des restes de plusieurs exemplaires dans le tube digestif de certains oiseaux de proie momifiés à Gizé.

CROCODILUS NILOTICUS, Laur.

Crocodilus niloticus, J. Anderson, *Zoology of Egypt : Reptilia and Batrachia*, p. 10, pl. 1, London, 1898.

La plupart des crocodiles proviennent d'Esnè, l'ancienne Latopolis; quelques-uns ont une origine inconnue. Les crocodiles d'Esnè datent de l'époque gréco-romaine, ils ont été trouvés dans la plaine sableuse à l'ouest de la ville, au pied de la chaine libyque, dans la nécropole humaine de la dernière période ptolémaïque et romaine.

La longueur de ces animaux varie de 30 centimètres jusqu'à $1^{m}50$ environ, une tête séparée mesure seule $0^{m}50$ de longueur. Ils sont momifiés suivant plusieurs procédés. Les plus petits ont été fixés entre deux baguettes de palmier, au moyen d'un fil qui réunit d'abord les mâchoires et entoure ensuite à la fois les baguettes et le corps du jeune reptile jusqu'à l'extrémité de la queue. Ainsi préparés, ils ont été plongés entièrement dans le bitume.

Quelques-uns sont momifiés avec beaucoup plus de soins. Le crocodile est enveloppé de larges bandes de toile, puis par-dessus sont disposées, dans le sens de la longueur, de minces baguettes de palmier, qu'on a entourées d'une seconde série de bandelettes. Dans ce mode de momification on ne remarque pas trace de bitume. Le corps a sans doute séjourné d'abord dans un bain de natron de même que les bandes de toile qui ont été, en outre, imbibées de substance résineuse. Ces momies renferment, avec le même aspect extérieur, tantôt un seul individu de grande taille (fig. 77), tantôt de nombreux crocodiles récemment éclos (fig. 78).

Nous rappellerons que le crocodile se trouve parfois associé à un autre animal, tel que le bouc, ainsi qu'on l'a vu précédemment dans une momie de Sakkara.

Les caractères spécifiques du crocodile vulgaire peuvent être ainsi résumés : Museau

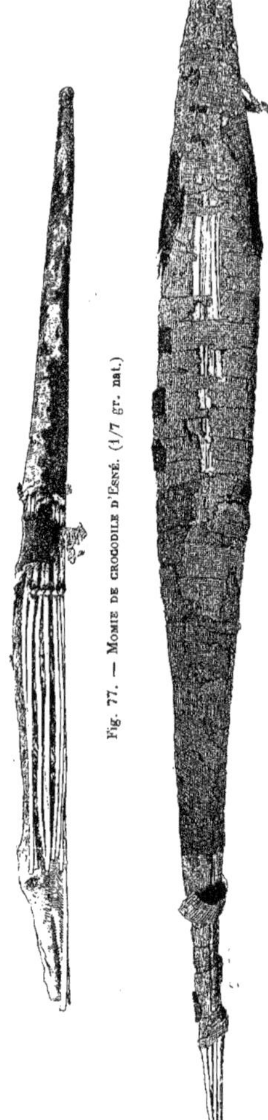

Fig. 77. — Momie de crocodile d'Esné. (1/7 gr. nat.)

Fig. 78. — Momie de jeunes crocodiles d'Esné. (1/4 gr. nat.)

variable de largeur et de longueur, plus étroit chez la femelle que chez le mâle, court et large chez les individus très jeunes. Surface supérieure de la tête plus ou moins rugueuse. Deux à six plaques nuquales antérieures disposées symétriquement ou non, en deux séries d'une à trois plaques à droite et à gauche de la ligne médiane. Dans cette rangée antérieure, le nombre des plaques peut présenter les variations suivantes : 1 + 1, 2 + 2, 3 + 2 ou 3 + 3.

Généralement six plaques nuquales postérieures : quatre en avant et deux en arrière. Six rangées longitudinales de plaques dermiques sur le dos, quatre rangées dans la région pelvienne. Les plaques de la région dorsale sont ordinairement au nombre de 15 à 16 rangées transverses, suivies de 17 à 18 rangées d'écussons pairs sur une partie de la queue, laquelle se termine par une série de 18 à 20 écussons impairs.

Les dents sont au nombre de dix-huit à dix-neuf de chaque côté de la mâchoire supérieure, douze à quinze à la mâchoire inférieure.

Pied postérieur largement palmé, pied antérieur palmé à la base des doigts seulement.

Couleur générale verdâtre ou vert bronzé, parsemé de petites taches noires. Surface inférieure jaune verdâtre.

Se basant sur certaines différences de proportions de la tête et du corps, sur le nombre variable des plaques dermiques de la nuque et sur quelques caractères craniens, Geoffroy Saint-Hilaire[1] crut pouvoir distinguer en Égypte cinq espèces de crocodiles : *Crocodilus vulgaris, Cr. suchus, Cr. marginatus, Cr. lacunosus* et *Cr. complanatus*. Ces deux dernières d'après des momies provenant de Thèbes.

En possession d'éléments de comparaison plus nombreux, les naturalistes ont reconnu depuis qu'il n'existe qu'une seule espèce de crocodile en Afrique. Elle présente toutefois des variations individuelles et sexuelles assez étendues qui expliquent les distinctions spécifiques précédentes.

Crocodilus niloticus se trouve dans la plupart des cours d'eau des régions chaudes de l'Afrique. Il habite

[1] Geoffroy Saint-Hilaire, Des crocodiles d'Egypte (*Description de l'Egypte*, t. XXIV, p. 401, 1829).

le Gabon, la Sénégambie et le Niger. Il est commun dans le Haut-Nil et ses affluents, ainsi que dans les grands lacs de l'Afrique Centrale.

En Égypte le crocodile a disparu presque entièrement, mais il est encore fréquent à la seconde cataracte, à Wady-Halfa, ainsi qu'au Soudan. Pendant les temps pharaoniques il était répandu dans le Nil tout entier jusqu'au Delta. On l'a trouvé momifié à Thèbes, Esnè, Maabdé, etc.

Le crocodile était sacré dans plusieurs provinces de l'ancienne Égypte. On célébrait de grandes fêtes en son honneur à Coptos et à Ombos[1]. Il était particulièrement vénéré dans la Basse-Égypte à Arsinoë ou Crocodilopolis, la capitale du Fayoum. Là, nous dit Hérodote, on choisissait un crocodile de grande taille que les Égyptiens nourrissaient après lui avoir appris à manger dans la main. Ils lui mettaient aux oreilles des anneaux d'or ou de terre émaillée et des bracelets aux pattes de devant. Strabon raconte ainsi sa visite au crocodile sacré. « Notre hôte prit des gâteaux, du poisson grillé et une boisson préparée avec du miel, puis alla vers le lac avec nous. La bête était couchée sur le bord. Les prêtres vinrent auprès d'elle, deux d'entre eux lui ouvrirent la gueule, un troisième y fourra d'abord les gâteaux, ensuite le poisson frit et finit par le breuvage, sur quoi le crocodile se mit à l'eau et s'alla poser sur l'autre rive. »

A Ombos et dans le Fayoum le crocodile était vénéré sous le nom de Sobkou[2].

Dans d'autres régions de l'Égypte ancienne, les habitants le tuaient et lui faisaient la chasse avec acharnement. La religion y enseignait que le génie du mal, Typhon, sous les traits du crododile, était sans cesse occupé à la poursuite d'Osiris.

Le crocodile du Nil est représenté en bas-relief et en peinture sur plusieurs monuments anciens.

MABUIA QUINQUETÆNIATA, Licht.

Scincus Savignyi, Audouin, *Description de l'Egypte : Reptiles*, Supplément, vol. XXIV, p. 126, 1829, pl. II, fig. 3 et var. fig. 4.

Mabuia quinquetæniata, Boulenger, *Cat. of the Lizards in the Brit. Mus.*, vol. III, p. 198. — J. Anderson, *Zoology of Egypt : Reptilia and Batrachia*, p. 187, pl. XXIV, fig. 1 à 3, London, 1898.

Trois spécimens de ce lézard ont été trouvés dans le jabot des oiseaux de proie momifiés à Gizé. Ces restes sont incomplets, mais on a pu néanmoins les déterminer très facilement grâce à la tête et à ses plaques conservées intactes, avec les membres et les écailles. Les caractères généraux de *Mabuia quinquetæniata* sont les suivants :

Membres bien développés, cinq doigts à chacun. Queue de longueur variable, une fois et demie ou une fois et trois quarts la longueur de la tête et du corps. Écailles dorsales et latérales plus ou moins fortement tricarénées.

Couleur générale brune, queue plus claire. Trois bandes jaunes longitudinales sur le dos, commencent derrière la tête et se terminent vers la base de la queue. Deux autres bandes inférieures partent des mâchoires et se prolongent sur une partie de la queue. Gorge gris jaunâtre chez la femelle; brun noirâtre avec taches blanches chez le mâle. Les pattes ont une couleur brun verdâtre ou jaunâtre; le ventre est gris jaune clair.

[1] G. Wilkinson, *the ancient Egyptians*, III, p. 329.

[2] Maspero, *Histoire ancienne des peuples de l'Orient : les Origines*, p. 103, 1895.

Sur l'un de nos spécimens anciens, on distingue encore les taches noires et blanches de la gorge, particulières au mâle de *Mabuia quinquetæniata*, ainsi qu'elles sont représentées sur l'exemplaire de Wadi Halfa figuré par Anderson [1], dans son savant ouvrage sur les reptiles de l'Égypte.

Ce lézard habite l'Afrique tropicale, du Sénégal à l'Abyssinie. Il est commun non seulement en Égypte, mais bien plus au sud dans la plus grande partie de la vallée du Nil. On le rencontre aussi dans la péninsule du Sinaï et jusqu'en Syrie.

NAJA HAJE, Linné.

La vipère Haje, Is. Geoffroy-St-Hilaire, *Description de l'Egypte*, t. XXIV, p. 88, pl. VII, fig. 2, 4 et 5, 1829.
Naja Haje, J. Anderson, *Zoology of Egypt : Reptilia and Batrachia*, p. 312, pl. XLIV, London, 1898.

Le *Naja Haje* est signalé ici d'après un spécimen momifié d'origine inconnue. Ce reptile, brisé en plusieurs parties, était enroulé deux fois sur lui-même, suivant un cercle de 15 centimètres de diamètre environ. Le corps, long à peu près de 1 mètre, est encore, par places, couvert de bitume auquel adhèrent de rares lambeaux de toile. Entre les mâchoires on aperçoit les crochets à venin. Ce reptile se reconnaît aux caractères ci-après.

Dentition protéroglyphe. Queue arrondie, peu allongée. Tête courte semblable à celle des couleuvres, recouverte en dessus de grandes plaques avec un écusson central. Cou modérément dilatable.

Couleur du corps jaune paille en dessus, avec des taches rougeâtres ou brun foncé de distance en distance; face inférieure plus claire. Chez quelques individus le dessus du corps est presque noir avec quelques taches jaunes. L'adulte atteint 2 mètres de longueur.

Le *Naja Haje* se rencontre de nos jours presque dans toute l'Afrique. En Égypte, on le trouve surtout au voisinage des monuments en ruines, dans les endroits humides, sous les gros blocs éboulés et notamment dans les plantations de cannes à sucre. Au Soudan, il habite les endroits ombragés et se loge entre les racines des arbres.

Dans l'antiquité ce reptile comptait parmi les animaux sacrés des Égyptiens. Ceux-ci le laissaient vivre et se reproduire au milieu de leurs champs cultivés « qu'ils confiaient à sa surveillance, ayant remarqué que le naja les débarrassait des rats dont le nombre immense produisait parfois de grands ravages et des disettes complètes [2] ».

Ce serpent était consacré à Chnoumis, on l'a trouvé embaumé à Thèbes [3]. Les historiens anciens l'ont décrit sous le nom d'aspic.

Pendant la longue durée de la civilisation pharaonique, le Naja ou *Uræus* constituait essentiellement l'insigne de la puissance royale et divine. Avec le disque il formait le signe des divinités solaires. On le voit figuré presque à chaque page dans l'ouvrage de Mariette sur le grand temple de Dendérah [4].

[1] J. Anderson, *Reptilia and Batrachia of Egypt*, pl. XXIV, fig. 1, 1898.
[2] Duméril et Bibron, *Erpétologie générale*, t. VII, p. 1283.
[3] Wilkinson, *the ancient Egyptians*, vol. III, p. 263.
[4] A. Mariette-Bey, *Description générale du grand temple de Dendérah*, Paris, 1870-73.

POISSONS

Les anciens Égyptiens avaient la plus grande vénération pour un superbe poisson sacré de la famille des Serranides, le *Lates niloticus*, qui habite encore en quantités innombrables les eaux du Nil, dans la haute et dans la moyenne Egypte. Certaines villes, entre autres Esnè, vouaient un culte spécial à cette espèce ; aussi cette cité célèbre et très populeuse dans l'antiquité avait-elle reçu, depuis l'occupation gréco-romaine, le nom de *Latopolis*. Non seulement les habitants honoraient comme une divinité de premier ordre le poisson vivant, mais encore, par d'ingénieux procédés de momification, ils s'efforçaient de le préserver de toute destruction [1].

Ces momies ont été ensevelies en quantités prodigieuses, à une petite profondeur, dans

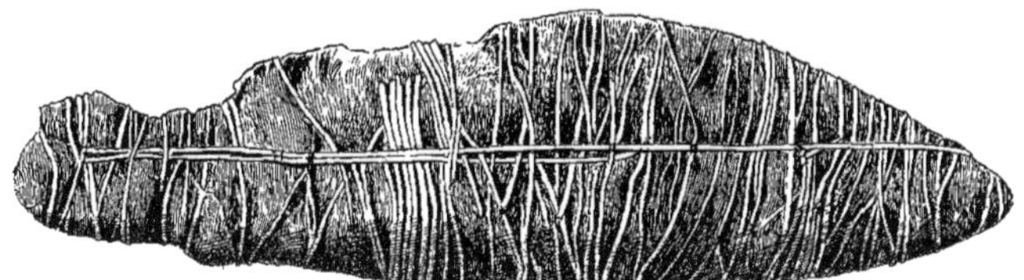

Fig. 79. — Momie du *Lates niloticus* d'Esnè

la plaine sablonneuse qui s'étend à l'ouest de la ville jusqu'aux premiers contreforts de la chaîne libyque. Toutefois, les poissons se rencontrent aussi en grand nombre dans la nécropole humaine de la dernière époque ptolémaïque et de l'époque romaine.

Ces animaux, ainsi réduits à l'état de momies, sont entourés soigneusement de bandelettes de lin, teintes en jaune clair par le contact du liquide conservateur. Ils présentent toutes les tailles, depuis quelques centimètres jusqu'à un mètre et demi de longueur et même plus.

Ces animaux ont été entourés de linges, ficelés par des liens plus ou moins rapprochés, formés quelquefois par des bandelettes de toile déchirées dans leur longueur et reliées les unes

[1] Grâce à l'obligeance de M. Maspero, directeur des Antiquités égyptiennes, des fouilles ont pu être faites à notre intention dans les environs d'Esnè, afin de nous procurer en bon état un certain nombre de *Lates* momifiés.

aux autres par un cordon longitudinal. D'autres fois, ce sont de véritables ficelles tordues, en feuilles de palmier, ou des tiges de papyrus enroulées autour des toiles qui enveloppent étroitement l'animal.

Lorsque ces momies sont dépouillées de leurs linges, on peut constater que tous ces poissons, petits et grands, sont admirablement conservés. Beaucoup même, lorsqu'ils ont été nettoyés de la vase salée dans laquelle ils ont été plongés, semblent presque sortir de l'eau, les écailles présentant encore tout leur éclat et bien souvent même leurs vives couleurs. Quelquefois, le globe de l'œil, presque intact, laisse voir à l'intérieur le reflet doré et argenté de la membrane iridienne. Tous les individus d'une taille un peu considérable montrent, sur un des flancs, une section longitudinale, destinée à laisser pénétrer à l'intérieur de la région abdominale la saumure dans laquelle on devait les plonger.

On rencontre aussi, placées à côté des poissons adultes, de singulières sphères, de la grosseur des deux poings environ, formées de tiges de papyrus entrelacés à des fragments de bandelettes de linge. Ces sphères sont creuses et renferment chacune plusieurs centaines d'alevins de *Lates*, venant à peine de sortir de l'œuf et longs seulement de quelques millimètres. Sont-ce des

Fig. 80. — Momie du *Lates niloticus* d'Esnè.

offrandes? Ou bien plutôt ne sont-ce pas tout simplement des *animaux naissants*, dont parle Hérodote, qui viennent de recevoir des âmes humaines en voie d'exécuter leurs pérégrinations de trois mille ans dans les différentes espèces animales de la terre, de l'air et des eaux? Certaines de ces pelotes ne renferment que de grandes écailles de *Lates* adultes. Ce sont peut-être les offrandes de malheureux solliciteurs de la divinité, n'ayant pu se procurer les animaux complets, nécessaires à leur acte de dévotion. Ou bien n'est-ce pas là une simple supercherie pieuse semblable à celles que nous avons constatées à propos des fausses momies d'ibis.

Il était intéressant de connaître la composition chimique de ce liquide conservateur, si habilement employé pour préserver de toute altération le corps d'un animal aussi facilement putrescible.

Les anciens Égyptiens ne se sont jamais servis de leurs préparations d'asphalte pour conserver ces animaux, tandis que le bitume joue toujours le plus grand rôle dans la momification de l'homme et des autres vertébrés.

Les analyses précises de M. Hugounenq, professeur à la Faculté de médecine de Lyon, ont appris que les poissons subissaient tout simplement une macération plus ou moins prolongée dans les eaux fortement saumâtres provenant des lacs de natron, situés dans les différentes parties de l'Égypte, puis qu'ils étaient ensuite entourés d'une couche de vase chargée de substances salines, maintenue par un bandage habilement appliqué. Grâce à la sécheresse de l'air et à l'action protectrice d'un sable absolument sec, chaud et presque toujours fortement salé, ces momies se sont si bien conservées, pendant vingt-cinq siècles au moins, que quelques-unes d'entre elles paraissent contenir encore presque autant de matières animales que certaines *morues* qui sont débitées sur nos marchés.

Dans les profonds bassins formés par les rochers de la première cataracte, le *Lates niloticus* atteint une taille considérable ; nous en avons vu pêcher, près d'Assouan, des individus ayant plus de 2 mètres de longueur. Aucune différence morphologique ne les distingue de ceux qui étaient capturés par les anciens pêcheurs d'Esnè.

Composition chimique des Lates momifiés[1]. — Ces poissons secs, pulvérisés et tamisés, fournissent une poudre jaune, d'odeur *sui generis*, qui, reprise par l'eau bouillante, abandonne à ce dissolvant une certaine quantité d'acide urique.

Si l'on épuise la matière par de la soude caustique, on obtient une liqueur alcaline, noire qui, traitée par un excès d'acide chlorhydrique, abandonne aussitôt une résine brune et laisse ensuite déposer de l'acide urique.

Un dosage d'azote total par la méthode de Kjehldal a donné le résultat suivant :

Azote	8,47 pour 100

ce qui correspond à :

Matières albuminoïdes	52,93 pour 100

en admettant que l'azote total doive être exclusivement rapporté aux matières protéiques, ce qui n'est pas tout à fait exact.

Quand on incinère la substance au four à moufle, il reste 34,77 pour 100 de cendres grises, où l'on aperçoit de nombreux grains de peroxyde de fer. Ces cendres sont partiellement solubles dans l'eau (un tiers environ) ; la partie insoluble a pu être attaquée par l'acide chlorhydrique dilué, à l'ébullition. Une portion importante constitue un résidu gris, formé de silice et de silicates divers.

Voici, au surplus, l'analyse globale des cendres :

Chlorure de potassium	2,03 pour 100
Chlorure de sodium	23,62 —
Sulfate de soude	8,57 —
Phosphate de chaux et de magnésie	5,81 —
Peroxyde de fer	1,31 —
Argile et silicates divers	57,93 —
Non dosé, pertes, etc.	0,73 —
Total	100,00 pour 100

La composition des cendres, en même temps que la teneur élevée des poissons en sels minéraux (34,77 pour 100), indique manifestement que, pour assurer la conservation de ces animaux, les Égyptiens les enroulaient dans un mélange d'argile et de sable imprégnés d'une forte proportion de sels alcalins et particulièrement de chlorure de sodium. Cette terre, naturellement salée, provenait vraisemblablement des lacs salés ou lacs de natron qui, desséchés

[1] MM. Lortet et Hugounenq, professeurs à l'Université de Lyon, *Comptes rendus de l'Institut*, 1892.

sur leurs bords, produisent ce sable argileux chargé de sels. Ce sont ces derniers qui, grâce à l'action adjuvante d'un climat sec, ont assuré, pendant une longue période, la conservation si remarquable de ces poissons.

LATES NILOTICUS, Cuvier.

(Fig. 81.)

Cette belle espèce appartient à la famille des *Serranidae*, voisine de celle des Percoides. La forme de ces poissons est assez variable. La hauteur du corps est ordinairement comprise 2 3/4 à 4 fois dans la longueur totale; la longueur de la tête est contenue de 3 à 3 1/2 fois dans la longueur totale du corps. Le profil supérieur est plus ou moins concave. Le diamètre de l'œil est égal ou un peu inférieur à la longueur du museau. La différence est de 1/4 chez les individus jeunes, et de 1/6 chez les adultes de la longueur de la tête. La mâchoire inférieure est projetée en avant; les maxillaires se prolongent jusqu'au bord inféro-postérieur de l'orbite. Les pré- et sous-orbitaires sont finement dentelés; la joue, l'opercule et l'occiput portent de

Fig. 81. — *Lates niloticus*, EXTRAIT D'UNE MOMIE D'ESNÈ.

larges écailles. Le bord du pré-operculaire forme un angle droit; il est finement strié sur sa branche verticale et présente trois ou quatre fortes épines sur son bord inférieur, et une robuste épine à son angle. L'épine operculaire est aussi très développée. La première et la seconde épine dorsale sont courtes, la troisième très forte est la plus grande, longue de 2/5 à 3/5 de la longueur de la tête, aussi longue ou un peu plus longue que les rayons mous. La nageoire pectorale est longue de la moitié de la longueur de la tête. Les épines anales sont courtes, la seconde et la troisième d'égales longueurs; la nageoire caudale est arrondie. La ligne latérale arrive jusqu'à la base de la caudale.

Les dents sont veloutées, mais la langue en est dépourvue; elle est lisse comme chez la perche.

Les écailles présentent une certaine rudesse sur leurs bords. La ligne longitudinale en présente ordinairement une soixantaine, la ligne verticale vingt-deux dans la partie la plus haute du corps. La ligne latérale est à peu près parallèle au dos dont elle est distante en avant du tiers de la hauteur[1]. Elle s'aperçoit facilement à cause d'une tubulure longue et grêle qui se voit sur chaque écaille.

[1] Cuvier et Valenciennes, *Histoire naturelle des Poissons*, t. II, p. 95.

La couleur du poisson est uniformément brune ou olivâtre, argentée en dessous. Les jeunes sont quelquefois marbrés de brun.

Ce poisson se trouve dans le Haut-Nil, le lac du Fayoum, le Bahr Yousouf, le Niger et le Sénégal. Il atteint souvent des dimensions énormes. J'en ai mesuré un qui avait été pêché sous nos yeux dans les rapides de la première cataracte, au-dessus d'Assouan et dont la longueur dépassait 1m85. Il est souvent et très bien représenté dans les peintures ou les sculptures de l'ancienne Égypte. On peut le reconnaître facilement dans les bandes de poissons qui remplissent les filets des bateliers qui pêchent au milieu des lotus et des papyrus. Il était défendu de le manger à Esnè, mais il est certain que, partout ailleurs, les Égyptiens devaient faire une grande consommation de ce magnifique poisson dont la chair ferme, très nutritive, excellente, se rapproche sensiblement de celle du thon.

Sonini[1], le premier, a reconnu que le poisson *Lates* est le même que celui appelé anciennement *Latos* par les Grecs et qui était considéré comme un animal sacré dans le nome de Latopolis où l'on s'abstenait scrupuleusement d'en manger. Cet animal est actuellement appelé

Fig. 82. — *Lates niloticus*, EXTRAIT D'UNE MOMIE D'ESNÈ.

carolo par les Européens qui habitent le pays, et *keschr* par les Fellahs. Ce mot *keschr* ou *kescheri* signifie écaille de poisson. A-t-on donné ce nom à l'animal parce qu'il est couvert d'un grand nombre d'écailles? Ou bien, y a-t-il quelque rapport entre ce nom et les sphères remplies d'écailles momifiées dont nous avons parlé plus haut et qui sont ensevelies sous le sable de la nécropole d'Esnè au milieu des momies de *Lates?* Il est vraiment extraordinaire que, pendant l'expédition d'Égypte de Bonaparte, les naturalistes attachés à l'armée n'aient pas eu connaissance de la momification de cette espèce, si nombreuse dans certaines nécropoles.

Les *Lates* sont excessivement voraces et, dans certaines parties du Nil, dépeuplent entièrement les eaux des autres espèces. Dans la Basse-Égypte, on ne pêche que des *Lates* de petite taille que l'on appelle *hemmor*.

Les anciens Égyptiens, comme ceux de nos jours, prennent le *Lates* avec de grandes seines manœuvrées par plusieurs embarcations. Quelquefois on le capturait avec une ligne armée d'un hameçon ou avec des foucnnes pourvues de deux harpons. Le *Lates* de l'ancienne Égypte est absolument le même que celui qui vit actuellement dans les eaux du *Nil*. Il se présente aucune

[1] Sonini, *Voyage dans la Haute et la Basse Égypte*, Paris, an VII, vol. II, p. 292.

différence dans sa morphologie. Les animaux et les plantes qui vivent dans les eaux subissent toujours très lentement les modifications que peuvent leur imprimer les influences du milieu ambiant.

Un autre poisson des plus intéressants, l'*Oxyrrhynchus*, était spécialement vénéré à Behnesa, sur le Bahr Yousouf. Mais comme nous n'avons pu nous procurer aucune momie de cette singulière espèce, et pour rester fidèle à notre programme, de ne parler que de ce que nous avons pu voir par nous-mêmes, nous renvoyons l'étude de cet animal à une prochaine série.

MOLLUSQUES[1]

GASTROPODES

Genre MUREX, Linné

MUREX BRANDARIS, Linné.

Murex brandaris, Linné, 1767. *Syst. nat.*, ed. XII, p. 1214.

Un seul échantillon de taille assez petite quoique bien adulte, ne mesurant que 52 millim. de hauteur totale, à épines courtes mais non mutiques, avec le test fortement strié transversalement.

Nous ne connaissons cette espèce que dans les mers d'Europe, principalement dans la Méditerranée où elle est très répandue sur toutes les côtes, dans l'Adriatique et dans la mer Égée. Elle passe dans l'Atlantique et s'étend depuis la péninsule Ibérique jusqu'aux Canaries. Le Dr Arturo Issel[2] mentionne avec un point de doute le *Murex trunculus*[3] dans la mer Rouge, sans faire mention du *Murex brandaris*.

MUREX ANGULIFERUS, de Lamarck.

Murex anguliferus, Lamarck, 1822. *Anim. s. vert.*, VII, p. 17.

Cinq échantillons de grande taille, mesurant 105 à 140 millim. de hauteur, et 85 à 100 millim. de diamètre; le test est particulièrement solide, épais et lourd, aussi les individus sont-ils relativement bien conservés; on distingue très nettement les petites costula-

[1] Les coquilles marines qui ont été étudiées par notre éminent conchyliologiste, M. A. Locard, proviennent toutes des fouilles exécutées à Karnak, par M. Legrain, inspecteur des travaux archéologiques.

La plupart, d'après M. Legrain, gisaient à une très grande profondeur. Leur âge ne peut être déterminé avec certitude, cependant on peut penser qu'elles remontent surtout à des époques ptolémaïques.

[2] Arturo Issel, 1869. *Malacologia del mar Rosso*, p. 136.

[3] *Murex trunculus*, Lin., 1758. *Syst. nat.*, édit. X, p. 522.

tions décurrentes qui ornent le test, sur tout le dernier tour. Ce test est d'une teinte rousse uniforme.

Cette espèce vit dans la mer Rouge; Savigny [1] en a figuré un jeune exemplaire; elle est commune à Suez sur les bancs de Madrépores, mais moins fréquente dans le golfe d'Akaba. Le type de Lamarck provient des côtes d'Afrique dans l'océan Atlantique; Paetel l'indique dans l'océan Indien.

GENRE FASCIOLARIA, DE LAMARCK

FASCIOLARIA TRAPEZIUM, Gmelin.

Murex trapezium, Gmelin, 1789. *Syst. nat.*, éd. XIII, p. 3552, n° 99.
Fasciolaria trapezium, Lamarck, 1822. *Anim. s. vert.*, VII, p. 119.

Un seul échantillon bien typique, de belle taille, mesurant 175 millim. de hauteur, pour 90 millim. de diamètre. D'après le Dr Kobelt [2], les plus grands individus ne dépassent pas 180 millim. de hauteur. Sur le dernier tour, il existe neuf tubercules saillants, arrondis, bien distants. Sur la columelle nous observons dans le bas trois plis, le plus inférieur plus accusé que les deux autres, tous les trois très immergés. Le test est solide, épais, d'un roux un peu rougeâtre.

Le type de Lamarck provient de l'océan des Grandes-Indes. Le Dr Kobelt l'indique à Suez, au Natal, au sud du Japon et en Nouvelle-Calédonie. M. A. Issel le signale dans la mer Rouge.

GENRE STROMBUS, LINNÉ

STROMBUS TRICORNIS, de Lamarck.

Strombus gallus (non, Lin.) Dilwynn, 1817. *Descr. Cat.*, II. p. 662.
— *tricornis*, Lamarck, 1822. *Anim. s. vert.*, VII, p. 201.
— *orientalis*, Duclos *in* Chenu, 1843-50. *Ill conch.*, p. 25, pl. VI, fig. 10-11, et pl. XVIII, fig. 1-2.

Deux échantillons : le plus petit ne mesure que 70 millim. de hauteur; le sommet est brisé et les pointes sont écourtées; mais on distingue néanmoins très nettement le mode d'ornementation dorsale si particulièrement caractéristique. C'est très vraisemblablement la *var.* γ de MM. A. Issel et Tapparone-Canefri [3]. Le second échantillon mesurait environ 110 millim. de hauteur; malheureusement il est incomplet; toute l'ouverture, à partir de la première grande saillie dorsale fait défaut; la spire mesure 40 millim. de hauteur; l'intérieur affecte un faciès et une coloration vieil ivoire; l'extérieur des deux échantillons est d'un jaunacé roux clair. D'après leur taille et leur galbe, il est fort probable que ces deux échantillons provenaient de deux stations différentes.

[1] Savigny. *Descript. de l'Egypte*, *Coq.*, pl. IV, fig. 23.
[2] Kobelt, *in* Martini und Chemnitz, 1878. *Conch. Cab.*, *Murex*, p. 131.
[3] A. Issel et C. Tapparone-Canefri, 1876. Viaggio nel mar Rosso, *in Ann. mus. civ. di St. Nat. di Genova*, t. VIII, p. 341.

MM. Issel et Tapparone-Canefri donnent comme habitat à cette espèce les localités suivantes : mer Rouge, baie d'Annesly, Kosseir, golfe de Suez, archipel de Dahlac, baie d'Assab, Ras Domeirah, Akuba ; Antilles, Martinique, Seychelles, Amirauté, Bourbon, Philippines.

GENRE PTEROCERA, DE LAMARCK

PTEROCERA LAMBIS, Linné.

Cornuta decumana, Rumph, 1688. *Amb. rarit.*, p. 110, pl. XXXV, fig. D, et pl. XXXVI, fig. G.
Strombus lambis, Linné, 1758. *Syst. nat.*, éd. Xe, p. 743.
Alata heptadactylos, Martini, 1767. *Conch. Cab.*, III, p. 150, pl. LXXXVII, fig. 855 ; pl. XC, fig. 884 ; pl. XCI, fig. 888-889 ; pl. XCII, fig. 902-903.
Heptadactylos marmorata, Martini. *Loc. cit.*, p. 154, pl. LXXXVII, fig. 858.
Strombus camelus, Born, 1780. *Mus. Caes. Vindob*, p. 273.
— *camelus*, Chemnitz, 1788. *Conch. Cab.*, X, p. 204, pl. CLV, fig. 1478.
— *scorpio* de Blainville, 1826. *Man malac.*, p. 414, pl. XXV, fig. 3-4.
Pterocera lambis, Deshayes, 1830. *Encycl. meth.*, *Vers*, III, p. 856.
Harpago lambis H. et A. Adams, 1858. *Gen. moll.*, 1, p. 261.

Cette belle espèce appartient à la section des *Heptadactylus* de Klein ; nous en avons observé cinq échantillons dont trois de très grande taille et deux autres plus petits. Les plus grands ne mesurent pas moins de 240 millim. de hauteur, pour un diamètre maximum de 145 millim. ; ils sont assez bien conservés ; leur test est lourd et épais ; mais malheureusement la plupart des saillies épineuses, toujours fort délicates, sont plus ou moins brisées. En outre, chez ces grands individus, les nodosités qui décorent le haut des deux derniers tours se poursuivent également dans la partie supérieure de la spire et sont très nettement accusées ; nous ne retrouvons pas ce même caractère aussi prononcé chez les sujets de taille moindre. L'intérieur de l'ouverture est encore nacré ; l'ensemble est d'un roux jaunacé, mais toutes traces de coloration ornementale ont disparu.

On a observé cette espèce dans la mer Rouge, à Suakin, où elle est commune, dans le golfe d'Akuba et aux environs de Massana. En dehors de ces régions, son extension géographique est considérable ; elle a été signalée à Amboine, aux îles Banda et Frédérick, Batavia, Giava, Cina, Madagascar, les îles de la mer du Sud, Zanzibar, Mozambique, Maskari, l'archipel Indien, l'île Bourbon, Madras, Ceylan, Tongatabou, Vanicoro, où elle est très commune, port Denison, Nouvelle-Hollande occidentale, Nouvelle-Zélande, Philippines, îles de la Société, Nouvelle-Guinée, etc.

GENRE CASSIS, DE LAMARCK

CASSIS GLAUCA, Linné.

Buccinum glaucum, Linné, 1758. *Syst. nat.*, éd. X, p. 737.
Cassidea glauca, Bruguière, 1789. *Diction.*, n° 3.
Bezoardica vulgaris, Schumacher, 1817. *Nouv. syst. Vers*, p. 248.
Cassis glauca, Lamarck, 1822. *Anim. s. vert.*, VII, p. 221.

Un seul échantillon en assez mauvais état de conservation, mesurant 55 millimètres de

[1] Kiener, 1835. *Icon. coq. viv.*, *Casques*, p. 39.

hauteur, probablement encore un peu jeune; le test est mince et comme quadrillé, ainsi qu'on l'observe chez les individus non adultes de cette espèce, alors que les adultes ont, au contraire, le test lisse. « Les jeunes individus, dit Kiener[1], diffèrent essentiellement des adultes par des plis transverses qui couvrent toute la superficie du dernier tour et se mêlent à des plis longitudinaux. » Il existe chez notre sujet un assez fort bourrelet au voisinage de l'ouverture; sa base est en partie masquée par le développement du bord columellaire; celui-ci est fortement ridé-plissé dans le bas et devient lisse à sa partie supérieure.

Le *Cassis glauca* vit dans la mer des Indes, aux Philippines et aux Moluques; on ne l'a pas signalé dans la mer Rouge.

GENRE CYPRÆA, LINNÉ

CYPRÆA PANTHERINA, Solander.

Cypræa pantherina, Solander, *in* Dillwyn, 1817. *Descript. Cat.*, I, p. 440.
— *guttata*, Lamarck, 1810. *In Ann. Mus.*, p. 458, n° 16.
— *tigrina*, Lamarck, 1822, *Anim. s. vert.*, VII, p. 383.
Luponia pantherina, H. et A. Adams, 1858, *Gen. moll.*, I, p. 267.
Vulgusella pantherina, Jousseaume, 1884, *Fam. Cypræidae*, p. 10.

Un seul échantillon incomplet, mesurant 78 millimètres de hauteur; l'ouverture seule est entière et parfaitement caractérisée, mais sans trace de coloration. Plusieurs auteurs ont considéré cette forme comme simple variété du *Cypraea tigris* de Linné[1] : elle nous parait suffisamment distincte pour être maintenue au rang d'espèce.

Nous retrouvons cette même forme dans la mer Rouge; elle est abondante dans le golfe d'Akaba; on l'a signalée dans les stations suivantes : Ras Mohammed, Sanakin, Massana, Dahlak, côtes Sud de l'Arabie et golfe Persique.

CYPRÆA MELANOSTOMA, Leates.

Cypræa melanostoma, Leates, *in* Sow. 1823. *Tankerville's Cat.*, *app.* p. XXI. — *In Zool. journ.*, II, p. 495, pl. XVIII, fig. 3-4.
— *cameleopardis*, Perry, *in* Gray, 1824. *Descr. Cat.*, p. 3, n° 19.
Vulgusella melanostoma, Jousseaume, 1884, *Fam. Cypriædae*, p. 10.

Un seul échantillon, assez bien conservé, mais de taille un peu petite, mesurant 61 millimètres de hauteur pour 41 de diamètre; c'est plutôt le galbe des figurations de Kiener[2] que celui de Weinkauff[3]. Toute la coquille accuse une teinte roux clair avec des traces de roux un peu ferrugineux sur le dos.

On a signalé la présence de cette espèce dans la mer Rouge et dans l'océan Indien; golfe de Suez, Massana, Dahlak, îles Chagos.

[1] *Cypraea tigris*, Lin., 1767. *Syst. nat.*, éd. XII, p. 1176.
[2] Kiener, 1835. *Icon. coq. viv.*, *Porcelaines*, p. 13, pl. XXIX.
[3] Weinkauff, *in* Martini und Chemnitz, 1881. *Syst. conch. Cab.*, *Cypræa*, p. 35, pl. X, fig. 6-7.

CYPRÆA HISTRIO, Gmelin.

Cypræa histrio, Gmelin, 1789. *Syst. nat.*, éd. XIII, p. 3463 *(excl. syn.)*.
— *arlequina*, Chemnitz, 1788. *Conch. Cab.*, X, p. 145, pl. CXLV, fig. 1347-1348.
— *arabica*, *var.* Gray, 1824. *Mon.*, *in Zool. journ.*, I, p. 77.
— *reticulata*, Sow., 1842-83. *Thes. Conch.*, pl. IX, fig. 57-58.
Aricia histrio, *pars*, H. et A. Adams, 1858. *Gen. moll.*, I, p. 265.
Arabica histrio, Jousseaume, 1884. *Fam. Cypræidae*, p. 11.

Un échantillon incomplet ; l'ouverture seule est complète et bien caractérisée ; il mesure 74 millimètres de hauteur et 48 de diamètre.

La plupart des auteurs ont signalé cette forme dans l'océan Indien ; elle existerait également, mais plus rare sur la côte Est d'Afrique. Elle vit aussi dans la mer Rouge, à Suakin et Massana, à Zanzibar, au Mozambique et dans les îles Mascareignes.

CYPRÆA CAPUT-SERPENTIS, Linné.

Cypræa caput-serpentis, Linné, 1758. *Syst. nat.* édit. X[e], p. 720.
— *reticulum*, Gmelin, 1789. *Syst. nat.*, édit. XIII, p. 3407.
Aricia caput-serpentis, H. et A. Adams, 1858. *Gen. Moll.*, I, p. 266.
Erosaria caput-serpentis, Jousseaume, 1884. *Fam. Cypræidae*, p. 16.

Un échantillon complet, bien conservé, mesurant 34 millimètres de hauteur, 21 de diamètre et 16 d'épaisseur ; c'est donc, comme on le voit, une forme relativement peu élevée, mais son galbe et l'allure des caractères aperturaux nous permettent d'assurer notre détermination. Le test, d'un roux clair, a conservé sur le dos une teinte acajou très pâle.

L'extension géographique de cette espèce est très étendue ; nous en relevons la présence dans les stations suivantes : mer Rouge, Suez, Massana, Seychelles, Zanzibar, Mozambique, Natal, Réunion, Maurice, îles Chagos, océan Indien, Chine, Japon, Nouvelle-Guinée, Nouvelle-Galles-du-Sud, Nouvelle-Hollande, Nouvelle-Calédonie, îles des mers du Sud, etc.

Genre MELADOMUS, Swainson.

MELADOMUS BOLTENIANUS, Chemnitz.

Helix Bolteniana, Chemnitz, 1786. *Conch. Cab.*, IX, p. 89, pl. CIX, fig. 921-922.
Cyclostoma carinata, Olivier, 1804. *Voy. emp. Ottom.*, II, p. 39, pl. XXXI, fig. 2.
Lanistes Olivieri, Den. Montfort, 1810. *Conch. syst.*, p. 122.
Ampullaria carinata, Lamarck, 1822. *Anim. s. vert.*, VI, II, p. 179.
— *Bolteniana*, Philippi, 1851. *Mon. Ampul.*, p. 23. pl. VI, fig. 4-5.
— *Ægyptiaca*, Erenberg, *in* Jickeli, 1874. *Moll. N.-O. Afrique.*
Meladomus Boltenianus, Bourguignat, 1879. *Moll. Egypte, Abyss.*, p. 41.

Deux échantillons, le plus grand atteignant 28 millimètres de diamètre ; ils ont conservé une teinte jaune clair, et malgré le peu d'épaisseur de leur test, ils sont encore en très bon état et presque complets.

Ce Méladomus est, au dire de Bourguignat[1], des plus abondants dans le Nil et dans tous

[1] J.-R. Bourguignat, 1889. *Mollusques de l'Afrique équatoriale*, p. 179.

les cours d'eau et marais de la Basse-Égypte ; il a été également constaté depuis le lac Nyanza, dans le Kordofan, le Sennar, l'Abyssinie et la Nubie ; plus récemment il a été rapporté, par M. G. Revoil, de l'Ouebi près de Guélidi. Il est également très commun dans le Nil Bleu, ainsi que dans le lac Dembea.

GENRE VIVIPARA, DE LAMARCK.

VIVIPARA UNICOLOR, Olivier.

Cyclostoma unicolor, Olivier, 1804. *Voy. Emp. Ottom.*, III, p. 68, pl. XXXI, fig. 9.
Paludina unicolor, Deshayes, 1832. *In Encycl. meth.*, *Vers.*, III, p. 698.
Vivipara unicolor, Bourguignat, 1856. *Amén. Malac.*, I, p. 182.

Un seul échantillon bien conservé, d'un blanc porcelanisé, de taille normale et bien adulte ; les tours sont arrondis, ce qui différencie cette espèce du *Paludina biangulata* de Küster[1] qui souvent vit avec, et peut être considérée au moins comme en étant une variété bien définie.

Le *Vivipara unicolor*, comme l'a fait observer Bourguignat[2], est une forme du centre africain qui, par le grand cours du Nil, s'est acclimatée dans toute l'Égypte. Il l'indique, en effet, dans les eaux du canal d'eau douce de Suez, du Nil près Boulak, de Zagazig, du canal Mahmoudieh près Alexandrie, du canal à Magueret en Nouatié près Ramlé, des déblais du canal maritime à la hauteur de Sérapéum, à 15 kilomètres au nord des Lacs amers, de Medinet, au Fayoum ; enfin il s'étend jusqu'en Abyssinie au lac Dembea ou Tzana.

LAMELLIBRANCHES

GENRE TRIDACNA, P. BELON.

TRIDACNA GIGAS, de Lamarck.

Chama imbricata, Chemnitz, 1784. *Conch. Cab.*, VII, p. 122, pl. XLIX, fig. 495.
Tridacna gigas, Lamarck, 1819. *Anim. s. vert.*, VI, I, p. 105.

La détermination spécifique des Tridacnes est toujours chose assez délicate, surtout lorsque les échantillons ne sont pas parfaitement conservés. Nous rapportons au *Tridacna gigas* huit individus représentés chacun par une valve ; sur ces valves dont la taille varie de 100 à 120 millimètres de longueur transverse, les côtes rayonnantes sont arrondies, mais les squa-

[1] Küster, 1852. *Gatt. Palud.*, p. 25, pl. V, fig. 11-12.
[2] J.-R. Bourguignat, 1882. *Recens. Vivip. syst. Europ.*, p. 33.

mules toujours très nombreuses et très rapprochées sont totalement arasées. Nos échantillons ont la plus grande analogie avec la figure 1, C, de la planche II de l'Iconographie de Reeve.

Nous ne connaissons cette espèce que dans l'océan Indien, où elle atteint parfois, comme on le sait, des dimensions considérables. M. A. Issel n'en fait pas mention dans son Catalogue des mollusques de la mer Rouge.

TRIDACNA ELONGATA, de Lamarck.

Tridacna elongata, Lamarck, 1819. *Anim. s. vert.*, VI, I, p. 106.

L'unique échantillon que nous rapportons à cette espèce est malheureusement incomplet: il mesure 200 millimètres environ de longueur, pour 100 de hauteur et 80 d'épaisseur pour une seule valve. Il possède six à sept côtes très fortes et surtout très saillantes, bien espacées antérieurement, plus rapprochées dans la région postérieure, élargies à la base et étroitement arrondies au sommet. Le test est solide, épais, orné de nombreuses costulations rayonnantes, petites, rapprochées, arrondies, assez régulières, et de squamules saillantes, un peu épaisses, distinctes, irrégulières, mais toujours moins rapprochées que chez l'espèce précédente. Enfin la charnière est épaissie et puissante. Par suite de l'allure particulière des côtes, très saillantes et très étroitement arrondies dans le haut, cette forme constitue au moins une variété bien définie par rapport au type.

Comme la précédente, cette espèce vit dans l'océan Indien. M. A. Issel la signale dans la rade de Suez, et dans le golfe d'Akaba; on la retrouverait également aux Philippines.

GENRE PECTUNCULUS, DE LAMARCK.

PECTUNCULUS PECTINIFORMIS, de Lamarck.

Arca pectunculus, Linné, 1767. *Syst. nat.*, éd. XII, p. 1142.
Pectunculus pectiniformis, Lamarck, 1819. *Anim. s. vert.*, VI, I, p. 53.

Une seule valve déjà bien roulée lorsqu'elle a dû être recueillie; son galbe se rapporte très suffisamment à celui qui est figuré dans l'Atlas de Savigny[1]; on distingue encore à la périphérie des traces assez fugitives, il est vrai, de l'ornementation si caractéristique de cette espèce.

De Lamarck loge son type dans l'océan Asiatique et Américain. M. A. Issel signale cette même forme dans la rade de Suez, dans le golfe d'Akaba; on l'aurait également observée aux Philippines.

[1] Savigny, 1804. *Descr. Egypte, Coq.*, pl X, fig. 2.

GENRE MELEAGRINA, DE LAMARCK.

MELEAGRINA MARGARITIFERA, Linné.

Mytilus margaritiferus, Linné, 1767. *Syst. nat.*, édit., XII, p. 1155.
Avicula margaritifera, Chemnitz, 1785. *Conch. Cab.*, VIII, p. 126, pl. LXXX, fig. 717-718.
Margarita Sinensis, Leach, 1814. *Zool. miscel.*, I, pl. XLVIII.
Avicula radiata, Leach, 1814. *Loc. cit.*, I, pl. XLIII.
Meleagrina margaritifera, Lamarck, 1819. *Anim. s. vert.*, VI, I, p. 151.

Une valve entière et un fragment; forme normale bien caractérisée; l'intérieur est d'un beau nacré carnéolé; à l'extérieur, on retrouve des traces des stries concentriques.

Cette coquille, la coquille perlière par excellence, vit surtout dans le golfe Persique, sur les côtes de Ceylan, dans les mers de la Nouvelle-Hollande, dans le golfe du Mexique. On l'a également signalée dans les golfes de Suez et d'Akaba.

GENRE OSTREA, LINNÉ.

OSTREA PLICATA, Linné.

Ostrea plica, Linné, 1767. *Syst. nat.*, édit. XII, p. 1145.
— *plicatula*, Lamarck, 1819. *Anim. s. vert.*, VI, I, p. 211.

Six valves inférieures et seulement une valve supérieure. Nous distinguerons deux formes : le type, conforme à la figuration de Reeve[1], mesurant de 75 à 90 millimètres de hauteur, pour 50 à 55 millimètres de largeur transverse, par conséquent d'un galbe hautement allongé, avec les bords bien crénelés, le sommet de la valve inférieure en forme de triangle isocèle allongé; une variété *elata* un peu plus large, plus subtrigone, plus large et moins haute, également représentée par Reeve (fig. 68, *a*).

Nous connaissons cette espèce en Chine et dans l'océan Indien; de Lamarck l'indique également dans les mers d'Amérique.

CONCLUSIONS

En résumé, cette faunule comprend un total de dix-sept espèces, dont dix Gastropodes marins, deux des eaux douces et cinq Lamellibranches également marins. Toutes ces coquilles sont de taille grande ou moyenne, les formes de moins de 20 millimètres font défaut. Toutes sont dans un état de demi-fossilisation; elles ont perdu leurs riches colorations normales pour revêtir un facies uniforme d'un jaunacé roux terne; le test chez la plupart d'entre elles est solide, épais et relativement assez bien conservé.

[1] Reeve, 1871. *Icon. Conch.*, *Ostrea*, pl. XXVII, fig. 68.

Toutes ces espèces ont une origine sensiblement locale. Elles proviennent soit des eaux du Nil et des cours d'eau qui en dérivent, soit de la mer Rouge ou de l'océan Indien. Si nous prenons pour base le catalogue des coquilles marines de la mer Rouge, nous voyons que, sauf les *Murex brandaris, Cassis glauca, Tridacna gigas* et *Ostrea plicata,* toutes vivent actuellement soit dans le Nil, soit dans la mer Rouge ; le *Murex brandaris* seul fait partie de la faune méditerranéenne, les trois autres espèces appartiennent à la grande famille malacologique de l'océan Indien.

Pour quels motifs de telles formes ont-elles été ainsi réunies ? Quelles vertus particulières les anciens Égyptiens accordaient-ils à ces coquillages ? Nous l'ignorons ; la solution de tels problèmes malacologiques n'est point encore parvenue jusqu'à nous, mais il est différentes sortes de conjectures qu'il est permis d'émettre sur un pareil sujet.

Disons d'abord que de tels amas ne sauraient être envisagés comme de simples débris de cuisine transformés en *kjoekkenmoedding*. Leur importance est trop minime, puis nous savons que poissons et mollusques étaient proscrits rigoureusement de l'alimentation des Égyptiens. Plutarque, dans son traité de *Iside et Oriside,* nous apprend que les prêtres égyptiens avaient en abomination le sel et tout ce qui touche à la mer ; ils appelaient le sel l'écume de Typhon ; ni le sel, ni les produits de la mer ne devaient paraître sur leur table. Sur la stèle du roi éthiopien Piankhi, de la XXVIe dynastie, on lit que, lorsque ce Pharaon dévot aux dieux de l'Égypte s'empara du pays, un seul des chefs locaux, qui étaient en partie Libyens ou Sémites, eut accès dans le palais, parce qu'il ne mangeait pas de poissons [1] ; les autres chefs, qui faisaient usage de cette chair impure, étaient impurs eux-mêmes et furent exclus [2]. Faut-il enfin rappeler les sages prescriptions dictées par Moïse aux Hébreux dans son Lévitique [3] : « *Quidquid autem pinnulas et squamas non habet eorumque in aquis moventur et vivunt, abominabile vos execrandumque erit.* »

D'autre part, nous ne saurions voir dans cette réunion de coquilles, ni la collection d'un amateur naturaliste de l'époque, ni une réunion d'objets ayant pu servir à la parure ou à la décoration somptuaire de quelque grand chef. De tels exemples sont des plus fréquents, non seulement chez nombre de peuplades préhistoriques, mais encore de nos jours chez quantités de races vivant encore à l'état sauvage : M. de Rougé [4] a décrit des colliers de coquillages qui sont aujourd'hui en usage dans les régions du Haut-Nil ; M. le Dr L. Lortet nous en a également montré plusieurs qu'il avait rapportés de ses voyages. Mais tel ne saurait être le cas qui nous occupe. On ne trouve, en effet, aucune trace de perforations servant à suspendre nos coquilles ; en outre, il faut bien le reconnaître, ces grands Tridacnes, Strombes ou Ptérocères auraient été bien lourds à porter au col ou sur la poitrine. C'est donc, tout au plus, si l'on peut admettre que ces belles coquilles ont pu servir à parer la demeure de quelque puissant monarque de l'époque, ou qu'elles ont été rapportées à titre de trophée de quelque lointaine conquête. Mais alors que viennent donc faire dans le nombre d'aussi modestes coquilles comme les Méladomus et Viviparia, qui ne sont certes ni belles, ni grosses, et qui pullulent dans les petits et grands cours d'eau du pays.

[1] A. Locard, 1884. *Histoire des mollusques dans l'antiquité*, p. 75.

[2] Jusqu'au moyen âge on a presque toujours confondu les mollusques avec les poissons.

[3] *Leviticus*, cap. XI, vers. 10.

[4] De Rougé, *Notice sommaire des monuments égyptiens*, p. 70.

Dans ce cas, ne semble-il pas infiniment plus logique de faire jouer aux coquilles le même rôle que celui que les Égyptiens faisaient jouer à nombre d'animaux, dont les précieuses reliques savamment momifiées viennent d'être mises à jour par les soins de M. le Dr L. Lortet. Sans doute, les Égyptiens attribuaient quelques vertus symboliques aux mollusques, comme ils se plaisaient à le faire pour d'autres animaux. Lorsque les Titans se liguèrent pour attaquer Jupiter, dieux et déesses s'enfuirent de l'Olympe et allèrent se cacher en Égypte, ne voyant rien de mieux à faire que de prendre les formes les plus diverses pour n'être pas reconnus par leurs ennemis. Parmi les dieux de première grandeur, si Isis était représentée avec une tête de vache, Osiris avec celle d'un épervier, Jupiter Ammon avec celle d'un bélier, sans doute quelques dieux plus infimes ont pu adopter à leur tour quelques-unes de nos belles coquilles. De tels exemples sont fréquents lorsque l'on étudie les religions de l'Inde ancienne ; Vishnou, Krishna, Durga, Ganeça, Devi, Sourga, Nemi et bien d'autres parmi les dieux portent la conque sacrée ; les Brahmanes adorent la conque ! Or, de l'Inde à l'Égypte le pas à franchir n'est pas très grand, étant donné surtout le nombre d'espèces malacologiques communes à ces deux régions que viennent baigner les mêmes eaux de l'océan Indien. C'est donc dans un tel ordre d'idées qu'il convient, croyons-nous, de rechercher l'explication de semblable réunion de coquilles aussi différentes.

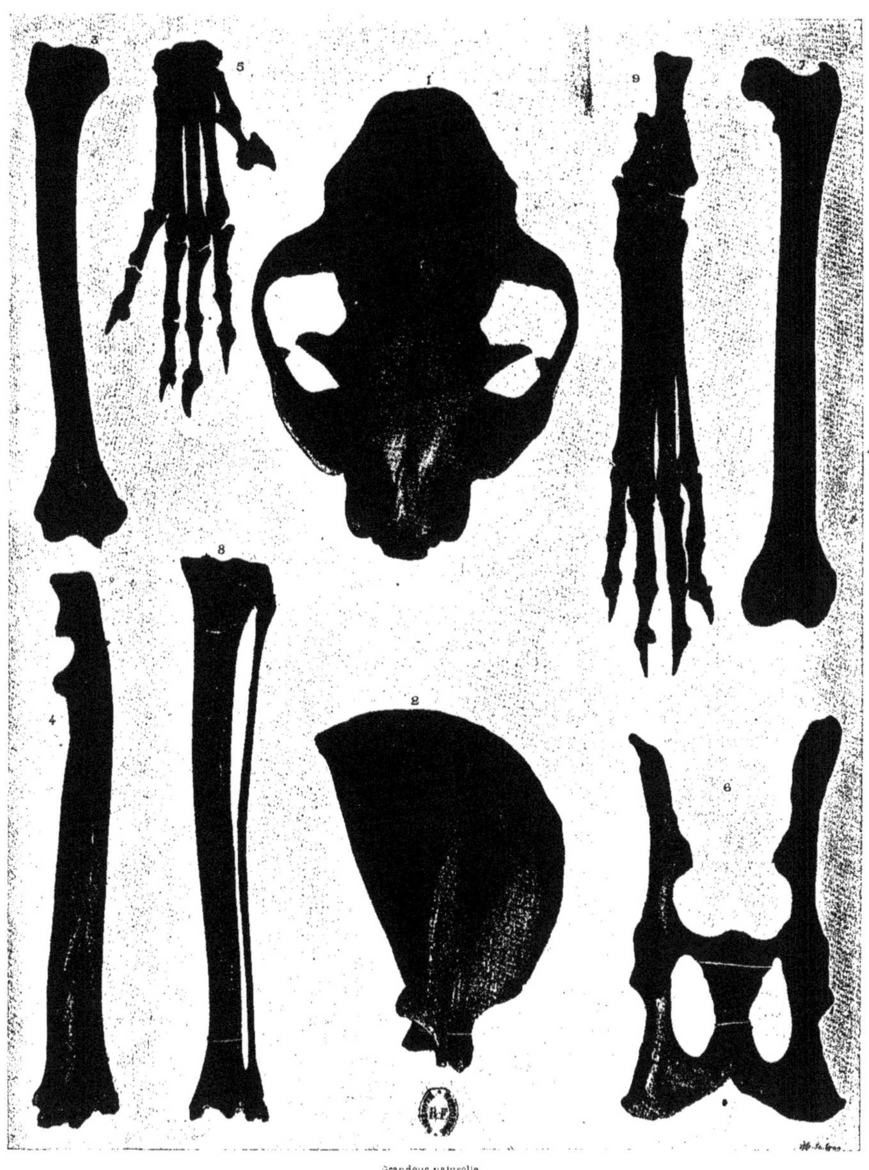

Grandeur naturelle

FELIS MANICULATA, CRETZSCHMAR.

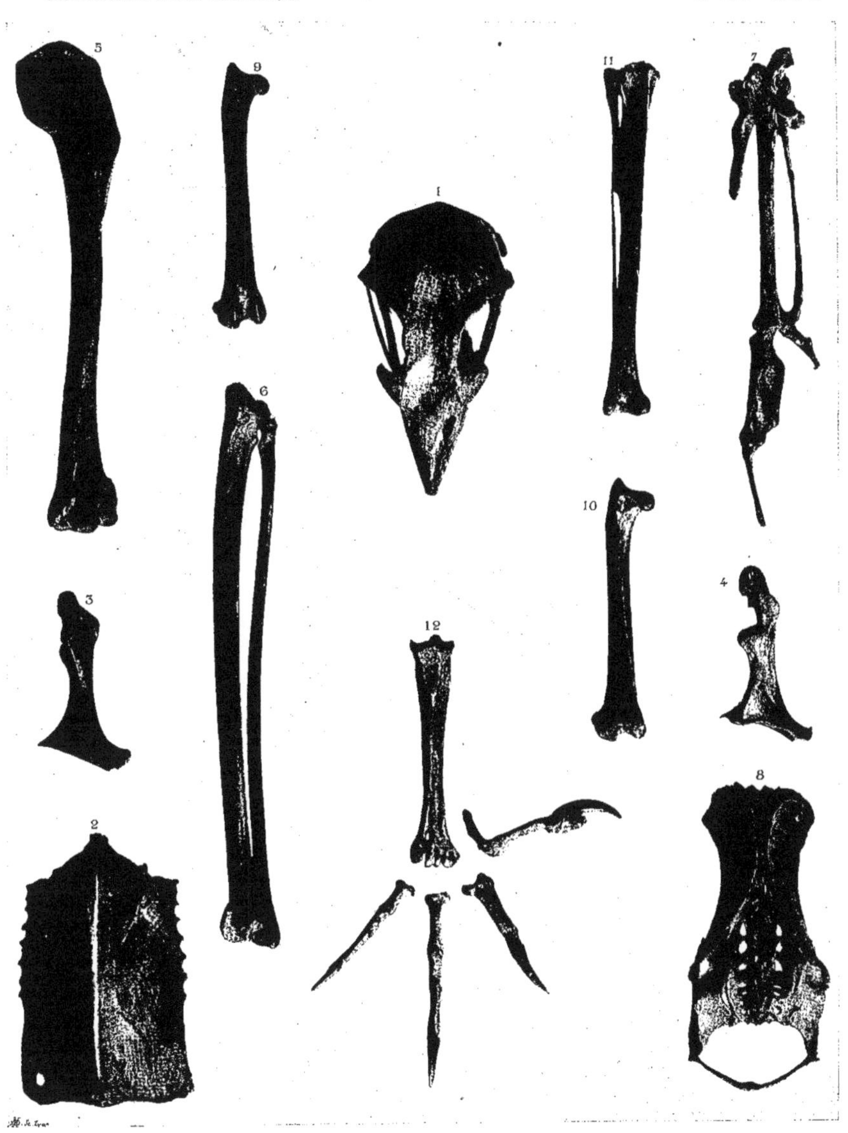

Grandeur naturelle.

MILVUS ÆGYPTIUS, Gmelin.

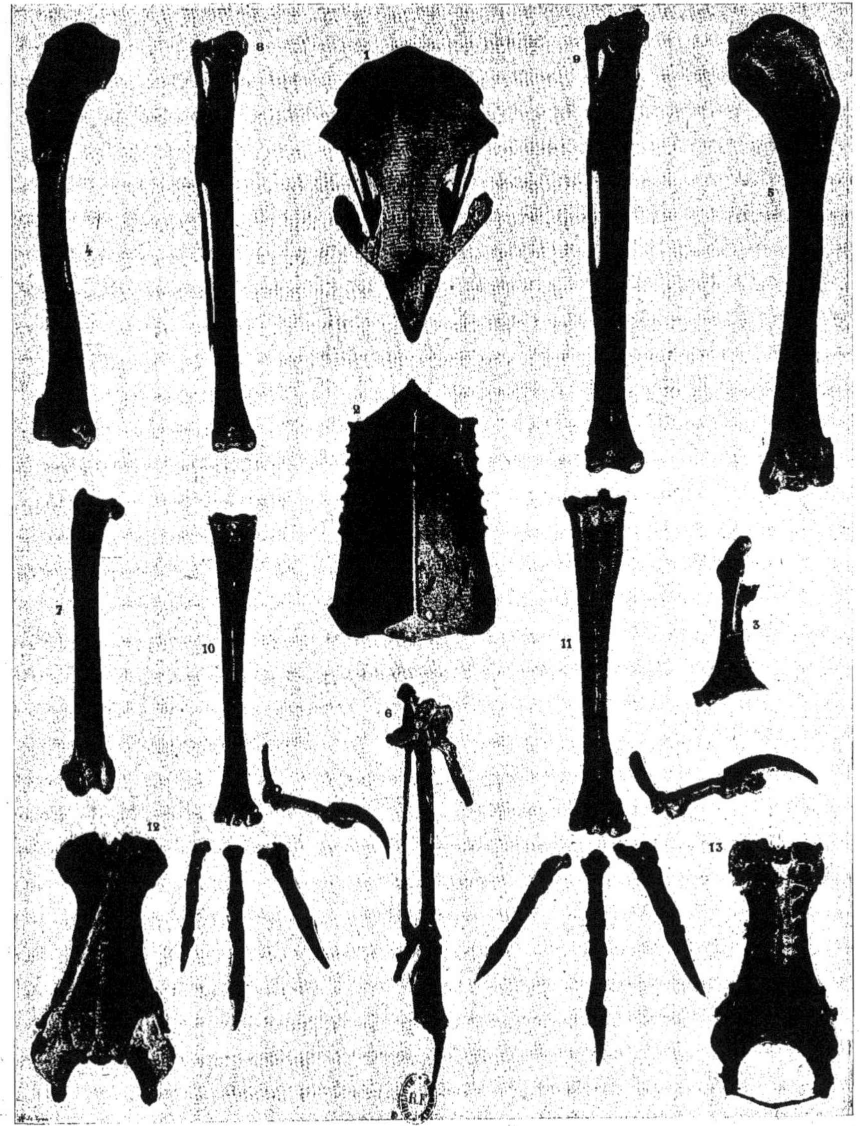

Grandeur naturelle.

BUTEO DESERTORUM, DAUDIN (1 à 4, 6 à 8, 10 et 12).

BUTEO VULGARIS, LINNÉ (5, 9 et 11)

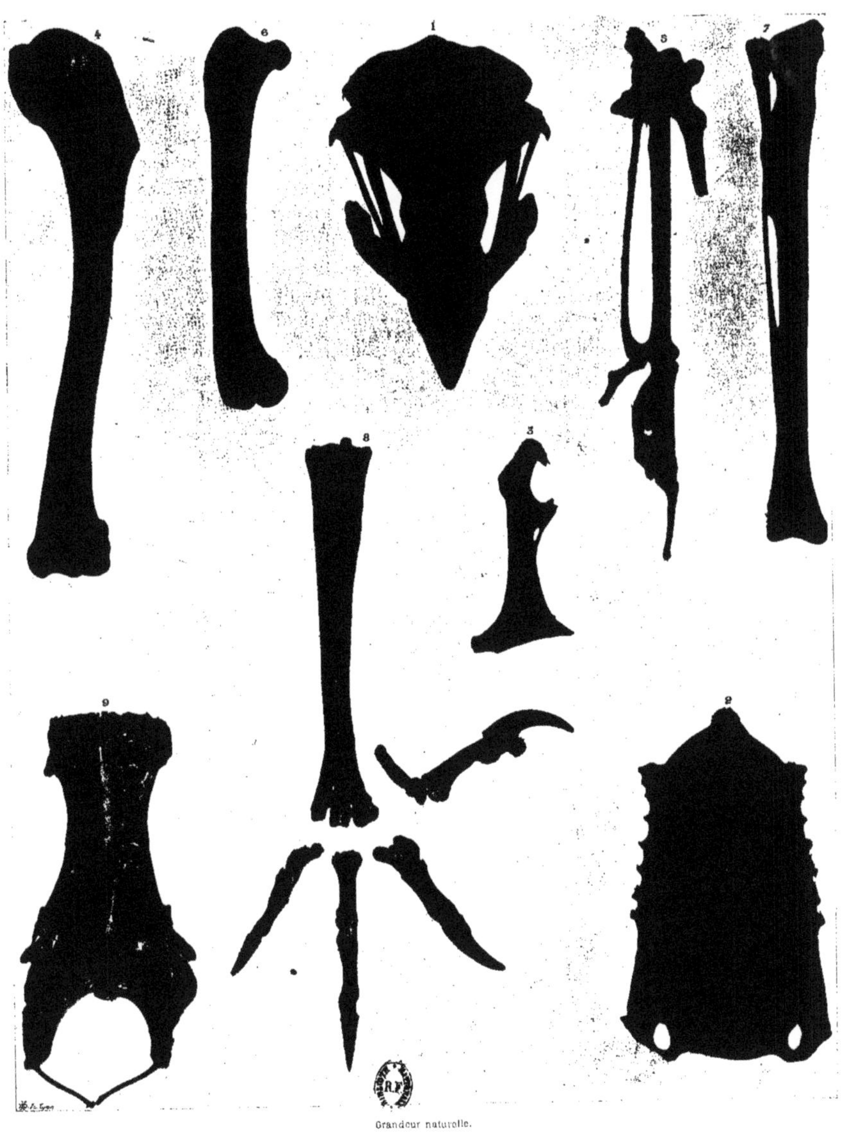

Grandeur naturelle.

BUTEO FEROX, GMELIN.

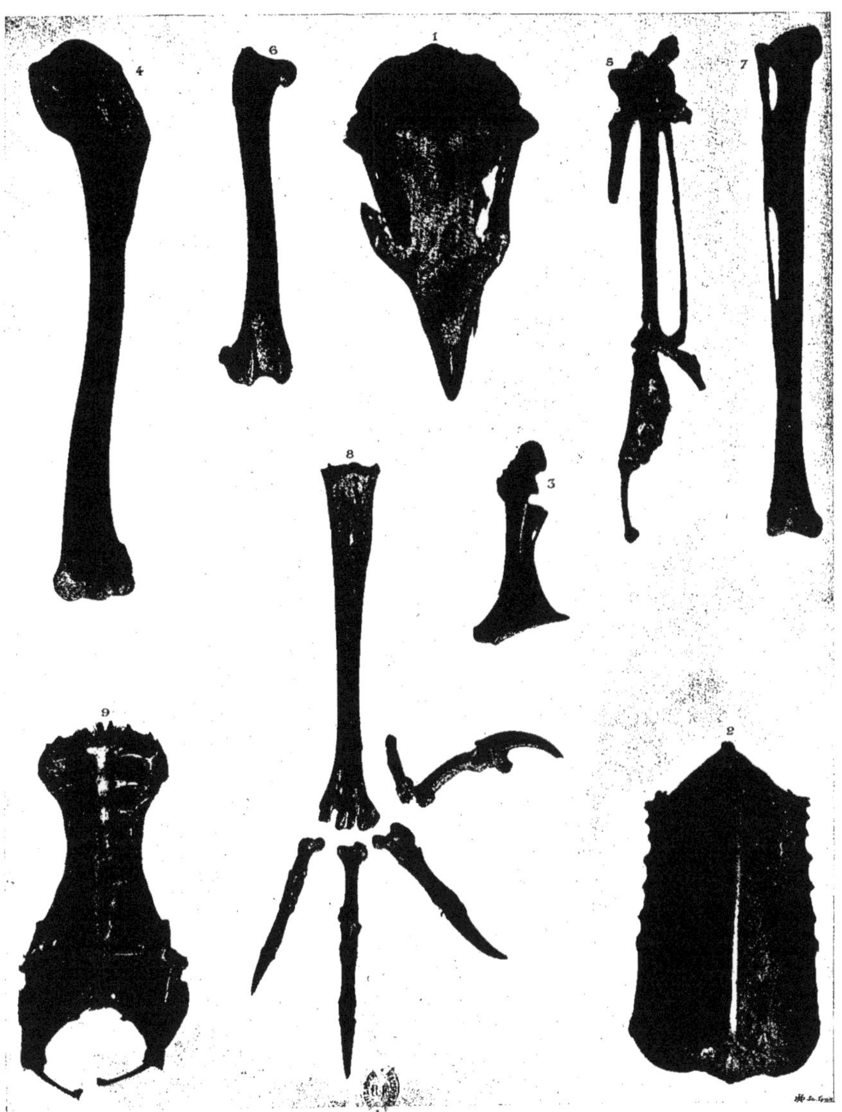

Grandeur naturelle

AQUILA MACULATA, Gmelin

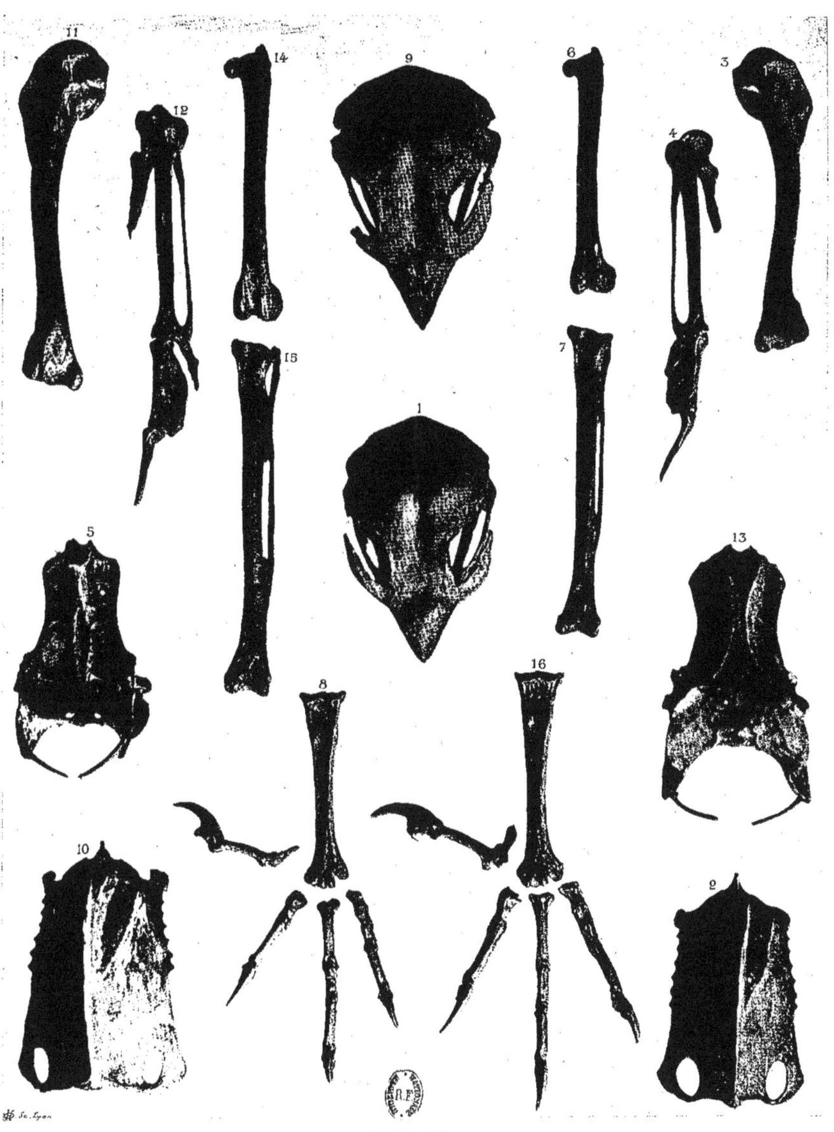

Grandeur naturelle.

FALCO FELDEGGII, Schlegel (de 1 à 8)

FALCO BABYLONICUS, Gurney (de 9 à 16)

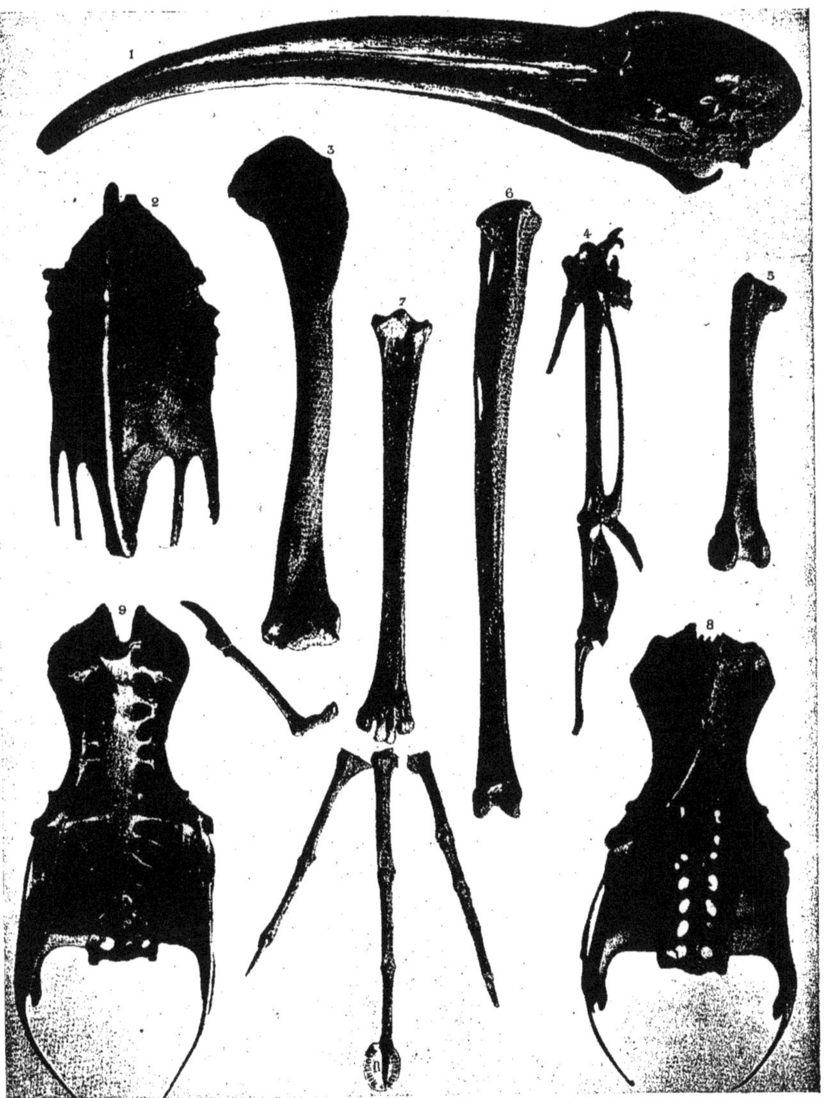

Grandeur naturelle.

IBIS ÆTHIOPICA, Lath.

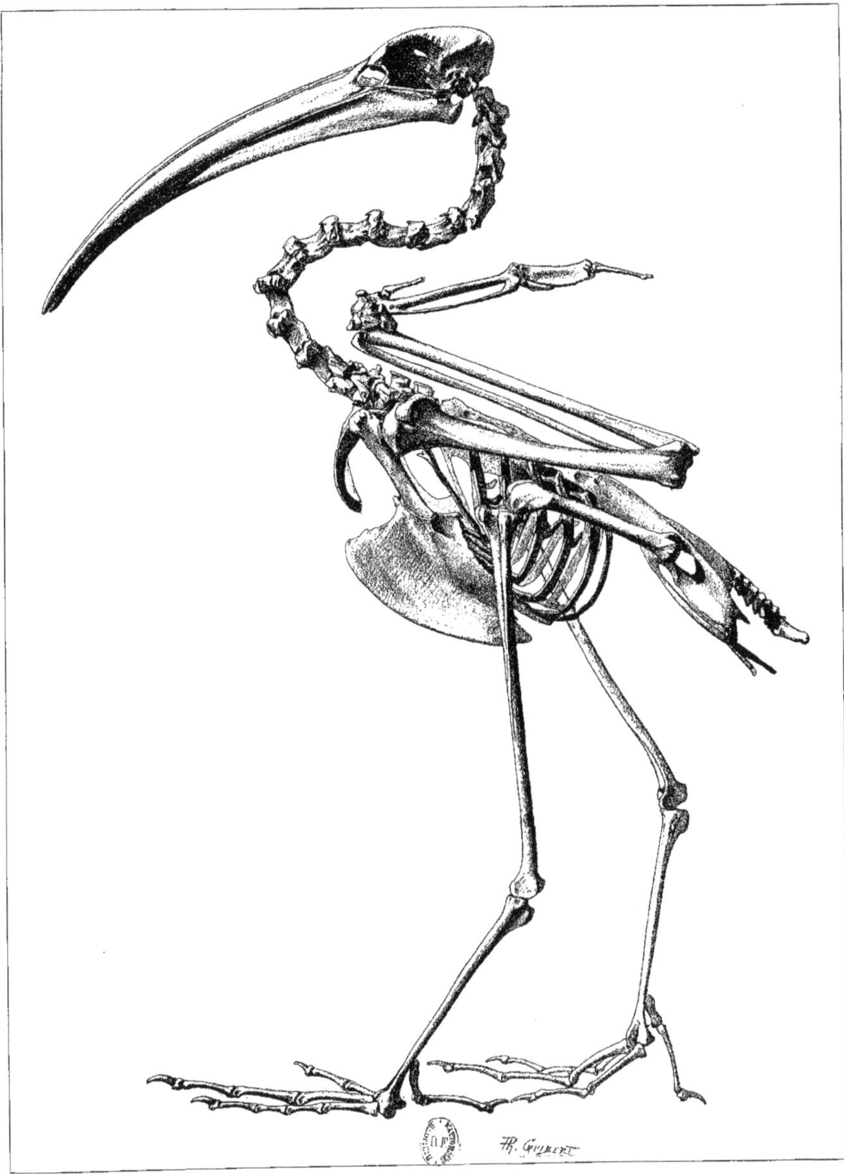

2/3 gr. nat. environ.

IBIS ÆTHIOPICA, Lath.

TABLE DES GRAVURES

TABLE DES MATIÈRES

Lyon. — Imprimerie A. REY, rue Gentil, 4. — 28112.

www.ingramcontent.com/pod-product-compliance
Ingram Content Group UK Ltd.
Pitfield, Milton Keynes, MK11 3LW, UK
UKHW020444200726
13857UKWH00002B/568

9 782011 901989